TRAITÉ COMPLET

DE LA PARTURITION

DES PRINCIPALES FEMELLES DOMESTIQUES.

Tout Exemplaire non revêtu de la Signature et de la Marque suivantes sera réputé contrefait et poursuivi conformément aux lois.

LYON, IMPRIMERIE DE MOUGIN-RUSAND,
Halles de la Grenette.

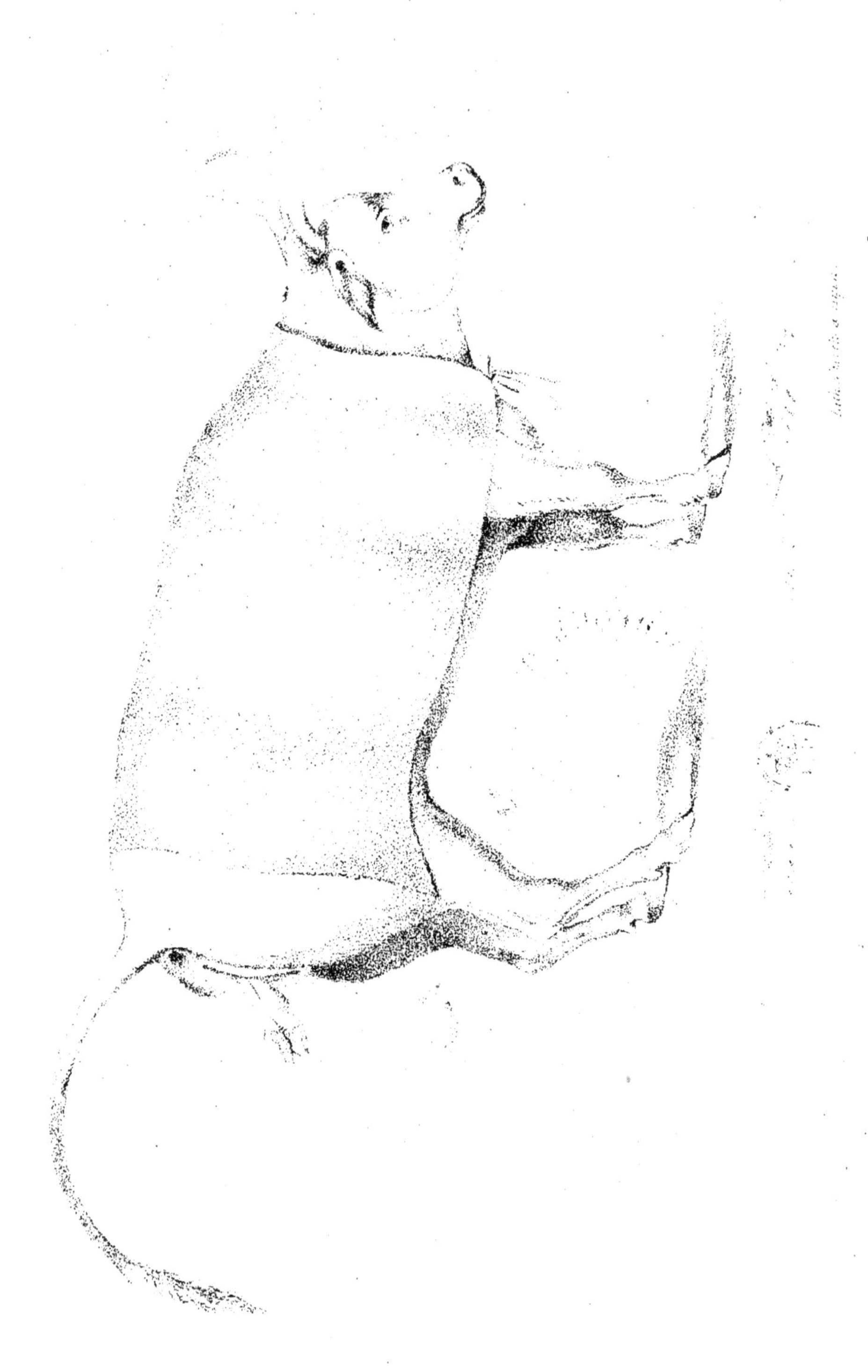

TRAITÉ COMPLET

DE LA PARTURITION

DES PRINCIPALES FEMELLES DOMESTIQUES,

SUIVI

D'UN TRAITÉ DES MALADIES PROPRES AUX FEMELLES

ET AUX JEUNES ANIMAUX.

PAR J. RAINARD,

Directeur de l'Ecole royale Vétérinaire de Lyon ;
Professeur de Pathologie générale et interne ; ancien Professeur de Clinique ;
Chevalier de la Légion-d'Honneur ;
Membre des Sociétés d'Agriculture, de Médecine, et Médicale d'Emulation de Lyon ;
Correspondant de l'Académie de Médecine,
de la Société centrale d'Agriculture ; des Sociétés Vétérinaires du Calvados,
et de l'Hérault ; de celles de Londres et de Belgique.

TOME PREMIER.

PARIS,

Mme Vve BOUCHARD-HUZARD, IMPRIMEUR-LIBRAIRE,
Rue de l'Éperon, 7 ;

LABÉ, LIBRAIRE, place de l'École de Médecine, 4.

LYON,

DORIER, LIBRAIRE, quai des Célestins, 51 ;
L'AUTEUR, A L'ÉCOLE VÉTÉRINAIRE.

1845.

PRÉFACE.

La science des accouchements est d'une grande importance pour les praticiens ; ils sont souvent consultés pour des cas difficiles de parturition, et comme en général les propriétaires et les charlatans de toute espèce ont essayé de terminer le part par tous les moyens possibles et n'appellent les vétérinaires que lorsqu'ils ont rendu le cas plus grave par leurs manœuvres inintelligentes, ceux-ci ont besoin de connaissances sûres, précises et approfondies pour se tirer de circonstances aussi épineuses.

Les vétérinaires l'ont bien senti et la science possède en effet un grand nombre de mémoires et d'observations relatifs à la parturition ; il fallait réunir ces travaux épars , les contrôler les uns par les autres, les soumettre à une critique éclairée et en tirer des règles simples et pratiques. C'est ce que j'ai entrepris de faire ; j'ai voulu citer tous les travaux, rendre la justice qui lui est due, à chacun des excellents praticiens qui ont contribué à faire avancer la science , faire ressortir les points qui sont suffisamment éclaircis, ceux qui attendent encore de nouvelles recherches ou des rectifications. J'espère que personne ne me saura mauvais gré d'une critique que j'ai cherché à faire très-consciencieuse et très-loyale ; et je suis convaincu qu'elle sera utile à la science qu'elle dirigera dans une voie plus sûre.

Aux leçons d'accouchements que j'ai professées pendant vingt ans aux élèves de l'école de Lyon , j'ai ajouté un résumé exact de tout ce qui a paru de nouveau et d'intéressant dans les journaux vétérinaires, dans les mémoires des sociétés savantes et de tout ce que ma correspondance m'a offert.

Quant au plan de cet ouvrage, il est fort simple : c'est à peu près celui qui a été adopté par la plupart des auteurs qui ont écrit sur les accouchements. J'ai traité avec un grand soin les questions relatives à l'avortement, à l'hygiène et à la pathologie des femelles et des jeunes animaux; j'ai présenté des classifications nouvelles qui me paraissent rendre beaucoup plus simples et plus pratiques, l'histoire des présentations et des positions du fœtus dans la parturition, et celle des complications qui constituent les parts laborieux ou la dystocie. Cette dernière partie a été surtout l'objet de recherches fort étendues.

J'ai ajouté à cet ouvrage des planches, où j'ai fait représenter les instruments et les bandages dont l'explication eût pu être obscure sans cela. Quant à la partie typographique, j'aurais voulu choisir un format plus compact, qui m'eût permis de mettre plus de matières en moins de pages; mais l'ouvrage avait été primitivement vendu à un libraire qui en a fait imprimer la première partie; ce n'est que par suite d'arrangements ultérieurs que j'en suis rentré plus tard en possession.

et j'ai été forcé de suivre la marche qui avait été adoptée pour le commencement.

Tel qu'il est, je l'offre avec confiance aux praticiens, aux élèves de nos écoles, aux agriculteurs et à tous ceux qui s'occupent de l'élève des animaux, persuadé qu'ils y trouveront la science exposée d'une manière complète et aussi simplement que possible.

TRAITÉ COMPLET

DE LA PARTURITION

DES

PRINCIPALES FEMELLES DOMESTIQUES.

Le part ou parturition est un acte qui consiste dans l'expulsion hors de la matrice d'un fœtus viable, après un terme qui varie dans chaque espéce. Ces deux mots sont donc synonymes d'accouchement, mais ce dernier mot qui vient du latin *se coucher* n'est qu'incomplètement applicable aux femelles des grands animaux qui font souvent leur petit étant debout. Le mot part s'applique quelquefois au produit de la conception, au fœtus, au moins dans la médecine humaine.

La parturition est une véritable fonction qui exige pour son accomplissement le concours de plusieurs organes, et de parties qui différent beaucoup les unes des autres. Elle se compose d'une série de phénomènes, les uns mécaniques, les autres vitaux. La science qui s'occupe de tout ce qui est relatif à cette fonction, la science des accouchements exige de la part de celui qui veut l'exercer des connaissances d'anatomie, de physiologie, de médecine et de chirurgie. C'est pour cela qu'un grand médecin a dit qu'on ne peut bien posséder cette science et arriver à un haut degré d'habileté dans sa pratique, si l'on n'est versé dans la connaissance de toutes les autres branches de l'art de guérir.

Les Grecs appelaient cette science, maïeusis, et les Latins, obstétrique (*ob*, devant; *stare*, se tenir). Cette dernière dénomination, adoptée par Bourgelat, est tout-à-fait impropre, en ce sens que pour accoucher nous nous tenons derrière et non devant les femelles.

CHAPITRE I.

DES ORGANES QUI CONCOURENT A L'ACCOUCHEMENT.

Les uns sont purement passifs, comme le bassin; les autres ont un rôle plus ou moins actif, comme les parties molles qui doublent les os du bassin ou qui s'y insèrent. Nous commencerons par les premiers, et nous les étudierons d'abord dans les différentes parties dont ils se composent, os et ligaments; ensuite dans leur ensemble.

Du Bassin.

Le bassin est une grande cavité conoïde, symétrique, à parois osseuses et ligamenteuses, qui renferme, soutient et protège une partie des organes génito-urinaires et la partie postérieure du tube digestif. Il est

1.

constitué par trois os : les os coxaux, le sacrum et le coccyx ou os de la queue.

On est dans l'usage en anatomie de distinguer dans chaque os coxal trois os qui portent les noms d'ilion, d'ischion et de pubis, et qui, primitivement séparés chez les jeunes animaux, se soudent de bonne heure pour ne former qu'un seul os.

ILION. Il donne à la région où il est situé le nom d'iliaque; occupe la partie latérale, supérieure et antérieure du bassin, et sert de base à la hanche. A son angle antérieur s'attache un des muscles qui forment les parois de l'abdomen, et dont la contraction concourt à l'expulsion du fœtus, le muscle petit oblique ou ilio-abdominal.

PUBIS. Il occupe la partie inférieure et antérieure du cercle du bassin. C'est à lui que s'attache le muscle droit de l'abdomen, sterno-pubien.

ISCHION. Il forme la partie solide de la région ischiale, placé à la partie inférieure et postérieure du bassin, sa tubérosité est de chaque côté le point saillant du détroit postérieur du bassin. Les racines du clitoris s'attachent à cet os.

Ces trois os, grands, aplatis, recourbés sur eux-mêmes en deux sens différents, concourent à la formation de la cavité cotytoïde; et, par leur réunion avec ceux du côté opposé, l'ischion et le pubis forment en bas et en dessous de la ligne médiane du corps, la symphyse ischio-pubienne.

Sacrum. Le quatrième os, impair, de forme triangulaire, prismatique, s'articule antérieurement avec la dernière vertèbre lombaire , postérieurement avec la première vertèbre coccygienne , sur les côtés par ses deux apophyses latérales avec les portions iliaques de l'os du bassin. Le sacrum offre sur sa face supérieure une arête saillante, qui résulte de la soudure des cinq apophyses épineuses des vertèbres dont il est formé dans les premiers temps de la vie; vertèbres qui se soudent de bonne heure. Un peu en dehors, et de chaque côté, on voit cinq et quelquefois six ouvertures, qui pénètrent jusque sur la surface opposée; ce sont les trous sus et sous-sacrés par lesquels passent les nerfs de ce nom. Brugnone dit s'être assuré que l'os sacrum dans la jument est souvent formé de six pièces , qu'il est par conséquent plus long que dans le cheval. Évidemment Brugnone s'est trompé , et il a sans doute pris pour une vertèbre sacrée la première pièce du coccyx, qui, comme on le sait, se soude fréquemment avec la dernière vertèbre du sacrum.

Sa position est, suivant la race de la jument, plus ou moins inclinée de devant en arrière , c'est-à-dire, du sommet de la croupe à la queue. Cette inclinaison est encore plus marquée dans les grandes et les petites femelles des ruminants. Il est généralement plus grand dans ces dernières; courbé en contre-haut, ses apophyses sont réunies à leur sommet par un bord tubéreux, arrondi sur les côtés.

Dans ces deux espèces de ruminants, le sacrum n'est formé que de quatre, quelquefois même de trois os, et il ne présente que trois trous sacrés.

Chez les femelles carnivores, il a une forme approchant de la pyramide quadrangulaire ; la surface par laquelle il répond à chacun des deux coxaux regarde en dehors et non en haut, comme dans les mono-dactyles. Il n'a que trois trous sacrés.

Le bassin est donc constitué, en dessus par le sacrum et les os de la queue, sur les côtés et en dessous par l'os coxal (ilion, pubis, ischion).

Articulations.

Elles sont au nombre de cinq. Deux articulations servent à unir les ilions au sacrum, *articulations sacro-iliaques ;* une troisième réunit les deux pubis et les deux ischions, *articulation ischio-pubienne ;* une quatrième joint le sacrum avec le rachis, *articulation sacro-lombaire ;* et une cinquième, le sacrum au coccyx, *articulation sacro-coccygienne.* Les articulations sacro-iliaques et ischio-pubienne portent le nom de symphyses sacro-iliaques et ischio-pubienne.

1° ARTICULATION SACRO-ILIAQUE. Pour former cette double articulation, qui tient le milieu entre les jointures qui jouissent de beaucoup de mouvement et celles qui en sont privées, le sacrum est enclavé à la manière d'un coin entre les deux os iliaques.

Ces deux articulations se font par des surfaces irrégulières et rugueuses , dont une supérieure appartient à l'ilion, l'autre inférieure appartient au sacrum ; chacune d'elles présente une portion articulaire à forme oblongue. Les deux portions articulaires s'appliquent l'une sur l'autre , constituent une diarthrodie entourée d'une synoviale qui ne renferme que très-peu de synovie. La capsule articulaire est enfermée par deux plans de faisceaux fibreux très-forts, surtout du côté de l'angle externe de l'ilion.

Ces faisceaux fibreux, bien qu'établissant entre les os une articulation très-solide, permettent néanmoins des mouvements bornés, utiles à la locomotion et à l'accouchement, et qui persistent pendant toute la vie des animaux. En effet, la soudure de ces os, par les progrès de l'âge , est regardée comme étant fort rare (M. Rigot).

2° Articulation sacro-vertébrale. La dernière vertèbre lombaire répond au sacrum par son corps, ses apophyses articulaires, ses lames et son apophyse épineuse , de la même manière que toutes les vertèbres l'une avec l'autre. Seulement le fibro-cartilage interosseux est plus épais, le ligament sur-épineux plus large; du reste , tous les autres moyens d'union sont les mêmes.

Une remarque à faire à l'égard de cette jointure, c'est que dans l'espèce seule du cheval, le sacrum présente sur chacun des côtés de sa base un condyle oblong qui est reçu dans une cavité glénoïde creusée sur le bord postérieur des deux apophyses transverses de la dernière vertèbre lombaire. Cette articulation ne s'ankylose jamais par les progrès de l'âge, d'après M. Rigot, bien qu'on n'y rencontre habituellement qu'une très-petite quantité de synovie. Sa solidité plus grande dans le cheval, par suite de l'emboîtement des surfaces osseuses, annonce une plus grande force de résistance. La vache, où cette disposition ne s'observe pas, est sujette à une sorte de luxation incomplète de cette articulation, luxation qui peut devenir un obstacle au part.

Dans les autres espèces chez lesquelles le sacrum ne s'articule pas avec les apophyses transverses de la dernière vertèbre lombaire, un ligament inter-transversaire la remplace et unit seulement les deux pièces osseuses sur les côtés.

3° ARTICULATIONS SACRO-COCCYGIENNE ET INTER-COCCYGIENNE. Le sacrum s'unit au coccyx, et les différentes pièces du coccyx s'unissent entre elles par autant de symphyses identiques en tous points à celles qui unissent le corps des vertèbres. Un fibro-cartilage épais, placé en forme de disque entre chacune des pièces osseuses, ellipsoïdes et légèrement convexes, sert de moyen d'union. La solidité de ces articulations est augmentée par une gaîne fibreuse qui entoure de toutes parts, et sans interruption, le levier brisé que représente le coccyx. Cette organisation est la même dans toutes les femelles, sans exception; et cette mobilité des vertèbres coccygiennes est une circonstance qui favorise l'accouchement.

La queue de la jument, d'après Brugnone, aurait les premières pièces plus grosses, plus élevées, plus mobiles que celle de l'étalon.

4° ARTICULATION ISCHIO-PUBIENNE. Elle consiste : 1° en deux surfaces articulaires, allongées, étroites, sinueuses et inégales, solidement réunies l'une à l'autre par un fibro-cartilage intermédiaire ; 2° en ce fibro-cartilage lui-même qui s'ossifie de bonne heure dans la plupart des animaux domestiques; 3° en une couche de fibres blanches qui, partant de chacun des pubis, s'entre-croisent entre elles d'un côté à l'autre, recouvrant les deux faces et les deux bords de l'articulation, contractant des adhérences étroites avec le cartilage inter-articulaire et le périoste du pubis dont elles ne semblent qu'une dépendance.

La mobilité fort obscure que possède cette symphyse dépend de la flexibilité du fibro-cartilage d'incrustation, et, par conséquent, disparaît lorsque ce fibro-cartilage s'ossifie par les progrès de l'âge. M. Girard fait remarquer que cette ossification est achevée dans la jument avant l'âge adulte ; mais qu'il n'en est pas ainsi chez les vaches qui font des veaux, et chez les brebis portières dans lesquelles la mobilité et l'écartement de ces os se conservent.

Ligament Sacro-Sciatique.

Le bassin, ainsi formé d'os et d'articulations, n'au
rait pas la solidité nécessaire et ne constituerait pas un
vrai canal s'il n'était complété par plusieurs liga
ments, et en particulier par le ligament sacro-sciatique, qui est situé, en dehors et en bas, sur les
côtés de la cavité du bassin. C'est une large bande
quadrilatère, formée de fibres blanches entre-croisées
en tous sens; il s'attache en haut tout le long du côté
du sacrum et des deux premiers os coccygiens par
une série de faisceaux qui se réunissent à ceux du
ligament ilio-sacré inférieur; en bas, il se fixe sur
le bord ischiatique; et, plus en arrière, sur la crête
dite sus-cotylienne; puis s'en détache, va s'insérer sur la tubérosité de l'ischion et se termine à la
surface du muscle demi-membraneux.

Sa face externe est recouverte par les nerfs grand
et petit fémoro-poplités, et donne attache à une partie des muscles grand fessier, *long vaste*, et biceps de la
jambe. Sa face interne est tapissée dans son 1/3 antérieur
par le péritoine, et dans le reste de son étendue par
les muscles ischio-coccygiens et ischio-anal, qui y prennent leur origine.

Des grandes ouvertures que le ligament sacro-sciatique circonscrit, l'inférieure la moins spacieuse donne

passage au muscle obturateur interne, et la supérieure
aux vaisseaux et nerfs fessiers, ischio-musculaires,
sciatiques et honteux internes.

Ligaments Ilio-Sciatiques.

L'un, supérieur, s'étend de l'angle supérieur et postérieur de l'ilion aux apophyses épineuses du sacrum,
en se joignant à celui du côté opposé sur le sommet de
la croupe; l'autre, inférieur, va de l'angle antérieur
et inférieur de l'ilion sur le côté du sacrum. Celui-ci
se réunit par des fibres divergentes au bord supérieur
du ligament sacro-sciatique.

BASSIN EN GÉNÉRAL.

Considéré d'une manière générale, le bassin, dans
toutes les femelles, a la forme d'un cône tronqué et
comprimé d'un côté à l'autre, aplatissement qui est
beaucoup plus prononcé dans les grandes femelles que
dans les petites ; sa base regarde en avant et son sommet en arrière. On y distingue une surface externe et
une interne, une circonférence antérieure et une pos-

térieure, et, entre elles deux, le canal proprement dit, la cavité du bassin ou excavation pelvienne.

1° SURFACE EXTERNE. Elle offre à considérer quatre plans ou régions, supérieur, inférieur et latéraux.

Plan supérieur. Le plus étroit des quatre, il est oblique de haut en bas et d'avant en arrière; on y remarque, sur la ligne médiane, la succession des apophyses épineuses du sacrum et des tubercules coccygiens ; sur les côtés et à la base de ces éminences, les deux gouttières, dites sacrées, qui sont la continuation des gouttières vertébrales, et le long desquelles on trouve les trous sacrés supérieurs que traversent les nerfs du même nom, ainsi que les branches qui partent des artères rachidiennes au niveau de ces trous. Ces gouttières sont remplies par les muscles sacro-coccygiens supérieurs.

La direction de ce plan de devant en arrière diffère suivant l'espèce des femelles, et suivant les races, dans la même espèce. — Dans les juments, ce plan, dont la direction est parfaitement représentée par celle de la croupe, est généralement plus incliné en arrière que dans la vache. Cette inclinaison postérieure est très-marquée quand la croupe est dite avalée; et, sans sortir de l'espèce du cheval, on trouve une immense différence entre les formes de la croupe de la petite jument corse ou sarde et l'ânesse de la même taille. Cette inclinaison est moins marquée dans les juments de race distinguée où la base de la queue s'élève presque au niveau du sommet de la croupe, ce qui est le contraire dans les juments communes.

Ce que nous disons de la direction de ce plan s'applique aussi à sa largeur qui varie, non-seulement suivant la taille et le volume du corps de la femelle, mais encore d'aprés sa race. La jument limousine a une croupe bien plus étroite que la jument normande de même taille.

Plan inférieur. Il est dirigè horizontalement et légèrement convexe d'un côté à l'autre. On y aperçoit, dans son milieu, la symphyse ischio-pubienne ; sur les côtés, et successivement d'avant en arrière, les deux gouttières sous-pubiennes dans lesquelles sont reçus les ligaments pubio-fémoraux, les grandes ouvertures sous-pubiennes (trous obturateurs) dans lesquelles passent les vaisseaux et nerfs obturateurs, et que couvrent dans l'état frais la membrane obturatrice et les muscles obturateurs externes ; enfin, les épines ischiales à l'extrémité desquelles s'attachent les muscles jumeaux.

Plans latéraux. Plus vastes que les précédents, ils sont inclinés de haut en bas, et de dedans en dehors. On remarque successivement sur chacun d'eux les angles antérieurs de l'ilion, la fosse iliaque externe que remplit le grand fessier, la grande échancrure sacro-ischiatique que ferme le ligament du même nom ; au même niveau, la crête sus-cotylienne, la surface d'implantation du petit fessier, et la cavité cotyloïde ; plus en arrière, la coulisse destinée au glissement des tendons de l'obturateur interne et du pyramidal ; enfin, la petite cavité anguleuse où s'implantent les muscles jumeaux.

SURFACE INTERNE. Plus régulière que l'externe, elle présente aussi quatre plans concaves, supérieur, inférieur et latéraux : — 1° *Plan supérieur,* appelé aussi sacré ou rectal ; il est formé par la face inférieure du sacrum et présente de côté les trous sacrés inférieurs que traversent les branches inférieures des nerfs sacrés et les artères sacrées. A ce plan répondent le rectum, les vaisseaux sous-sacrés et les nerfs trisplanchniques. — Il offre dans la vache et la truie un angle saillant au-dessous, dans l'abdomen, qui ressemble un peu à l'angle sacro-vertébral de la femme, et que l'on n'observe presque pas chez les autres femelles. Cet angle dépend de ce que la colonne vertébrale, à l'endroit de son articulation avec le sacrum, présente une courbure légère à convexité inférieure.

Plan inférieur. Formé par la face supérieure des pubis et des ischions, il offre, dans son milieu, la symphyse pubienne qui y fait une saillie très-considérable, et sur les côtés l'orifice supérieur des trous sous-pubiens qui est en partie recouvert par les obturateurs internes. Ce plan soutient la vessie.

Plans latéraux. Ils sont formés en grande partie par la face interne des ischions et les ligaments sacro-ischiatiques, parcourus d'avant en arrière par les vaisseaux et nerfs obturateurs, et traversés par les vaisseaux et nerfs fessiers, ischio-musculaires, honteux internes, et par les nerfs grand et petit sciatiques. C'est la compression de ces nerfs, par la matrice et son contenu, qui produit les crampes qu'éprouvent les femelles dans les derniers temps de la gestation.

Circonférences.

Elles portent, dans la femme, le nom de détroits.

1° ANTÉRIEURE. Elle est ovalaire, le gros bout de l'ovale correspondant à la symphyse pubienne, et formée par le bord antérieur des pubis en dessous, le bord antérieur de la base du sacrum au-dessus, et par une crête marquée sur les ilions qui, du bord antérieur du pubis, va de chaque côté aboutir au sacrum. — Ce bord antérieur du sacrum forme, avec la dernière vertèbre des lombes, une saillie transversale plus prononcée dans la vache et la truie que dans les autres femelles, et dont nous avons parlé plus haut; puis, de chaque côté, on trouve l'articulation sacro-iliaque, la surface d'implantation du psoas, l'éminence ilio-pectinée, la crête des pubis et la symphyse pubienne. La partie de cette circonférence, qui est comprise entre l'articulation sacro-iliaque et la crête des pubis, et que M. Girard appelle sus-cotylienne, forme un bord saillant, contre lequel le bras de l'accoucheur est souvent comprimé violemment lorsqu'il l'introduit dans la matrice pour opérer des changements de position du fœtus.

2° Postérieure, ou recto-uréthrale (périnéale dans la femme). Elle est formée en haut par la base du coccyx, en bas par les crêtes et les tubérosités ischiales, et sur les côtés par les ligaments sacro-ischiatiques. Ce détroit est susceptible de s'agrandir lors du passage du petit, à raison de la mobilité de ses parois supérieures et latérales.

Les parties principales qui occupent le fond du bassin sont les muscles sacro-coccygiens inférieurs, ischio-coccygiens et ischio-anal, les ligaments suspenseurs de l'anus, le rectum, le vagin, la vulve, les vaisseaux et nerfs honteux internes. — Dans l'espèce bovine, le bassin est moins vertical que dans l'espèce du cheval, plus allongé et beaucoup plus creux dans sa portion ischio-pubienne, où la symphyse de ce nom offre dans le milieu de sa surface externe une éminence qui n'existe pas dans les animaux de l'espèce cabaline. Il est moins rétréci dans sa partie moyenne, et son plan supérieur, c'est-à-dire le sacrum, offre une concavité plus prononcée.

Le bassin de la brebis, au volume près, a la plus parfaite ressemblance avec celui de la vache. Il en est de même du bassin de la truie. — Dans ces deux femelles, l'ischion se prolonge plus en arrière que dans la jument.

Dans la truie, en outre, comme chez les carnivores,

la cavité du bassin a une forme plus cylindrique. La
circonférence antérieure est, toute proportion gardée,
moins évasée que dans les grandes femelles, et forme
le commencement d'un canal qui va en se rétrécissant
très-légèrement d'avant en arrière.

L'étude de la surface interne du bassin nous a fait
reconnaître que l'ouverture qu'il laisse pour le passage
du fœtus a une forme ovalaire dans les grandes et les
petites femelles herbivores, et plus cylindrique dans les
femelles carnivores ; que cet ovale a sa petite extrémité en haut et sa plus grande en bas.

Cette différence de forme du bassin tient spécialement à la différence de forme de la poitrine du fœtus
qui, comme on le sait, a plus de hauteur que de largeur, et est à la naissance encore plus marquée qu'à
tout autre âge. Or, la poitrine des fœtus des herbivores
se présente au détroit supérieur le garrot et les épaules regardant en haut ; et la partie inférieure de la
poitrine, les membres, qui forment une masse plus
volumineuse, reposant sur le pubis ; c'est le passage de
la poitrine qui, dans les animaux, est la principale
difficulté du part, et c'est la tête dans l'espèce humaine. Le corps du jeune carnivore, dont la poitrine a le diamètre vertical moins considérable, pourrait passer plus facilement à travers un canal plus cylindrique.

Détroits.

On appelle ainsi les circonférences antérieure et postérieure du bassin, parce qu'elles sont plus rétrécies que l'excavation pelvienne.

Des deux détroits, l'un, l'antérieur, correspond immédiatement au ventre, de là son nom de détroit abdominal, ou de grand détroit parce que ses diamètres sont plus considérables que ceux du détroit postérieur qui porte, par conséquent, le nom de petit détroit, ou recto-urétral, ou périnéal chez l'homme. Quant à ce détroit postérieur que nous avons décrit pour nous conformer à l'usage, à vrai dire, il ne nous paraît pas mériter proprement ce nom chez les animaux, et, cela, parce que, quoique en apparence rétréci, il est, au contraire, aussi large que le reste du bassin, à raison de la mobilité du coccyx et de l'extensibilité des ligaments sacro-iliaques qui le composent en haut et sur les côtés. C'est aussi l'opinion de Dugès (*Physiologie Comparée*, t. III, p. 537), qui dit que le bassin n'offre chez la plupart des mammifères qu'un seul détroit : l'abdominal.

Le détroit antérieur est-il susceptible de s'agrandir pendant l'accouchement? Dans la vache où la symphyse pubienne ne s'ossifie que très-tard, surtout chez celles qui font souvent des veaux, il me paraît pouvoir s'agrandir pendant la durée du travail et aux dépens de la symphyse pubienne et des articulations sacro-iliaques dont les fibro-cartilages se ramollissent et se laissent étendre légèrement. Il en est de même et plus certainement encore dans les brebis portières. En ce qui concerne la jument, cet agrandissement ne saurait avoir lieu pendant le travail, puisque la symphyse pubienne est ossifiée avant l'âge où la jument pouline ; mais il peut avoir lieu chez elle par le fait de plusieurs parts successifs.

Quant à ce que nous avons appelé le détroit postérieur, par analogie avec l'espèce humaine, il est, celui-là, fort dilatable : 1° par la mobilité du coccyx qui est repoussé en haut par le corps du fœtus ; 2° par le relâchement des ligaments sacro-ischiatiques qui survient dans les derniers mois de la grossesse.

Excavation du Bassin.

Les accoucheurs modernes nomment excavation pelvienne (*pelvis*, bassin) l'espace compris entre les deux détroits ; c'est-à-dire toute la cavité du bassin. — Or, nous avons déjà signalé plus haut les différences que présente cette cavité. C'est là que se trouve logé presque entièrement l'utérus des femelles ; puis le fœtus lui-même dans les premiers temps de la conception ; plus tard, à mesure qu'il augmente de volume, c'est dans l'ab-domen qu'il va chercher un séjour plus large; enfin, aux approches du part, il se rapproche du bassin. Si l'opinion de M. Girard, qui veut qu'un des petits occupe le corps de l'utérus dans les femelles carnivores, se vé-rifie, il faudra admettre que celui-là du moins est en grande partie logé dans l'excavation pelvienne pendant toute la durée de la gestation. Je ne puis partager cette manière de voir, et je pense qu'aucun d'eux n'occupe cette place si ce n'est aux approches du part. Les au-topsies m'ont démontré que dans les femelles qui pé-rissent à cette époque, sans que le travail soit com-mencé, le corps de l'utérus est complétement vide.

Dans la lapine, aucun des petits ne peut être logé dans l'excavation pelvienne, puisque le corps de la ma-trice n'existe pas ; les deux cornes en forme d'intestin s'ouvrant séparément dans le vagin.

Il est important de savoir si l'excavation pelvienne peut augmenter de capacité dans tous les sens chez les femelles qui font plusieurs portées. Evidemment cela a lieu, et par le concours de plusieurs causes : 1° par le relâchement de la symphyse ischio-pubienne ; 2° par celui des symphyses sacro-iliaques; 3° par le même re-lâchement des ligaments sacro-ischiatiques, qui devient remarquable aux approches du part, surtout chez les grandes femelles ; 4° enfin, par la mobilité du coccyx qui est repoussé fortement en haut par le corps du fœtus à son passage. Toutes ces causes réunies concourent , non-seulement à l'agrandissement de chaque détroit en particulier, comme nous l'avons dit plus haut, mais encore à celui de l'excavation pelvienne.

Du reste, c'est un fait d'observation journalière que la croupe s'agrandit chez les femelles qui ont fait plusieurs portées; de là résulte le balancement, l'espèce de bercement qu'on observe chez elles dans la marche, et qui tient à ce relâchement des symphyses que nous venons d'indiquer, lequel persiste chez les femelles qui ont fait plusieurs portées.

Diamètres du Bassin.

On appelle ainsi la distance qui sépare des points déterminés du bassin ; distance qu'il est intéressant de mesurer pour la comparer avec le volume des parties du fœtus qui doivent traverser le canal osseux.

Avec les médecins, nous distinguons quatre diamètres à chaque détroit: 1° un vertical mesurant l'espace compris entre la symphyse pubienne et l'articulation sacro-lombaire; nous pouvons l'appeler sacro-inférieur ou sacro-pubien ; 2° transversal ou bis-iliaque, allant du point le plus concave d'une des branches de l'ilion au point correspondant du côté opposé ; les deux derniers ou les obliques, allant de l'éminence ilio pectinée d'un côté à la symphyse sacro-iliaque du côté opposé.

Il convient de réduire les diamètres à deux pour les animaux : le diamètre supéro-inférieur et le transversal ou bis-iliaque.

Pour les apprécier dans nos huit espèces de femelles, il faut savoir que pour la jument, la vache, la truie, la chienne, ces diamètres varient beaucoup suivant la taille des femelles ; que, par conséquent, il ne pourrait pas y avoir une longueur uniforme pour toutes les espèces ; que, pour avoir le diamètre avec une entière précision, il faudrait donner autant de mesures différentes qu'on pourrait faire de différences de tailles entre les femelles de la même espèce. — Pour éviter cette multiplicité de chiffres et d'évaluations, j'ai rapporté à trois types la taille de toutes les femelles, les distinguant ainsi en grandes, moyennes et petites, et j'ai donné la mesure du bassin dans chacun de ces types.

Il n'en est pas de même de l'ânesse, de la brebis, de la chèvre et de la chatte, où la taille des femelles présentant peu de différences à quelque race qu'elles appartiennent, le bassin conserve chez toutes, à très-peu de chose près, les mêmes dimensions. Ces dernières femelles ressemblent, sous ce rapport, à la femme chez laquelle la différence de taille n'apporte que très-peu de différence dans les diamètres du bassin ; deux millimètres, trois au plus constituent toute la différence qu'on peut rencontrer. Mais dans la jument ou la vache, si on compare une grande

avec une petite femelle , la différence dans les diamètres peut s'élever jusqu'à 2 centimètres 1/2.

Il y a une distance encore plus importante à connaître que celle des diamètres que je viens d'indiquer ;
c'est celle qui sépare la symphyse des pubis du milieu
du sacrum dans les grandes femelles , et de l'articulation sacro-coccygienne dans les petites. — En effet ,
le bassin offre un plan très-incliné. Si on le redressait
comme l'est celui de l'homme , et si on faisait passer
une ligne horizontale par le sommet de la symphyse
pubienne et qu'on la prolongeât jusqu'à sa rencontre
avec l'épine , elle la rencontrerait non pas vers l'articulation sacro-lombaire, mais vers le milieu du sacrum
pour les grandes femelles , et vers l'articulation sacro-
coccygienne pour les petites.

Cette distance est le point le plus étroit par lequel le
fœtus doive passer , et il s'y présente de telle sorte que
son garrot touche vers le sacrum et sa poitrine au pubis ; c'est donc dans ce point que le fœtus rencontrera
le plus de difficultés dans son passage.

Il faut avouer que la question des diamètres n'a pour
nous qu'une importance pratique très-secondaire. Nous
n'éprouvons pas, comme les médecins, le besoin d'a-
voir des mesures très-exactes, attendu : 1° que la tête
du petit n'a jamais de difficultés à franchir le passage ,
sauf le cas de développement extraordinaire par hydrocéphale ; —2° que la conservation du petit n'ayant
qu'une très-faible importance si on le compare au fœtus

humain , on n'hésite pas à sacrifier le petit pour peu qu'on éprouve des difficultés qui puissent menacer la vie de la mère.

Le diamètre supéro-inférieur ou sacro-pubien du détroit antérieur est cependant utile à connaître dans la jument pour l'étude du mécanisme de l'accouchement. Il avait déjà attiré l'attention de Lafosse et de Brugnone qui , sans en donner des mesures même approximatives , avaient reconnu d'une manière générale qu'il est moins étendu que le diamètre vertical de la poitrine du poulain. Je ferai connaître , en traitant du mécanisme du part, par quel moyen la poitrine du petit est rétrécie de manière à s'accommoder à ce passage plus étroit que lui et à le franchir sans difficulté.

Axes du Bassin.

On appelle axe une ligne perpendiculaire à un plan, à une surface , et qui passe par sa partie moyenne.

Cette question est capitale dans la médecine humaine. Le bassin de la femme a la forme d'un canal recourbé, et on peut se figurer sa courbure en supposant que de la symphyse pubienne on décrive un arc de cercle avec la moitié du diamètre sacro-pubien pour rayon. Il en résulte que le détroit supérieur chez la femme regarde vers le milieu du sacrum , tandis que le détroit inférieur regarde en avant. Par conséquent, lorsqu'on veut faire passer le fœtus par le détroit supérieur, il faut tirer en bas et en arrière ; et, pour le détroit inférieur, tirer en avant. — Il n'en est plus de même chez les animaux où il est bien reconnu que le bassin n'offre qu'un seul axe, et a une direction à peu près rectiligne. — En effet , le sacrum est à peu près la continuation en droite ligne de la colonne vertébrale; l'angle sacro-vertébral de la femme n'existe pas, au moins d'une manière un peu prononcée. —Cuvier développe bien ce fait dans son Anatomie comparée (t. I, p. 341) : « Dans les mammifères , en général , le sacrum se continue presque dans la même ligne que l'épine.... Si on plaçait les femelles de manière que leur colonne vertébrale fût verticale (comme elle l'est chez l'homme) , les plans des deux moitiés antérieures du bassin (c'est-à-dire des faces externes des pubis et des ischions de chaque côté de la symphyse) regarderaient en avant et en dehors, et non en bas, comme chez l'homme. Ils regarderaient même en haut dans les animaux à sabot, c'est-à-dire que les plans étant prolongés rencontreraient la prolongation de l'épine au-dessous du bassin dans l'homme , au-dessus dans les animaux à sabot , et lui demeureraient parallèles dans la plupart des animaux digités. »

Cette rectitude du bassin des animaux explique comment les difficultés du passage du fœtus doivent être nulles si on les compare à celles que causent l'immobilité, la longueur et surtout la courbure du sacrum, qui donnent à l'excavation pelvienne de la femme une figure telle que le fœtus ne peut la traverser qu'en suivant un trajet courbe et en franchissant le détroit périnéal dans une direction opposée à celle par laquelle il est entré dans le détroit abdominal.

Différence du Bassin du mâle et de la femelle.

Le bassin des femelles a certainement plus de largeur et de hauteur que celui des mâles. Cette différence, qui se dessine quelquefois dés la naissance par une croupe plus ample, n'est le plus souvent bien apparente qu'à mesure que le corps s'accroît et que les individus des deux sexes revêtent leurs formes définitives.

D'après Brugnone le sacrum de la femelle est plus large et plus long que celui du mâle, il est aussi plus concave. — Les premières vertèbres caudales sont plus grosses, plus mobiles, plus élevées dans la jument; les ilions et les pubis sont aussi plus larges et plus concaves, et décrivent une plus grande convexité en dessus et en dehors. Cette conformation de la jument était nécessaire pour rendre plus large la cavité qui doit donner passage au fœtus. C'est elle aussi qui fait que la jument paraît plus basse de devant que le cheval, parce que sa croupe qui s'élève est presque au niveau du sommet du garrot, au lieu qu'elle est plus basse chez le cheval. Par la même raison il est difficile de trouver une jument qui ait la croupe parfaitement carrée comme celle de l'étalon, c'est-à-dire, dont la hauteur, la largeur et la longueur soient égales ; la hauteur dans la jument dépasse les deux autres dimensions de la croupe.

A la première vue un œil même peu exercé distingue le cheval entier et le taureau de la jument et de la vache, à l'étroitesse du train postérieur et au volume des parties antérieures. Ces différences sont moins bien prononcées dans les petites espèces où elles ne deviennent apparentes que chez les femelles qui ont fait plusieurs portées. En résumé, le bassin de la femelle est plus évasé, les parties molles qui le recouvrent se développent davantage, la marche est plus lente et plus lourde, et offre ce balancement de la croupe dont j'ai parlé; aussi voit-on sur les hippodromes très peu de femelles qui aient pouliné plusieurs fois.

TABLEAU DES DIMENSIONS DU BASSIN DES DIVERSES FEMELLES.

Diamètres à chaque détroit.

1° **Détroit antérieur.** 1° Supéro-inférieur. — De l'articulation lombo-sacrée au bord antérieur de la symphyse des pubis.

2° Transversal. — De la face interne de l'angle cotyloïdien d'un côté, au même point du côté opposé.

3° Distance qui sépare la symphyse des pubis, du milieu du sacrum dans les grandes femelles, et de l'articulation sacro-coccygienne dans les petites. — Cette distance peut être désignée sous le nom de diamètre vertical, quoiqu'à vrai dire elle ne peut être considérée comme représentant un diamètre du détroit supérieur.

2° **Détroit postérieur.** 1° Diamètre vertical. — De la partie postérieure de la symphyse ischio-pubienne, perpendiculairement au sacrum ou à son prolongement, le coccyx. Il est susceptible d'un agrandissement considérable à cause de la mobilité du coccyx.

2° Diamètre transversal. — D'une tubérosité ischiale à l'autre.

J'ajoute après ces diamètres la longueur de la symphyse ischio-pubienne.

| ESPÈCE. | TAILLE. | DÉTROITS. | | | | SYMPHYSE. |
| | | ANTÉRIEUR. | | POSTÉRIEUR. | | |
		DIAMÈTRES.	MESURES.	DIAMÈTRES.	MESURES.	
	Grande taille 1 mètre 80, (5 pieds).	Supéro-infér. Vertical. Transversal.	m. 0,24 (8 pouc.) 0,23. 0,23 à 0,24.	Vertical. Transversal.	m. 0,17. 0,19.	m. 0,23 à 0,24. (8 pouces).
JUMENT.	Taille moyen. 1 m. 60 (4 p. 7 à 8 pouces).	Supéro-infér. Vertical. Transversal.	0,23 à 0,24. 0,22. 0,22 à 0,23.	Vertical. Transversal.	0,15 à 0,16. 0,17 à 0,18.	0,22.
	Taille petite, 1 m. 35 (3 p.	Supéro-infér. Vertical.	0,21 à 0,22. 0,20	Vertical.	0,14 à 0,13	0,18 à 0,19.

VACHE.	Vache issue d'une fribourgeoise, taille moyen.	Supéro-infér. Vertical. Transversal.	0,22. 0,20. 0,18.	Vertical. Transversal.	0,20. 0,19.	0,12.
BREBIS.	Taille ordinaire.	Supéro-infér. Vertical. Transversal. Le sinus de l'angle est de m. 0,10.	0,12. 0,06. 0,08.	Vertical. Transversal.	0,09 il varie. 0,06.	0,05.
CHÈVRE.	Taille moyen.	Supéro-infér. Vertical. Transversal.	9,12. 0,07. 0,09.	Vertical. Transversal.	0,07. 0,07.	0,07.
TRUIE.	0 m. 70. Longueur du corps du bout du groin à l'origine de la queue, 1 m. 40.	Supéro-infér. Vertical. Transversal.	0,10. 0,08. 0,08.	Vertical. Transversal.	0,06. 0,10.	0,10.
CHIENNE. {	Forte taille.	Supéro-infér. Vertical. Transversal.	0,06. 0,05. 0,05.	Vertical. Transversal.	0,06. 0,05,	0,05.
	Petite taille.	Supéro-infér. Vertical. Transversal.	0,05. 0,04. 0,03 à 0,04.	Vertical. Transversal.	0,05. 0,04.	0,03.
CHATTE.	Taille ordinaire.	Supéro-infér. Vertical. Transversal.	0,06. 0,05. 0,03.	Vertical. Transversal.	0,06. 0,04.	0,04.

CHAPITRE II.

ORGANES DE LA GÉNÉRATION.

L'appareil génital de la femelle, plus compliqué que celui du mâle, se compose d'organes placés dans l'intérieur du bassin, les ovaires, les trompes utérines, l'utérus, et qui viennent s'ouvrir à l'extérieur par le canal du vagin, lequel se termine par ce qu'on appelle la vulve.

Ovaires.

Ils sont considérés comme les analogues des testicules chez les mâles, et sont au nombre de deux, placés près des extrémités des cornes de la matrice, en arrière des trompes de Fallope, et logés entre les replis du péritoine qui portent le nom de ligaments sous-lombaires. — Relativement fort gros dans le fœtus, ils diminuent un peu après la naissance; leur forme est celle d'une petite glande ronde ou ovalaire, quelques semaines après la naissance. A cette époque on peut dans l'agnelle distinguer à l'œil nu, sur la surface de l'ovaire, de petits points transparents et d'une teinte grisâtre, et qui semblent être les vésicules que plus tard leur développement rendra plus apparentes.

Vers l'âge que l'on pourrait appeler de la puberté, âge auquel les femelles deviennent aptes à se reproduire, l'ovaire augmente rapidement de volume, et devient plus ferme, plus résistant. — Il est alors irrégulier et bosselé dans la truie, où il a la forme d'une grappe, ainsi que dans les carnivores.

A cette époque il prend la teinte rougeâtre qu'il garde pendant que les animaux conservent l'aptitude génératrice; les vaisseaux qui les pénètrent augmentent alors de volume.

Pendant la gestation et après le part ils ont une grosseur qui varie suivant les animaux; atteignant le volume d'une très-grosse noix dans la jument et la vache, beaucoup plus petits dans les autres. — M. Girard dit (*Anat.*, 2ᵐᵉ vol., p. 539) que « dans la castration des jeunes truies on coupe, ou plutôt on arrache avec l'ovaire l'utérus et les trompes utérines, mais que cette opération serait mortelle dans les truies qui ont déjà été couvertes ou qui ont éprouvé des chaleurs. » Les faits qui ont été publiés depuis prouvent, au contraire, qu'elle a été faite avec succès, même pendant la gestation.

L'ovaire est formé d'une enveloppe fibreuse, dense, recouverte elle-même par le péritoine. — Son tissu spongieux et vasculaire présente des mailles dont les cloisons sont constituées par le prolongement de l'enveloppe fibreuse, et dans les mailles on trouve de petites vésicules, *œufs de Graaf*.

Ces vésicules, que les vétérinaires n'ont pas pris soin de compter, ne sont autre chose que de petits kystes variables en volume, à parois minces, transparentes, adhérentes au tissu de l'ovaire et contenant une sérosité incolore.

Les nerfs des ovaires viennent du plexus mésentérique postérieur, le sang arrive par l'artère utérine, branche de l'hypogastrique. — Les artères ovariques forment, en arrivant sur les glandes, des replis semblables à ceux du corps pampiniforme du cordon testiculaire.

Les observations faites sur la vache, la brebis, la chienne et la lapine, ont appris que les vésicules de Graaf ne sont pas les ovules destinés à être fécondés et à devenir le germe du nouvel être, comme de Graaf l'avait cru, mais bien des enveloppes dans lesquelles on trouve un liquide contenant de petites granulations; et parmi ces granulations il y en a une plus grosse qui est l'ovule destiné à être fécondé.— Après la fécondation les vésicules de Graaf se gonflent, s'ouvrent et laissent sortir l'ovule, qui pénètre dans les trompes utérines. Chacune d'elles s'enflamme ainsi; il s'y fait un dépôt de lymphe plastique, d'où résulte après la cicatrisation un petit tubercule, qu'on a appelé le *corps jaune* (corpus luteum).

Cependant, ces déchirures des vésicules de Graaf et la formation des corps jaunes se voient aussi dans d'autres circonstances que la fécondation; puisque Brugnone les a vus sur les ovaires de la mule, et Rœderer et Haigton, sur des ovaires dont les trompes utérines avaient été liées avant le coït. — Le simple fait du rut, de la chaleur, peut sans doute en produire, comme le font les règles chez les femmes.

Trompes de Fallope.

Ce sont deux conduits flexueux, blanchâtres, fixés entre les replis péritonéaux sous-lombaires. — Dans les femelles des ruminants on les trouve au bout de la *volute* que forme l'extrémité des cornes de l'utérus et contre lesquelles elles sont appliquées. — La corne de l'utérus forme, à la naissance de chacune de ces trompes, un tubercule plus ou moins saillant, qui est l'orifice utérin de la trompe. — A mesure qu'elle s'éloigne, elle décrit une suite d'inflexions qui diminuent vers le milieu de son trajet pour cesser près de l'ovaire. — Leur longueur varie dans les diverses femelles, mais c'est dans la truie qu'elle est la plus grande; chez elle aussi elle ne forme pas d'inflexions. — Le calibre de ces canaux augmente à mesure qu'ils se rapprochent de l'ovaire ; très-étroite à l'ouverture utérine, elle s'évase à son extrémité ovarique ; là, elle forme une espèce d'entonnoir , de pavillon, dont les bords sont irrégulièrement découpés, et qui porte le nom de pavillon de la trompe ou de corps frangé. — Ces franges sont considérées par M. Girard comme très-contractiles, étant formées , dit-il, par des fibres rayonnées. — Elles viennent en convergeant aboutir au centre du pavillon, où se montre l'orifice interne de la trompe, orifice par lequel la trompe s'ouvre dans la cavité péritonéale , qu'elle fait communiquer ainsi avec l'utérus, le vagin et l'extérieur ; seul exemple d'une séreuse communiquant avec l'extérieur.

Enveloppées par des divisions des ligaments sous-lombaires du péritoine, les trompes offrent au-dessous une couche moyenne, puis une interne : la couche moyenne nous paraît être un prolongement du tissu propre de l'utérus, et formée par un tissu fibreux, épais. — La couche interne très-mince tient à la fois des séreuses et des muqueuses, se continuant d'un côté avec le péritoine, de l'autre avec la muqueuse interne des cornes utérines. — Les vaisseaux sont des branches des artères ovariques, et les nerfs viennent du grand symphatique.

Les trompes servent de passage au sperme du mâle et à l'ovule de la femelle ; leur pavillon a pour usage d'embrasser l'ovaire au moment de la fécondation pour que l'ovule puisse pénétrer dans son conduit. — Aussi, lorsque par une cause quelconque, cette application n'a pas lieu, il tombe dans la cavité péritonéale, où il se développe.

Il est commun, dans les vieilles femelles monodactyles, de trouver l'un des ovaires ou même les deux dans un état anormal. — Le plus souvent ils sont hypertrophiés; leur enveloppe fibreuse est épaissie, ainsi que les cloisons qu'elle forme. — Ses vésicules se sont agrandies et forment de véritables kystes qui contiennent quelquefois un liquide limpide, le plus souvent sanguinolent ou purulent. Cet état est désigné sous le nom d'hydropisie de l'ovaire. Flandrin a cité l'observation d'une jument dont l'ovaire pesait 12 kil., et avait 37 centimètres dans son grand diamètre et 30 dans le petit. Levret, célèbre accoucheur, rapporte un cas analogue d'une femme dont l'ovaire contenait 50 litres de liquide (*Instit. et Observations sur les maladies des an. dom.*, tom. vi, p. 319).

J'ai observé la dégénérescence tuberculeuse de ces ovaires. Une truie de trois ans, qui avait porté, m'a offert un grand nombre de corps jaunes dont l'intérieur renfermait un noyau rougeâtre de la consistance d'un tubercule à l'état de crudité.

Matrice ou Utérus.

C'est l'organe dans lequel est contenu le fœtus pendant sa vie intra-utérine. — Il est creux et susceptible de se développer pour s'approprier à ses changements de volume ; sa contraction joue le principal rôle dans la parturition.

Il a une forme allongée ; bifurqué par devant dans toutes nos femelles domestiques, il présente deux parties distinctes, le corps ou partie tubulée, les deux branches ou cornes.

Les cornes varient pour l'étendue suivant que les femelles font un petit, comme les solipèdes et les ruminants ; ou plusieurs, comme les carnivores et le porc. Dans les premières, les cornes sont plus courtes et semblent n'être que des appendices de la partie moyenne. Le petit se développe dans cette dernière seulement, et n'emprunte tout au plus qu'une des cornes où se logent ses membres de derrière. Dans les deuxièmes femelles les cornes sont d'autant plus longues et plus semblables à un intestin qu'elles font plus de petits. Car les petits sont placés les uns à la suite des autres dans chaque corne.

Le corps de l'utérus ne manque que dans une seule femelle domestique, la lapine. L'utérus chez elle consiste en deux cornes qui s'ouvrent séparément dans le vagin.

L'utérus est placé horizontalement sous le rectum, au-dessus de la vessie. — Ses cornes s'écartent vers la région des lombes et se recourbent de dessous en dessus jusque derrière les reins, où sont aussi les ovaires et les trompes.

L'utérus est maintenu dans sa position en arrière par
le vagin et par le péritoine qui, en se repliant sur la
face antérieure de ce conduit membraneux, lie principalement le corps de la matrice au rectum et à la
vessie. — Ces replis, au nombre de quatre, portent
le nom de replis recto-utérins et de vésico-utérins. —
L'utérus lui-même est enveloppé tout entier avec les
ovaires, les trompes, dans un grand repli péritonéal
qui, de chaque côté, va les fixer aux lombes.

Ces ligaments lâches, étendus, flottent pour permettre à l'utérus de se développer largement, ainsi
qu'il le fait dans la grossesse. Cela n'a rien d'éton-
nant quand on connaît la disposition anatomique du
péritoine, qui le rend susceptible de se déplacer.
Aussi ces ligaments s'allongent étonnamment lors du
renversement ou de la version de l'utérus, dans les
femelles herbivores. Dans les carnivores ils accompagnent la matrice dans ses hernies. Dans les torsions
qu'elle éprouve chez les herbivores, dans lesquelles sa
face supérieure devient inférieure, ou même, après
s'être tordue complètement et avoir fait un tour entier,
redevient supérieure, dans ces torsions, ils entourent
et étranglent l'utérus près du col, transformés qu'ils
sont en tissus fibreux.

Non seulement les ligaments latéraux de l'utérus
prennent un développement particulier pendant sa ré-
plétion, mais ils acquièrent, entre leurs feuillets, une
texture fibreuse, même musculeuse (Cuvier); et dans la

vache les fibres forment divers faisceaux dont un, plus
fort que les autres, s'étend, dit-on, de l'ovaire au col de
l'utérus qu'il semble rapprocher, on ne sait dans quel
but. — Vers l'époque du part on trouve entre ces
feuillets une couche formée de faisceaux blanchâtres,
analogues à ceux de la membrane moyenne de l'utérus pendant la gestation.—Après le part cette couche
se déprime, s'amoindrit d'une manière remarquable
sans disparaître entièrement.

Le volume de l'utérus varie suivant l'âge. Très-peu
considérable avant que la femelle ait porté, il augmente à mesure qu'elle ressent ses chaleurs. Dans les
velles d'un mois à six semaines, que l'on tue pour la
consommation, sa longueur totale de la vulve au
bout des cornes est de 23 à 24 centimètres. Le vagin formant les 5/8° ou 15 centimètres, il reste 7 ou 8
pour la longueur de l'utérus et de ses cornes. Sa teinte
est pâle et son volume à peine de la grosseur du gros
intestin. Dans l'agnelle, la matrice et le vagin n'ont
guère que 14 à 16 centimètres d'étendue.

C'est à cette époque de la vie jusqu'aux chaleurs, que
l'utérus recevant peu de sang, on peut en faire l'ablation sans beaucoup de danger pour la vie.

Pendant la grossesse l'utérus augmente considérablement de volume, et après le part, quoiqu'il revienne sur lui-même, il conserve encore un volume
beaucoup plus grand qu'auparavant.

On distingue à ce viscère un corps et deux prolongements appelés cornes ; et chacune de ces parties offre deux faces tapissées par le péritoine qui les rend lisses et polies. Le corps un peu aplati est enveloppé sur ses deux faces par le péritoine qui l'abandonne de chaque côté pour former les ligaments sous-lombaires, de sorte que ses côtés ne sont pas enveloppés. La face supérieure présente des plis longitudinaux et est recouverte par le rectum ; la face inférieure repose sur la vessie et le pubis ; en arrière le corps de la matrice est englobé par le vagin, en avant il présente la bifurcation des cornes ; les cornes s'écartent l'une de l'autre en se dirigeant vers le diaphragme, se recourbent sur elles-mêmes de bas en haut, et sont suspendues par le ligament sous-lombaire dans le voisinage des reins.

L'extrémité postérieure s'ouvre dans le vagin par un prolongement embrassé par le vagin qui forme un cul-de-sac tout autour de lui, et qui porte le nom de col de l'utérus. Il a une forme à peu près cylindrique. Dans les vaches et les brebis très-jeunes le col se trouve presque au niveau de la bifurcation des cornes, en sorte que le corps de la matrice occupe très-peu d'espace ; il en est à peu près de même dans les carnivores.

Il est composé de fibres rayonnées, blanches, beaucoup plus consistantes que celles du corps de l'utérus. Plus tard, vers la puberté, le col dans les grandes femelles représente un corps fusiforme offrant, comme dans la femme, deux lèvres, une antérieure et une postérieure plus longue, pulpeux au toucher, long de 5 centimètres, formé de fibres transversales, plates, dures, résistantes, analogues à celles de la matrice de la femme, et qui fournissent de la fibrine à l'analyse chimique ; ce qui prouve leur nature musculaire. La présence des deux lèvres et leur position permettent d'apprécier par le toucher s'il y a réellement torsion du col par suite de *l'inversion de la matrice sur elle-même.*

Le col est percé d'un canal qui va de l'utérus dans le vagin. Cet orifice rétréci a une forme ronde, ou allongée transversalement (museau de tanche) ; il correspond à peu près au milieu de la partie postérieure du vagin et est entouré, notamment chez la vache, de découpures et de plis profonds appartenant à la muqueuse du vagin et qu'on nomme *fleur épanouie.* Ferme et tendu pendant la grossesse, le col semble se raccourcir dans les femelles qui ont eu plusieurs portées. — Les plis dont nous venons de parler sont destinés à favoriser la dilatation du col, lorsque la sortie du fœtus de la matrice le forcera à s'agrandir et à s'effacer.

Surface interne de l'Utérus.

La cavité de l'utérus, peu considérable avant la grossesse, le devient davantage après. — Sa forme est alors celle du gros intestin pendant la vacuité. Cette cavité est généralement moindre que celle du vagin ; elle se prolonge jusqu'au bout des cornes et se termine par un cul-de-sac au fond duquel on aperçoit le petit tubercule blanchâtre , orifice du conduit de Fallope. — Ainsi cette cavité utérine a trois issues , deux en avant par les trompes, et une en arrière par le col, le museau de tanche et le vagin.

Structure.

Trois couches : — 1° la séreuse ; — 2° la tunique moyenne ou musculaire ; — 3° l'interne muqueuse.

1° La Séreuse est une dépendance des ligaments sous-lombaires; elle adhère intimement au viscère et remplit à son égard les mêmes fonctions que les autres séreuses ; 1° de maintenir en place ; 2° de favoriser les changements de volume.

2° Membrane moyenne. — Elle est musculaire; dans les singes seuls elle a un aspect fibreux analogue à celui qu'elle présente chez la femme.—Les fibres qui composent cette tunique dans les femelles domestiques forment deux plans: 1° un externe composé de fibres longitudinales qui du sommet des cornes se portent vers le col de la matrice et qui chez la femme sont disposées en forme d'écharpe, de manière que partant du col elles remontent jusqu'à la base de l'utérus, recouvrent ses deux faces et viennent de nouveau finir au col. Ces fibres dans les animaux sont plus fortes dans les cornes que dans le corps, et sont déjà fort apercevables dans les premiers temps de la vie extra-utérine; 2° l'interne consiste en des fibres circulaires dont la fonction est de rétrécir l'utérus dans le sens de sa largeur ; — elle est plus épaisse dans les cornes que dans le corps, et son épaisseur est en rapport avec le volume que la matrice doit acquérir pendant la gestation ; elle adhère faiblement à la tunique interne.

3° TUNIQUE INTERNE. — Muqueuse, peu épaisse, elle forme des plis longitudinaux qui lui permettent de s'étendre pendant la gestation; comme toutes les muqueuses, elle sécrète du mucus; mais elle offre une particularité remarquable dans la vache et qui n'existe pas dans la jument, les carnivores et le porc: ce sont des tubercules, des mamelons gros comme des pois ou des haricots dans les agnelles ou les veaux qu'on sacrifie pour la boucherie; chez des femelles moins jeunes on les trouve, pendant la vacuité, du volume et de la forme d'un bouton d'habit; ils augmentent de volume pendant la grossesse et prennent des formes variables; après plusieurs gestations ils acquièrent un volume de plus en plus grand. Pleins dans la vache , creux au milieu dans la brebis et la chèvre , ces mamelons, qu'on appelle cotylédons de la matrice , sont destinés à l'implantation des digitations du placenta ; de telle sorte que les uns sont embrassés par ces digitations , tandis que les autres les embrassent;—leur couleur, qui est blanche pendant la vacuité , devient rouge par l'affluence du sang , pendant la gestation. Lorsqu'on les sépare du placenta, on les trouve mous et percillés d'une infinité de petites cavités dans lesquelles s'abouchaient les vaisseaux. Leur surface ressemble, sous ce rapport, à une éponge fine ou à ces madrépores tout criblés de petits trous. Chacun d'eux tient à la muqueuse par un pédoncule plus ou moins épais qu'il faut se garder de détruire lorsqu'on arrache le placenta lors de la délivrance.

Leur nombre varie comme leur volume, j'en ai compté de 30 à 40 dans l'utérus de la velle et de l'agnelle ; ce nombre peut s'élever à plus de 100 après le part.

Les parois utérines des femelles domestiques sont loin d'avoir pendant la gestation l'épaisseur de celles de la femme et du singe ; elles diminuent d'épaisseur à mesure qu'elles s'étendent. Cette circonstance a fourni aux auteurs d'anatomie comparée une distinction à établir entre les femelles à matrice épaisse et celles à matrice simple. (Cuvier. — Carus.)

Les vaisseaux et les nerfs de l'utérus sont logés entre les deux lames des ligaments sous-lombaires; ils se glissent ensuite entre la tunique séreuse et la musculaire, pénètrent dans cette dernière, et forment entre elle et la muqueuse une multitude de ramifications capillaires. Les artères utérines viennent de l'hypogastrique ; une, destinée à l'ovaire, envoie des branches à l'utérus ; l'autre lui est destinée toute entière. Les veines qui accompagnent les artères vont se rendre dans

la veine cave postérieure ; les nerfs sont fournis par
le plexus mésentérique postérieur.

Vagin ou Conduit Vulvo-Utérin.

C'est un canal membraneux qui s'étend de la vulve à
l'utérus ; il est situé entre le rectum et la vessie. Ses
limites sont, en arrière la vulve, en avant l'utérus dont
il embrasse le col, en faisant autour de lui un cul-de-
sac circulaire, au milieu duquel le col fait saillie. —
Sa direction est la même que celle du canal formé par
le bassin ; il a une forme cylindrique, renflée cependant dans son milieu et plus rétrécie à son orifice extérieur ; sa longueur dans les grandes femelles est d'environ 10 à 16 cent., elle est beaucoup moindre dans les
petites ; sa largeur au milieu est d'environ 10 cent.

Dans le jeune âge, le vagin est resserré sur lui même,
et, vu à l'extérieur, il a moins de volume que le corps
de la matrice.—Son diamètre s'agrandit après la copulation, et il a la plus grande capacité possible pendant le
part. — Dans la vieillesse, il se resserre sur lui-même.
— Dans les 3 ou 4 premiers mois de la grossesse des
grandes femelles, il est allongé par suite du déplacement de la matrice, qui se porte en avant dans l'abdomen. — Vers les derniers temps, sa longueur diminue à mesure que la matrice acquiert de l'ampleur, à
tel point qu'aux approches du part, si le fœtus est

volumineux, surtout s'il y en a deux, la paroi postérieure de la matrice, repoussée dans l'excavation du
bassin, efface plus ou moins la cavité du vagin, et dans
quelques cas même le repousse entre les lèvres de la
vulve ou même au dehors.

Le vagin est maintenu en place, antérieurement,
par les replis péritonéaux qui le fixent en haut avec le
rectum, en bas avec la vessie. L'adhérence au rectum
des replis péritonéaux se faisant par un tissu cellulaire
lâche, extensible, tandis que le tissu cellulaire qui unit
la vessie au vagin est serré, dense, cette double
circonstance explique pourquoi le rectum est rarement
entraîné dans les déplacements de la matrice, tandis
que la vessie y participe toujours plus ou moins.

Par ses faces latérales il est uni par du tissu cellulaire aux plans musculaires et aponévrotiques qui
forment l'excavation pelvienne.

Sa face interne est tapissée par une membrane muqueuse qui se continue dans le fond avec celle de la
cavité utérine et celle de la vulve en arrière. — Sa
teinte habituelle est pâle, mais elle se colore en
rouge à l'époque des chaleurs. Elle forme des plis,
des rides irrégulières, transversalement placés dans la
vache et plus marqués après plusieurs parts, qui ont
pour but de favoriser sa dilatation lors du part et de
rendre probablement plus vive la sensation volup-
tueuse qu'éprouve le mâle par le frottement du pénis. — Un repli transversal plus marqué est placé

dans le milieu de la face inférieure du vagin ; assez étendu sur les côtés, son bord libre regarde l'entrée du vagin. C'est dans ce repli que se trouve placé le méat urinaire, c'est-à-dire, l'orifice de l'urètre. — Cette valvule, d'autant plus étendue que le vagin est plus étroit; et par conséquent que la femelle est plus jeune, a été comparée à la membrane hymen de la femme. Brugnone a écrit, contre l'opinion de Bourgelat, que cette valvule se prolonge vers la paroi supérieure du vagin où elle adhère par un petit cordon, et que la déchirure de ce cordon, par l'introduction forcée du pénis, est la cause du léger écoulement de sang qui a lieu par la vulve des juments couvertes pour la première fois. — Ce cordon n'existe pas chez toutes les juments.

Structure du Vagin.

Deux membranes, d'après M. Girard ; l'interne ou muqueuse, dont il vient d'être question, et l'externe ou fibreuse, qui consiste en plusieurs couches de fibres entre-croisées en différents sens et unies entre elles et avec la tunique interne par un tissu cellulaire abondant. Ce tissu est considéré par tous les anatomistes comme un tissu érectile identique au dartos, et qui présente quelques fibres musculaires dans son intérieur (Cuvier).

Ce tissu érectile forme de chaque côté de l'entrée du vagin, un peu en arrière de la vulve, un bourrelet saillant auquel on a donné le nom de bulbe du vagin. — C'est un corps oblong, aplati de dehors en dedans et susceptible de se gonfler, de s'ériger, pendant l'orgasme vénérien, comme le bout du pénis du mâle. Il se relâche et perd en grande partie sa fermeté et sa forme convexe chez les grandes femelles qui ont fait plusieurs petits. Ce bulbe du vagin est beaucoup plus étendu dans la vache que dans la jument; il se continue jusqu'au clitoris, où il est recouvert par un gros muscle qui descend de l'extrémité du sacrum et se termine sur le corps caverneux du clitoris; ce muscle est moins épais dans la jument.

Les artères du vagin viennent de l'hypogastrique. Ses veines nombreuses et plexiformes vont aux veines du même nom. Ses nerfs sont fournis par le plexus hypogastrique.

PARTIES EXTERNES DE LA GÉNÉRATION.

Vulve.

La vulve est une ouverture située un peu au-dessous de l'anus, prolongée de haut en bas, qui précéde la ca-

vité du vagin et soutient, l'urètre ; elle est formée
de deux lèvres rapprochées et laissant entre elles une
fente dont la grandeur varie suivant les âges, ainsi qu'il
à été dit à propos du vagin. — Les deux replis sont les
analogues des grandes lèvres dans la femme ; quant
aux petites lèvres elles n'existent pas dans nos femelles
domestiques.

Les lèvres de la vulve, en se réunissant , forment
ce qu'on appelle des commissures, une supérieure, et
une inférieure; la première, anguleuse dans la jument,
peu distante de l'anus , correspond à la fourchette dans
la femme ; la deuxième , arrondie, est au-dessus et au
commencement de la ligne raphéenne. — Dans la
vache les lèvres sont plus grosses ; la commissure inférieure est anguleuse , se prolonge en bas par un bec
recourbé et se termine en une pointe recouverte de
quelques longs poils. — Le bec de la commissure inférieure est encore plus prononcé dans la truie et la
chienne; le bord des lèvres, déprimé en dehors et irrégulièrement arrondi, renferme dans son épaisseur une
multitude de follicules d'où suinte un produit onctueux
et odorant ; la peau de leur surface externe, très-fine,
dépourvue de poils et lubrifiée par une humeur sébacée se replie au bord de ces lèvres, et prend les caractères de la muqueuse.

Le tissu propre des lèvres est érectile , dartoïde
comme celui du bulbe du vagin , extensible et entouré
d'un tissu cellulaire adipeux.

Les limites de la vulve sont, du côté du vagin, le bulbe, qui forme un cercle plus rétréci, mais qui s'élargit et disparaît après plusieurs portées, en se relâchant et en se plissant. — Les dimensions de cette ouverture sont plutôt en rapport avec celles du fœtus qu'avec celle du pénis; son étroitesse est quelquefois, chez les primipares, un obstacle à l'accouchement. — Les membres, le corps ou la tête du petit s'arrêtent quelquefois vers la commissure supérieure ou périnéale, qu'ils distendent et menacent de rupture. Chez les femelles maigres, et surtout les juments, la vulve s'enfonce au-dessus des ischions et dispose ces femelles à être blessées pendant le coït par l'introduction dans l'anus du membre de l'étalon. On possède nombre de faits de cette nature qui se sont terminés quelquefois par la mort lorsqu'on n'a pas remédié promptement à cette erreur de lieu. — Demoussy (*Haras*) a exprimé l'idée peu physiologique, que le danger de cette introduction forcée venait du sperme versé à la surface de l'intestin beaucoup plus que de l'irritation mécanique causée par les mouvements de va et vient de la verge. — C'est tout le contraire qui est vrai; la déchirure du rectum, que l'on a rencontrée dans les cas de ce genre, prouve clairement que tout le danger vient de l'action mécanique de la verge de l'étalon, et que l'action stupéfiante du sperme est une de ces idées qui ne peuvent appartenir qu'aux gens étrangers à la science vétérinaire.

Clitoris.

On appelle ainsi un petit tubercule allongé, érectile, que l'on découvre en écartant les lèvres de la vulve, ou lorsque la jument rend ses urines , et qui , au volume près, ressemble tout-à-fait au corps caverneux du mâle; aussi est-il gonflé, en érection pendant les chaleurs, lorsque les femelles désirent vivement le mâle. — Il existe dans toutes les femelles domestiques ; c'est à la partie inférieure de la vulve qu'il est placé , au lieu de se trouver à la partie la plus élevée ainsi que dans la femme , ce qui s'explique par la position horizontale des animaux.

Il est attaché à l'arcade ischiale par un muscle particulier, comme le pénis du mâle ; il est entouré par un repli membraneux qui lui forme un fourreau, plus grand en arrière et en haut qu'en avant et en bas où il est échancré. Le prépuce qui recouvre ainsi le clitoris forme quelquefois une poche entièrement fermée, un cul-de-sac profond dans lequel il est caché, comme dans la chienne, et qui contient chez elle beaucoup de glandes sébacées analogues à celles du prépuce de la verge.

La pointe du clitoris de la jument laisse voir en haut et dans son milieu une ouverture qui est l'orifice d'un follicule , c'est-à-dire, d'un de ces petits sacs qui sécrètent la matière sébacée , on le nomme fossette naviculaire.

Dans quelques espéces qui ont un os dans la verge on trouve également un osselet dans le clitoris; dans le chat cet osselet n'occupe que le gland ; il manque chez la chienne.

Dans la vache le clitoris est plus grêle et plus long que dans la jument , et renferme un noyau fibreux , dur et spiroïde ; — il ne présente qu'un petit tubercule dans la chienne et dans la truie , dans laquelle il est assez long pour s'engager dans la commissure inférieure de sa vulve.

Structure.

Elle se compose d'une enveloppe et d'un corps caverneux qui est la base de cet organe. Il est attaché à l'arcade ischiale par le moyen de deux branches , de deux racines courtes qui se réunissent pour former le septum intérieur. Ce corps caverneux est constitué par une tunique extérieure fibreuse, blanche, très-serrée , qui envoie dans l'intérieur une multitude de petites lames qui s'entre-croisent, et par un tissu spongieux , semblable à celui du gland , formé par un lacis vasculaire et qui se dilate ou s'affaisse , suivant que le sang y afflue ou s'en retire.

La membrane externe du clitoris renferme beaucoup

de papilles nerveuses, et est douée d'une sensibilité
vive. — Elle tient autant de la nature de la peau que
de celle de la muqueuse. Généralement marbrée, quelquefois blanchâtre ou noirâtre, elle forme le fourreau
du clitoris et divers autres petits replis disposés en frange
sur la surface du corps caverneux , auquel elle adhère
par un tissu cellulaire serré et lamineux.

CHAPITRE III.

DE LA GÉNÉRATION.

Pour que la génération s'accomplisse , il faut le concours de deux sexes séparés , concours dans lequel le sperme du mâle, porté au moyen de la verge dans le fond du vagin, va donner à l'ovule, au petit œuf de la femelle la vie en vertu de laquelle il se développe successivement. — Le premier de ces deux actes de la génération porte le nom de copulation , et le deuxième de conception ou fécondation; — mais ce n'est qu'à un âge déterminé que les mâles comme les femelles deviennent aptes à exercer la copulation , c'est à l'âge de la puberté ; — il convient d'en dire quelques mots dans nos différentes espèces. Une fois fécondé, l'œuf se développe dans l'utérus de la femelle où il séjourne un temps variable : ce temps a reçu le nom de *gestation ou de portée.* — Lorsqu'il est écoulé, le fœtus est expulsé de la matrice pour vivre de sa vie propre. — Ce dernier temps est le part ou parturition, ou accouchement.

§. I.

Puberté.

L'âge auquel les animaux sont aptes à se reproduire arrive plutôt chez les femelles que chez les mâles, ainsi que cela a lieu dans l'espèce humaine ; mais dans l'espèce animale cette faculté ne persiste pas d'un manière continue ; elle se développe à certaines époques d'une manière périodique, quoique sous ce rapport la domesticité ait apporté de nombreuses modifications aux habitudes naturelles. Le plus souvent elle n'entre en exercice qu'une fois par année. Prévot et Dumas pensent qu'il faut admettre autant de pubertés particulières qu'il y a de périodes pendant lesquelles le rut se manifeste. Ils assurent que hors de ces époques le sperme des mâles qui ont déjà fécondé ne diffère en rien de celui des mâles qui ne sont pas encore arrivés à l'âge de la puberté ; que par conséquent ils ne contiennent ni l'un ni l'autre d'animalcules spermatiques.

Cependant il est d'observation générale que la périodicité du rut est beaucoup moins marquée dans les mâles que dans les femelles, et en particulier dans le

cheval et le taureau ; presque en tout temps ils sont
prêts à saillir leurs femelles, lorsqu'elles sont disposées à recevoir leurs approches , bien qu'ils n'y mettent pas toujours la même ardeur. Ainsi cette périodicité comme assoupie se développerait sous l'influence
de la chaleur de la femelle.

Cette puberté temporaire tient sans doute à l'influence
des saisons. Dans nos contrées c'est au retour des chaleurs , au printemps qu'elle s'établit; à la chaleur se
joignent l'action d'une lumière vive , de l'électricité
qui se dégage , et surtout d'une nourriture abondante.
La quantité et la qualité de la nourriture agissent activement dans ce but; aussi l'homme sait activer ou retarder l'époque de la chaleur des femelles. L'homme
lui-même ressent l'influence de ces circonstances , mais
elle est modifiée chez lui par sa nourriture toujours
égale , par les soins qu'il prend de se soustraire au
froid , par les excitations vénériennes de tout genre
dont il est entouré ; — elle l'est également chez les
animaux domestiques dont le rut est assez variable et
se répète plusieurs fois par année , comme le chien , le
chat, le lapin. — Dans le chien le rut paraît quelquefois être autant excité par le froid que par la chaleur
pourvu que ce soit un temps froid et serein.

De toutes ces causes réunies du rut ou des chaleurs
résulte cet état d'excitation de l'appareil génital , qui
fait rapprocher instinctivement le mâle de la femelle ;
état qui tient sans doute à une congestion sanguine

des ovaires et de la matrice dans la femelle , des testi-cules dans le mâle.

Chez le cheval la puberté commence à 2 ans 1/2 ou 3 ans ; — il en est à peu près de même chez le bœuf. Le bélier et le bouc entrent en chaleur à 18 mois , et le porc à 10 semaines, suivant Viborg ; mais pour ce dernier il vaut mieux ne le laisser accoupler qu'après 1 an. — Le chien peut engendrer à 9 ou 10 mois , le chat de 9 mois à 1 an , le lapin à 6 mois.

En ce qui concerne la saison du rut ou des chaleurs, c'est généralement au printemps qu'ils ont lieu ; et cela s'applique surtout aux animaux herbivores qui fréquentent les pâturages. La chaleur de la brebis ne se montre pourtant qu'en été, mais c'est parce que l'on tient les brebis écartées des mâles , afin que les agneaux naissent au printemps , et que leur allaite-ment, qui dure de 4 à 5 semaines, permette de les se-vrer à l'époque où l'herbe des pâturages est assez ten-dre pour qu'ils puissent s'en nourrir facilement. — Ceci se passe au moins dans les troupeaux bien réglés et dont on tire les animaux destinés au renouvelle-ment de l'espèce ; quant à ceux qu'on élève pour la boucherie , et dont le propriétaire peut nourrir les mères à l'étable , on provoque plus tôt la chaleur des femelles en les mettant en rapport avec les mâles, afin d'obtenir deux portées en un an.

A l'égard des vaches fruitières dont on vend les veaux à l'âge de 3, 4, 5 et 6 semaines pour profiter du lait, on a soin aussi de les rapprocher du mâle lorsqu'on s'aperçoit que le lait vieillit et diminue de quantité.

La chienne entre en chaleur même en hiver quand le froid est modéré , la chatte en janvier et février , et suivant Buffon au printemps , en automne et quelquefois 3 ou 4 fois par an. —Pour la truie, c'est ordinairement en octobre qu'on la met en rapport avec le mâle; aussi peut-elle se livrer à une seconde copulation aux approches du printemps , et donner ainsi deux ventrées par an.

Le rut ou la chaleur des femelles dure de 3 ou 4 jours à 15 jours et plus ; il cesse quand elles ont été fécondées. Pendant qu'il a lieu on observe chez elles une excitation insolite qui va jusqu'à leur faire perdre l'appétit ; elles témoignent de l'inquiétude , s'agitent, appellent le mâle de leurs cris , et provoquent ses désirs. Les parties externes de la génération se gonflent, rougissent, le clitoris s'érige , les lèvres de la vulve s'ouvrent et se ferment, du mucus s'en écoule et quelquefois même du sang. Dans les chiennes il y a de fréquentes envies d'uriner , en un mot tout ce qui annonce une congestion de ces organes. Lorsque le désir n'est pas satisfait, les chaleurs s'apaisent pendant quelque temps pour se montrer ensuite. La chienne éprouve quelquefois un gonflement de ses mamelles, la sécrétion du lait s'y opère comme après le part. La persistance des chaleurs chez les femelles est d'un fâcheux augure pour leur santé.

Quant au retour périodique de la chaleur chez les femelles , il a lieu plus tôt , il devance davantage l'époque ordinaire chez celles qui ont eu déjà plusieurs portées.

En résumé l'âge de la puberté varie dans les espèces animales en raison de la rapidité de leur accroissement et de la durée de leur vie. — Il commence alors que les organes de la génération ont acquis un développement suffisant ; les femelles l'atteignent plus tôt que les mâles. La chaleur , le printemps , une bonne nourriture , l'exercice , un léger travail favorisent le retour des chaleurs, et surtout la présentation du mâle à la femelle ; en se servant à propos de ce dernier moyen, l'homme parvient à se procurer des nouveau-nés en toute saison.

§. II.

De la Conception.

On appelle ainsi l'acte par lequel, le sperme du mâle introduit dans le vagin, un ou plusieurs ovules se détachent de l'ovaire et pénètrent dans l'utérus où ils deviennent aptes à se développer en vertu d'une force qui réside en chacun d'eux. Examinons le rôle que jouent le sperme , l'ovule , etc.

1° Sperme. Sa présence est indispensable pour la conception ; car la castration , en privant les animaux de leurs testicules, les rend aussi stériles. Mais de quelle manière agit-il ? comment va-t-il se mettre en contact avec l'ovaire ? c'est ce qui est peu connu.

Au moment de la copulation le sperme est déposé dans le vagin ; on n'admet pas que le pénis du mâle, quelque effilé qu'il soit , puisse pénétrer dans l'utérus dont l'orifice est fort étroit. Du reste , la profondeur de cet organe ne le permet pas pour le bélier et le taureau, encore moins pour le cheval dont la verge se termine en trompe ; cependant il est évident que le sperme doit être porté jusqu'à l'ovaire pour que la fécondation ait lieu , et cela pour plusieurs raisons : — 1° on voit des fœtus se développer dans l'ovaire (grossesse ovarique), dans les trompes (grossesse tubaire), dans l'abdomen (grossesse abdominale); lorsque les ovules , par une cause quelconque, n'ont pu pénétrer dans le canal de la trompe de Fallope. Or, si le sperme est nécessaire à la conception, il faut bien, dans ces cas, qu'il ait été porté jusqu'à l'ovaire , puisque l'ovaire n'est pas descendu dans la matrice. 2° Haller dit avoir trouvé le sperme sur l'ovaire ; Leuvenhoeck a rencontré des animalcules spermatiques dans les trompes de la lapine ; Prévost et Dumas assurent aussi avoir constaté leur présence non seulement dans la matrice mais dans les trompes elles-mêmes. 3° Nuck ayant lié une des cornes de la matrice d'une chienne, trois jours après l'accouplement, aurait trouvé trois fœtus arrêtés entre la ligature et la trompe ; donc le sperme avait passé par là avant la ligature.

Par quel moyen le sperme déposé dans le vagin arrive-t-il jusqu'à l'ovaire ? c'est ce qui a été exposé de plusieurs manières. On pense généralement que réduit en vapeur , il traverse le col de l'utérus , la cavité , les cornes et les trompes. — Si l'assertion de Gortner, vérifiée par Blainville, est prouvée, on admettra une nouvelle voie de communication dans la truie , la vache, etc. — C'est un conduit particulier qui a son orifice extérieur de chaque côté du méat urinaire, se continue dans l'épaisseur des fibres musculaires du vagin, se rétrécit au niveau du col , traverse les parois de la matrice , et se porte parallèlement à la corne correspondante dans l'épaisseur du ligament large , à peu près jusqu'à l'origine de la trompe où il se perd en s'épanouissant et en se subdivisant en 3 ou 4 filaments sur le tissu du ligament large. Ces recherches que nous avons faites M. Lecoq et moi sur une truie âgée de 1 an, qui n'avait pas encore porté , ne nous ont pas fait découvrir le canal. Nous poursuivrons ces recherches dès que l'occasion s'en présentera.

Ainsi il faut qu'il y ait contact entre le sperme et l'ovaire , quelle que soit la voie employée pour y arriver et la forme liquide ou gazeuse sous laquelle il y pénètre.

De quelle manière le sperme agit-il sur l'ovaire ?

Est-ce comme un aliment qui va servir à la première
nutrition de l'ovule, ainsi que Blainville le pense, car
il nie l'existence des animalcules spermatiques ? Est-ce
par une force particulière qui réside en lui? C'est ce
qu'on ignore; toujours est-il que l'évolution de l'ovule
ne commence qu'après que le sperme l'a touché.

2° OVULE. Nous avons vu, à propos de l'ovaire, ce qui
se passe dans son intérieur après que le petit œuf s'est
échappé et a enfilé le canal de la trompe de Fallope.—La
preuve de son passage à travers la trompe est fournie par
les expériences suivantes : 1° Si après la fécondation
on coupe une trompe, il ne se développe pas de petits
dans la corne utérine de ce côté. — 2° Si on lie une
corne après une fécondation, on trouve l'ovule au-
dessus de la ligature, empêché qu'il a été de descendre
plus bas (Nuck); et si on tue l'animal (c'est sur des
chiennes qu'on a expérimenté) seulement après un
certain temps de gestation, on trouve l'embryon adhérent au-dessus de la ligature et développé.

Outre ces questions sur le mode de propagation et
d'action du sperme, il y en a plusieurs autres qui sont
restées insolubles, telles que les suivantes : comment
10, 12 ovules sont-ils fécondés par une seule copulation? Par quel mécanisme s'arrangent-ils dans les
cornes à des distances toujours suffisantes pour permettre leur développement ultérieur, et ne s'agglo-
mèrent-ils jamais comme des hydatides ?

§ III.

De la Gestation.

La gestation, que l'on nomme encore chez les animaux portée, plénitude, est cet état de la femelle qui a conçu et qui porte dans l'utérus le produit de la conception; elle commence au moment de la fécondation et finit par l'expulsion du fœtus. Sa durée varie suivant les espèces.

Dans la jument, la gestation dure 11 mois, et plus souvent elle se prolonge de 10 à 20 jours après le 11me mois. Elle est à peu près de même dans l'ânesse, du 11me au 12me mois; dans la vache un peu plus de 9 mois, rarement moins. D'après de nombreuses expériences faites par Teissier, les époques les plus communes sont 11 mois et 10 jours pour la jument; 9 mois et 10 jours pour la vache; dans la brebis et la chèvre, 4 mois 1/2 à 5 mois; dans la truie de 3 à 4 mois; — les gens de la campagne disent 3 mois 3 semaines et 3 jours; dans la chienne, 63 à 66 jours, 2 mois et 1/4, dit Hurtrel; dans la chatte 54 à 56 jours, 8 semaines; et dans la lapine 30 jours.

Ces termes ne sont pas de la plus grande rigueur; deux femelles mises le même jour en rapport avec le mâle ne mettent pas leurs petits au monde le même jour. — Ces variations dépendent de l'âge et de circonstances encore peu connues, peut-être de la force ou de la faiblesse de la mère, de l'irritabilité de l'utérus. — Les gens de la campagne ont plusieurs fois remarqué que de deux vaches conduites le même jour au taureau, l'une vêle 8 ou 15 jours plus tard que l'autre; mais il est possible que cette différence tienne à ce que la conception n'a pas eu lieu chez elles à la même époque. Ainsi les vaches sont conduites ordinairement deux fois au taureau, à 7 ou 8 jours de distance; il est possible que l'une des vaches conçoive à la première copulation et que l'autre ne conçoive qu'à la deuxième.

Dans la jument, Brugnone veut qu'on regarde comme un part prématuré, avant terme, celui qui a lieu avant le 11me mois révolu. — Le petit à cette époque est déjà viable. Demoussy a vu plusieurs fois des juments mettre bas après 10 mois révolus, des poulains, faibles à la vérité, mais qui ont vécu.

On peut dire en thèse générale que les naissances précoces ou à terme sont bien plus communes que les naissances retardées.

La gestation peut se faire dans l'utérus ou hors de l'utérus. La première porte le nom de grossesse utérine, normale, naturelle; la deuxième, de grossesse extra-utérine, anormale. — La première peut être simple, c'est lorsqu'il n'y a qu'un seul petit dans l'utérus; ou composée, quand il y en a plusieurs, et alors elle est double, triple, selon qu'il y a 2 ou 3 petits. — Cette distinction, comme on le pense bien, ne s'applique qu'aux femelles unipares, la jument, l'ânesse, la vache et la brebis. La chèvre, quoique fort rapprochée de la brebis, fait fréquemment deux chevreaux. Il ne peut être question des carnivores et de la truie, qui ont un grand nombre de petits et dont, par conséquent, les portées sont toujours composées.

GROSSESSE UTÉRINE OU PORTÉE SIMPLE.

Nous avons deux ordres de phénomènes à étudier dans la grossesse, ceux qui se rapportent à la femelle et ceux qui se rapportent au petit. — Les phénomènes relatifs à la femelle sont : 1° Les changements anatomiques qui surviennent dans la matrice et les autres organes du corps; 2° les modifications physiologiques qui surviennent dans les mêmes parties; 3° enfin, les maladies propres à la grossesse et les moyens de les prévenir et de les guérir.

Art. I.

CHANGEMENTS ANATOMIQUES.

L'utérus, pendant la gestation, éprouve des changements dans son volume, sa forme, sa situation, sa direction, l'état de ses parois et sa structure.

1° Volume. Pendant et après la copulation, l'utérus est congestionné ; lorsque le coït a été fécondant, il se fait dans l'intérieur une sécrétion de lymphe plastique qui forme un sac sans ouverture, dont la forme est représentée par la forme même de l'utérus ; c'est la *membrane caduque.* Cette sécrétion se fait, suivant quelques auteurs, avant que l'ovule ne soit encore parvenu dans l'utérus.

La congestion sanguine de l'utérus et cette sécrétion dans son intérieur augmentent évidemment le volume de l'organe, et cette augmentation ne cesse pas de se faire à mesure que le petit acquiert de plus en plus de volume.

On a remarqué dans la femme que l'augmentation progressive du volume de l'utérus n'est pas uniforme pour chaque mois de la grossesse , que lente dans les premiers mois, elle devient beaucoup plus rapide dans les derniers. On admet que la même chose a lieu dans les animaux quoiqu'on ne l'ait peut-être pas constaté avec beaucoup de soin.

2° FORME. L'utérus change de forme en même temps que de volume. Son corps, un peu aplati sur ses deux faces, s'arrondit ; chez les carnivores, les cornes présentent de distance en distance de petits renflements, séparés par autant de dépressions circulaires, et qui annoncent la présence des embryons.

A mesure que la grossesse fait des progrès, les renflements des cornes augmentent de volume chez les carnivores, les dépressions deviennent plus sensibles, les cornes se recourbent davantage de bas en haut vers leurs points d'attache. — Dans la jument, la vache, la brebis, etc., une seule corne se développe et s'agrandit dans tous les sens ; c'est ordinairement la droite, tandis que l'autre s'est relativement amoindrie et raccourcie. — Cet agrandissement d'une seule des cornes dépend de ce que les membres postérieurs du jeune animal y sont renfermés.

Quand les femelles carnivores ne font qu'un seul petit, ce n'est pas, comme on le dit, dans le corps de la matrice qu'il est développé, puisqu'on découvre dans l'une des cornes les points où adhérait le placenta utérin. C'est seulement au commencement du travail de l'accouchement qu'il y est descendu, et c'est là qu'on le trouve quand la femelle succombe sans avoir pu s'en débarrasser. Je n'ai jamais vu une des cornes être seule à renfermer les petits, quoiqu'il puisse y en avoir plus dans l'une que dans l'autre lorsque les petits sont en nombre impair. — Lorsqu'il n'y en a que deux, chaque corne en renferme un ; lorsqu'il n'y en a qu'un, il est contenu dans une des deux cornes.

Les changements que le col utérin éprouve par suite de la grossesse, n'ont pas encore été étudiés convenablement. — Chez les petites femelles, on n'a jamais l'occasion et on n'éprouve jamais la nécessité de le faire. — Pour les grandes, la difficulté de les approcher, la résistance qu'elles opposent, exposeraient à l'avortement si on s'obstinait à poursuivre cet examen en maîtrisant la femelle. De plus cette question n'offrirait qu'un intérêt pratique secondaire.

3° SITUATION. L'utérus ne peut changer de forme et de volume sans que sa position ne change en même temps. Pendant les premiers temps de la plénitude, le corps de la matrice est entièrement contenu dans l'excavation du bassin ; mais après, et à mesure qu'elle s'agrandit, elle se déplace dans tous les sens. Dans la jument, ce viscère, en se développant, expulse de la cavité pelvienne l'arc de la portion repliée du colon, se glisse peu à peu par dessous cet intestin, s'applique immédiatement sur les parois inférieures de l'abdomen et remonte vers le diaphragme, l'estomac et le foie.

Dans les femelles des ruminants, la matrice chasse la panse et le cœcum hors du bassin, presse de côté la masse intestinale et s'étend entre le sac droit de la panse et les parois abdominales.

Dans les femelles multipares, les cornes viennent se placer sur les parois inférieures de l'abdomen, une de chaque côté, en se recourbant de bas en haut. On a remarqué que la truie portait ses petits un peu à droite.

Pendant que ces changements s'opèrent, les ligaments latéraux se déplissent et s'allongent pour les faciliter. Mais en même temps que le corps de l'utérus se porte en avant dans la cavité abdominale, il finit par se porter aussi en arrière à mesure que son volume augmente; le col, plus ferme et plus résistant, se rapproche alors de la vulve et repousse à l'extérieur la paroi postérieure du vagin à tel point que dans les grosses vaches fribourgeoises, comme dans celles qui ont le bassin large et un peu incliné en arrière et qui portent de gros veaux, le vagin apparaît entre les lèvres de la vulve un mois, et même plus, avant le part, lorsqu'elles se couchent et quelquefois lorsqu'elles sont debout. Chez les vaches dont le ventre est fortement pendant, la matrice, en se portant en avant et en bas, entraîne, au contraire, la partie postérieure du vagin qui s'écarte de la vulve. Cette cavité s'agrandit d'arrière en avant et le col de l'utérus est par cela même raccourci.

4° DIRECTION. La position horizontale de la matrice chez les femelles la préserve de ces déviations latérales si communes chez la femme. En effet, son propre poids la fixe en quelque sorte sur la ligne de la symphyse ischio-pubienne, dans le sens de la longueur de l'abdomen.

Cette direction de l'utérus varie très-peu. Rarement est-il incliné sur le côté, excepté dans le cas de hernie considérable du flanc; maladie qui est peu commune. La seule inclinaison marquée qu'elle prenne se fait en avant et en bas dans les vaches qui ont le ventre très-ample et fort tombant. — Hors ces deux cas, on peut être assuré que la matrice a bien sa direction normale.

Une hernie abdominale qui donne à l'utérus une direction toute particulière est celle qui a lieu dans le voisinage de l'arcade crurale, et qui comprend l'utérus ou ses cornes; il arrive alors que le petit de la jument ou de la vache descend derrière la mamelle correspondante ou dans le tissu cellulaire sous-cutané de l'aine, et y forme une grosse tumeur dans laquelle on sent les membres du jeune animal.

Un dernier changement de direction de l'utérus est celui dont j'ai déjà eu occasion de parler à propos de l'anatomie de ce viscère. — Il consiste dans une rotation sur son axe, ou incomplète, la face supérieure devenant inférieure; ou complète, cette même face redevenant supérieure après avoir décrit un cercle entier. Cette torsion de l'utérus entraîne de graves changements dans la forme du col et dans le canal dont il est creusé.

Pour le col, sa direction est inverse de celle de l'utérus; on le trouve toujours sur le côté opposé à la nouvelle direction de l'utérus; il est dirigé en haut si la matrice est trop descendue, à droite si elle est déviée à gauche, et réciproquement.

Boutrolle mentionne des cas dans lesquels le col se

trouve tordu. Cette torsion du col est-elle réelle? suppose-t-elle que l'utérus a pu se renverser sur lui-même de manière que sa face supérieure soit devenue inférieure? C'est une question que je me suis adressée longtemps sans pouvoir la résoudre, les occasions de vérifier un pareil fait ne s'étant pas présentées à moi. Boutrolle, me disais-je, n'était pas assez avancé en anatomie pour avoir vérifié sérieusement si cette torsion du col était le résultat de la version de la matrice sur elle-même. — Je pensais, du reste, que les ligaments latéraux ne pouvaient pas se prêter à ce changement de face de dessus en dessous, et que cette prétendue torsion n'était qu'une induration du col avec altération de sa forme, état dans lequel l'orifice devient non-seulement peu dilatable, mais encore sinueux au point d'empêcher l'introduction dans son orifice d'un doigt ou même d'une petite sonde.

Cependant, deux élèves de notre école eurent occasion d'observer un fait tout semblable à ceux de Boutrolle. — Après la mort d'une vache qu'ils ne purent accoucher, l'utérus fut trouvé renversé sens dessus dessous; ses ligaments latéraux étranglant le col de manière à le rétrécir et à empêcher le veau d'y pénétrer.

Depuis, deux mémoires insérés dans les actes de la Société vétérinaire des départements de la Manche et du Calvados sont venus démontrer plus clairement la possibilité et l'histoire de cette anomalie dans la direction du col. — M. Lecoq, de Bayeux, auteur du premier mémoire, trouva, après la mort d'une vache qui n'avait pas pu vêler, la face supérieure de la matrice tournée en bas, vers le plan inférieur de l'abdomen. Cette rotation s'était effectuée de droite à gauche; la portion urétro-vaginale ¸de ce viscère était tordue sur elle-même et les ligaments sous-lombaires étaient tordus eux-mêmes autour de cette région. M. Mazure, vétérinaire à Ste-Mère-Eglise , a publié dans le neuvième cahier des actes de la même société de nouveaux détails sur cet accident du part; il rapporte à M. Lecoq, de Bayeux , l'honneur de [la découverte de ce fait intéressant. Il ignorait que Boutrolle l'eût déjà signalé. M. Mazure assure avoir rencontré la torsion du col 15 ou 20 fois à des degrés différents. Dans le cas rapporté par M. Lecoq, de Bayeux, il n'y avait, dit il, qu'un demi-renversement , puisque la face supérieure de la matrice était devenue inférieure et vice versâ ; mais dans celui qu'il a observé lui-même et qui fut compliqué d'une métro-péritonite , il trouva que la matrice avait un tour complet sur son axe , sa face supérieure occupait sa position normale après avoir décrit un cercle entier de rotation , et non un demi-cercle comme dans le cas de M. Lecoq; le col et la portion postérieure du vagin étaient tordus sur eux-mêmes de droite à gauche. De pareils faits ont été cités dans le même recueil par le vétérinaire M. Pouchez. — Ainsi, il est hors de doute que la matrice peut opérer, pendant la grossesse,

une demi-révolution ou même une révolution complète autour de son axe, d'où résulte la torsion du col,
celle du fond du vagin et un étranglement de l'utérus
près du col , étranglement produit par la torsion des
ligaments larges , et qui est tel, que le passage du petit
par ses voies naturelles devient impossible.

5° EPAISSEUR ET DENSITÉ DE LA MATRICE. Elle est légèrement augmentée après la copulation et surtout après
la conception; le sang qui afflue en plus grande quantité,
accroît naturellement l'épaisseur des parois utérines;
— du reste elle n'augmente pas également dans tous
les points à la fois de l'utérus ; dans les cornes , elle se
fait sentir surtout dans les points où les petits sont fixés (cela s'applique aux femelles multipares); et dans
le corps , c'est plus particulièrement dans les points où
sont implantés les cotylédons , pour les didactyles , et
chez les solipèdes dans les points qui correspondent à
l'insertion du placenta.

L'épaisseur de l'utérus est par conséquent moindre
au pourtour du col , au moins dans les premiers mois
de la gestation.

Dans tous les cas , les matrices des femelles domestiques n'acquièrent jamais une grande épaisseur , par
opposition à la femme et à la femelle du singe.—C'est
pour cela qu'en faisant l'anatomie de la matrice nous
avons eu soin de distinguer, avec les naturalistes , les
femelles à matrice épaisse de celles à matrice mince,
comme sont toutes les femelles domestiques.

La densité de la matrice , comme son épaisseur, est constamment un peu plus grande dans les cornes que dans le corps du viscère. C'est cette densité , cette fermeté qui font reconnaître les cornes de la matrice chez les femelles où elles ressemblent à l'intestin par la forme , et qui permettent de les distinguer lorsqu'on veut pratiquer la castration des femelles. — Pendant la grossesse la densité semble diminuer à mesure que le sang pénètre les parois de l'organe ; le col participe à ce léger ramollissement toutes les fois qu'il est sain.

Si l'on examine les éléments anatomiques de l'utérus, on s'assure que sa séreuse d'enveloppe se dédouble et s'étend , et qu'une nutrition plus active prévient son amincissement ; des fibres musculaires se développent entre les lames des ligaments , et ces fibres forment même dans la vache différents faisceaux très-apercevables (Cuvier).

La muqueuse est plus rouge , plus villeuse ; les plis longitudinaux qu'elle formait disparaissent , les follicules muqueux deviennent plus apparents , et leur sécrétion augmente ; les cotylédons rougissent et grossissent , et peut-être le nombre même s'en accroît-il. — Je serais porté à croire qu'il en est ainsi ; car l'examen de plusieurs matrices appartenant à des velles ou à des agnelles de lait , nous en a fait compter jusqu'à 30 ou 40 ; or, nous en trouvons jusqu'à 100 et plus après le part.

La tunique moyenne devient de plus en plus charnue pendant la gestation , et ses faisceaux fibreux plus distincts et plus nombreux. Le plan interne, composé de fibres circulaires , se dessine plus distinctement dans les cornes des femelles carnivores que dans les autres. On les voit se contracter et former des dépressions circulaires dans l'intervalle des renflements qui correspondent à chaque fœtus.

Il en est de même pour le développement des vaisseaux artériels veineux ou lymphatiques.

Propriétés vitales. En même temps la sensibilité devient plus vive; il s'établit entre le col, le corps et les cornes de l'utérus une relation sympathique; les irritations portées sur le col sont transmises au reste de l'organe et déterminent ses contractions. L'expulsion prématurée du fœtus est quelquefois même une conséquence des contractions que déterminent les excitations ressenties par le col. Ces excitations dépendent soit de la répétition du coït, soit du toucher explorateur, ou de quelques autres causes ; quant à la première cause , elle n'exerce pas chez les animaux la même influence que chez l'homme. Les mâles carnivores ne recherchent plus leur femelle dès que la conception a eu lieu; leur instinct les en avertit ; du reste la femelle repousse leurs approches avec beaucoup d'énergie. Il en serait de même pour les grandes femelles si elles étaient libres de se soustraire au mâle de leur espèce. Dans l'état de nature le mâle cesse bien en général de les fréquenter ; mais l'homme a l'habitude , pour s'assurer que la fécondation aura lieu, de livrer deux ou trois fois la femelle au mâle, afin que l'une des trois copulations soit au moins productive. Heureusement les répétitions du coït sont généralement sans influence sur la marche de la grossesse.

L'accroissement de sensibilité que la matrice acquiert pendant la plénitude doit être considéré comme la cause organique de ses contractions. Il est à remarquer qu'elle s'affaiblit petit à petit après le part.

L'utérus jouit aussi de la propriété de se contracter, et, comme tout tissu musculaire, il possède à la fois 1° la contractilité permanente, la rétractilité, en vertu de laquelle les fibres musculaires tendent toujours à revenir sur elles-mêmes ; 2° la contractilité momentanée, celle qui se développe sous l'influence de la volonté ou de l'irritation.

En vertu de la première, l'utérus revient sur lui-même après l'accouchement, et oblitère presque complètement sa cavité. Cette diminution rapide de la capacité de cet organe a pour effet de fermer, d'oblitérer l'orifice des vaisseaux qui viennent s'ouvrir à la surface de l'utérus, et qui, sans cette circonstance, auraient continué à fournir une hémorrhagie mortelle. Il est excessivement rare qu'une hémorrhagie se développe par atonie de l'utérus, c'est-à-dire, par absence de son resserrement, de sa contractilité de tissu.

La contractilité active de l'utérus agit pour l'expulsion du produit de la conception ; elle est indépendante de la volonté, et son intensité n'est pas toujours en rapport avec la force générale de la femelle; la douleur l'engourdit, la paralyse, comme on le voit chez les primipares; c'est du reste sous l'influence spéciale de la portion lombaire de la moelle épinière que se trouve cette propriété de la matrice.

Ces deux propriétés de tissu sont liées à la même cause. Ainsi, lorsque la contraction active de l'utérus a été énergique, le retrait se fait rapidement aussi ; au contraire, si les contractions ont été lentes, faibles, l'utérus revient lentement sur lui-même. — On dit qu'il y a inertie utérine lorsqu'après l'accouchement la matrice ne revient pas, ou peu, sur elle-même et que sa cavité ne se rétrécit pas ou très-peu. La cause en est dans un épuisement de la force de contraction de l'utérus, soit par une distension excessive, soit par un accouchement trop prompt ou trop lent, soit par l'anéantissement des forces générales de la femelle.

Les contractions utérines s'épuisent par un long exercice, comme celles de tous les muscles; aussi quand le travail de la parturition est de longue durée, on les voit devenir tout-à-coup plus lentes et plus faibles, ou même cesser complètement. — Les opiacés et tous les narcotiques en général produisent le même effet, aussi sont-ils indiqués pour calmer les contractions utérines trop vives ou trop douloureuses qui ont lieu pendant le travail à terme, et plus particulièrement celles qui précèdent l'avortement.

Parmi les causes qui excitent les contractions utérines, il faut placer les irritations portées soit sur le col
soit sur le corps de l'organe, telles que celles produites
par la rétention du placenta ou d'une de ses portions,
les titillations du col avec le doigt, les frictions sur le
ventre, l'application de corps froids sur cette partie, et
enfin l'emploi du seigle ergoté.

ART. II.

CHANGEMENTS SURVENUS DANS LES PARTIES VOISINES DE L'UTÉRUS.

Les changements qui se passent dans la matrice en
amènent d'autres nécessaires dans les organes voisins avec lesquels elle a des rapports mécaniques. J'ai
déjà indiqué la nouvelle position que l'utérus occupe
par rapport au reste de l'abdomen; dans la vache et la
jument, la corne dans laquelle le petit se trouve avoir
les membres postérieurs s'allonge et s'étend, refoule
la masse intestinale, rejette l'estomac plus à gauche,
s'appuie sur le foie et s'oppose au développement libre
des mouvements du diaphragme.

Pour soutenir dans leurs nouvelles positions l'utérus
et les cornes, les ligaments péritonéaux n'étaient plus

assez solides, aussi des bandes fibreuses et des faisceaux musculaires se développent dans leur intérieur , assez nombreux et assez forts pour maintenir en place la matrice et ses dépendances.

L'utérus en se portant en avant dans les premiers temps de la gestation, agrandit d'abord le vagin dans le sens de sa longueur; plus tard au contraire le volume du fœtus forçant la matrice à se porter en arrière , en partie dans l'excavation du bassin , il en résulte que le vagin repoussé aussi en arrière vient former un bourrelet à l'entrée de la vulve.

Le vagin comprimé et dont la circulation est rendue plus abondante , c'est-à-dire, qui reçoit une plus grande quantité de sang à cause de l'afflux qui s'en suit vers la matrice , prend une teinte violâtre, brunâtre; sa muqueuse semble s'épaissir, et elle sécrète en plus grande abondance un mucus plus épais.

La compression que l'utérus exerce sur les troncs vasculaires des extrémités postérieures, de la vulve et du rectum , gêne la circulation veineuse et lymphatique , d'où résulte, vers les derniers temps de la gestation , surtout dans la jument, des œdèmes considérables de ces parties. L'œdème est alors d'autant plus fort , même chez la vache , que le petit pèse davantage sur les parties postérieures du ventre , vers l'insertion des veines saphènes et des mammaires. L'œdème n'est jamais plus grand chez les grandes femelles que lorsqu'il s'est fait un éraillement des parois du ventre , auprès le l'arcade crurale au-dessus d'une des mamelles, et que la matrice et le petit, faisant hernie, viennent se loger sous la peau , dans le tissu cellulaire sous-cutané. Les praticiens qui ont eu occasion d'observer ces sortes de cas, parlent d'un bourrelet énorme formé par l'infiltration cellulaire au-dessous de l'insertion du membre au corps.

Du côté des mamelles on constate une augmentation notable de volume ; elles sont tendues en même temps que les trayons. — La saillie des mamelles dans les femelles des carnivores, est encore augmentée , surtout pour les mamelles ventrales, par deux rangées d'élevures placées sur les côtés de la ligne blanche, élevures qui correspondent aux portions des cornes de l'utérus où se sont développés les petits , et où , par conséquent, ainsi que je l'ai dit plus haut, ils ont produit une augmentation de volume.

Ces différents changements de position et de rapport que la gestation produit , ne peuvent s'accomplir sans causer quelque trouble ou quelque gêne dans les fonctions de la femelle ; les intestins et les poumons sont comprimés et ne peuvent par conséquent se dilater amplement comme dans la vacuité. Mais comme ces changements n'arrivent que lentement et d'une manière progressive , les organes s'y habituent et s'y prê tent sans grand inconvénient.

Art. III.

DIAGNOSTIC DE LA GROSSESSE.

Les accoucheurs établissent deux sortes de signes de la grossesse : les uns rationnels, physiologiques, se tirant des changements apportés dans toute l'économie; les autres sensibles tirés des changements éprouvés par l'utérus lui-même.

1° SIGNES RATIONNELS. Il y en a plusieurs. — 1° *Cessation des signes de la chaleur.* — On peut croire que la jument a conçu quand, après 1, 2 ou 3 coïts espacés de quelques jours, elle ne témoigne plus le désir de l'étalon par ses hennissements, par les contractions fréquentes de son clitoris, par les évacuations réitérées d'urine ; de même pour la vache, si elle cesse de beugler, de rechercher le taureau, etc... Alors, quand on représente la femelle au mâle, la présence de celui-ci n'excite plus ses désirs, elle le refuse et se défend à son approche. Ainsi que l'on a déjà vu, le refus de recevoir le mâle est dans toutes les espèces un signe de conception.

On sait que c'est au printemps, sous l'influence de la chaleur et de la nourriture abondante, que les femelles herbivores éprouvent le désir de se rapprocher du mâle

de leur espèce. C'est d'un bon présage pour la conception que les grandes femelles n'éprouvent pas un désir
trop violent du mâle , et surtout qu'il n'arrive pas hors
de l'époque ordinaire ; car on remarque que celles qui
entrent plusieurs fois en chaleur dans l'année sont généralement peu fécondes. Cela ne s'applique ni à la brebis qui , sous l'influence d'une nourriture abondante ,
éprouve deux fois par an ses chaleurs, ni aux femelles
carnivores où elles se développent 2 et 3 fois dans le
même temps.

Chez toutes les femelles le calme des sens, le radou-
cissement du caractère , la cessation de cette agitation
que cause la chaleur , et plus tard un commencement
d'engraissement sont des signes rationnels importants
de la grossesse.

2° *La disposition à l'engraissement* après la conception est un fait d'expérience si bien établi que les gens
de campagne le font tourner au profit de la spécula-
tion ; lorsqu'ils veulent tirer un parti avantageux des
vaches et des brebis qu'ils ne veulent plus garder , ils
les font remplir, et l'embonpoint survenant quelque
temps après , ils les vendent avantageusement pour la
boucherie.

3° *Les femelles pleines deviennent molles*, leurs allures
sont plus lentes ; elles ont de la tendance au repos.

4° *Le ventre prend du développement.* Non seulement
le ventre grossit alors, mais encore il descend, ou ,
comme on dit , il s'avale ; les flancs se creusent ; les

parties latérales de la croupe s'affaissent, ce qui fait que les hanches paraissent plus saillantes ainsi que la base de la queue. Tous ces signes se prononcent de plus en plus à mesure que la grossesse avance.

Ce signe n'a pas la même valeur chez les femelles qui ont le ventre habituellement gros, chez celles qui vivent toute l'année au pâturage et qui ont déjà pouliné; chez ces dernières le grossissement du ventre peut dépendre de l'abondance des herbes, de la richesse des pâturages.

5° *Conflement des mamelles.* Après quelques mois de grossesse, les mamelles de la jument se tendent, les mamelons se déplissent et prennent de la fermeté. — Dans les femelles carnivores leur augmentation de volume commence d'abord par les mamelles inguinales, et se continue jusqu'à celles qui sont placées sous la poitrine. — Mais ce signe et le précédent sont plus sûrs, plus vrais pour les petites femelles que pour les grandes, — et dans tous les cas ils s'appliquent surtout aux femelles primipares et à celles qui n'ont pas été saillies peu de temps après la parturition.

Mais tous ces signes sont loin de donner la certitude de l'existence de la grossesse. Ainsi la cessation des chaleurs peut n'être que temporaire, et le rut se montrer de nouveau quelque temps après, comme aussi la femelle peut continuer à être en chaleur bien qu'il y ait grossesse; et il n'est pas sans exemple de voir des propriétaires, trompés par cet état, livrer la jument ou

la vache à une deuxième ou à une troisième copulation, qui, en irritant trop vivement le col de l'utérus, détermine l'avortement. — Les juments élevées
dans les champs qui sont destinées à la reproduction
et que l'on nourrit au pâturage, conçoivent avec facilité; chez elles la cessation des chaleurs et le refus du
mâle sont un indice certain de plénitude. Au contraire,
celles que l'on fait travailler tous les jours cessent d'être
en chaleur par l'effet de la lassitude, des travaux pénibles auxquels on les soumet, sans que cela annonce
une grossesse, et il faut que la présence du mâle les
stimule longtemps pour que leurs désirs se développent et qu'elles entrent de nouveau en chaleur.

Quant à l'engraissement, à la tranquillité, à la tendance au repos, on comprend fort bien que ces circonstances peuvent dépendre de conditions organiques et
hygiéniques très-variées. En général, cependant, lorsqu'après le coït on voit engraisser les juments qui travaillent, sans que leur ration de nourriture ait été augmentée, on peut croire que la fécondation a eu lieu.
Ceci ne s'applique qu'aux femelles primipares ou à celles
que l'on ne fait pas saillir peu de temps après qu'elles
viennent de mettre bas. Car chez celles que l'on met en
rapport avec l'étalon huit à neuf jours après qu'elles
viennent de mettre bas et qui nourrissent en même
temps qu'elles sont pleines de nouveau, chez elles l'engraissement ne se prononce pas après la conception;
on en sent bien la raison.

L'augmentation de volume du ventre chez les juments de selle qui sont, comme on dit, levretées, est
quelquefois si peu prononcé , plusieurs mois même
après la copulation , que l'on est en danger de com-
mettre une erreur de diagnostic, si on attache trop
d'importance à ce signe. C'est une chose bien connue
des praticiens. Pendant que j'étais élève à l'école de
Lyon sous le professeur Gohier , j'ai eu occasion de
voir un riche propriétaire, éleveur de chevaux , le
marquis d'Epinay de Laye , insister pour faire boucler
une jument de selle qui avait été saillie six mois auparavant et dont le ventre n'avait éprouvé aucun accroissement , ce qui faisait croire au marquis que sa jument
n'était pas pleine ; remise au pâturage après avoir
été bouclée , cette jument qui était déjà pleine fit son
poulain au terme ordinaire , mais se déchira les lèvres
de la vulve en plusieurs points.

Enfin , le gonflement des mamelles et des trayons
s'opère aussi après le coït , bien que la femelle n'ait pas
conçu. J'ai vu plusieurs fois dans des chiennes que l'on
privait du mâle, les mamelles se tuméfier après la cessation des chaleurs et sécréter même du lait. — Je ne
sache pas qu'on ait observé chez les animaux comme
chez l'homme que le petit refuse le lait de la nourrice
lorsque celle-ci devient pleine ; mais la femelle , le
plus souvent , sèvre son petit avant le terme ordinaire.

2° SIGNES SENSIBLES DE LA GROSSESSE. Ils s'acquièrent

au moyen du toucher et de la vue. Quant à l'auscultation, il en sera à peine question attendu qu'elle n'a pas été appliquée à la plénitude des animaux.

Toucher. Il se pratique : 1° à travers les parois abdominales , — on cherche à percevoir les mouvements du fœtus ; — 2° par le vagin ; — 3° par le rectum.

1° *Toucher abdominal.* Ce n'est que du sixième au septième mois que les mouvements du fœtus peuvent être perçus par la main appliquée sur les parois abdominales. La femelle étant debout ou couchée, c'est au-dessous du flanc droit que l'on peut sentir les mouvements du petit.

On est presque toujours assuré de saisir ces mouvements si l'on pratique l'exploration pendant que la femelle mange ou boit, ou bien immédiatement après.

Du septième au huitième mois , dit Bourgelat, il ne faut avoir que des yeux pour s'assurer des mouvements du fœtus et avoir un signe certain de grossesse; la main est cependant plus sûre encore.— «Faites trotter quelques moments la cavale, remettez-la ensuite à l'écurie , présentez-lui à manger sur le champ, en plaçant votre main sous le ventre , vous sentirez et vous reconnaîtrez le poulain si elle est pleine. » (Extérieur du cheval. — p. 467.)

L'introduction des aliments dans l'estomac, en dilatant le viscère , repousse ou comprime l'utérus et le petit qui est contenu dans son intérieur; de là les mouvements que l'on ressent. Les boissons agissent de la même manière , mais surtout par leur fraîcheur qui cause au fœtus une sensation pénible qu'il cherche instinctivement à éviter en se déplaçant.

L'application de la main, lorsqu'on a eu soin de la refroidir fortement en la plongeant dans de l'eau fraîche , celle d'un corps très-froid sur les parois abdominales, agissent de la même manière que l'introduction des aliments ou des boissons.

On a vu , d'après Bourgelat, qu'on peut encore faire trotter quelque temps la mère. D'autres ont proposé de lui introduire de l'eau froide dans les oreilles. Ce dernier moyen n'agit pas autant que l'application de l'eau froide sur le ventre ; seulement il peut être dangereux et amener un catarrhe des oreilles , et dans tous les cas produit chez la mère trop de souffrance et d'agitation.

On comprend qu'on peut se dispenser de faire usage de ces moyens pour provoquer les mouvements du petit dans les grandes femelles et les carnivores, lorsque la gestation est assez avancée, attendu qu'alors la vue fait reconnaître les saillies que présente le ventre de la mère en un ou plusieurs points , leur disparition , leurs déplacements lents ou brusques.—Ces saillies sont produites par les mouvements du petit dont les membres viennent ainsi repousser en différents points les parois abdominales. Du reste, à cette époque avancée de la grossesse, les signes rationnels qui peuvent être équivoques dans les premiers temps , ont acquis un tel degré de certitude qu'il n'est plus possible d'être induit en erreur.

Les mouvements ne sont jamais plus évidents et plus précipités qu'au moment de l'avortement , lorsqu'il arrive à une époque déjà assez avancée de la gestation; les mouvements sont alors pressés et comme convulsifs.

2° *Toucher par le rectum.* Ce mode d'exploration ne peut s'appliquer qu'à la jument et à la vache ; il consiste à introduire la main, puis le bras tout entier dans le dernier intestin, après l'avoir vidé des excréments qu'il contient , et à en déprimer avec ménagement la paroi inférieure afin de se mettre en contact médiat avec le fœtus. — Par une pression graduée et continue la main arrive à déprimer cette paroi d'une manière suffisante.

Quand la femelle est grande , qu'elle a le ventre fort abaissé ou avalé , il faut faire relever la paroi inférieure de l'abdomen afin de rapprocher l'utérus de la colonne vertébrale et de l'intestin rectum ; et de plus il faut aussi pousser en arrière l'utérus, surtout lorsque le ventre est avalé. Deux aides placés de chaque côté du ventre et se tenant les deux mains par-dessous le ventre qu'ils soulèvent et portent en arrière , remplissent bien cette manœuvre. On peut remplacer les mains par un bandage de corps, une sangle, un drap de lit plié , qui , passant sous le ventre , serait soulevé de chaque côté par un homme.

Le toucher rectal permet à la main d'apprécier parfaitement ces saillies , ces nodosités que nous avons dit être formées par les membres du fœtus. On pourrait peut-être confondre ces saillies avec les masses dures que forment les excréments durcis dans les intestins ; mais on les distinguera toujours par la rapidité avec laquelle elles paraissent et disparaissent par suite des mouvements brusques du jeune petit ; tandis que les excréments ne sont déplacés que très-lentement par les mouvements péristaltiques de l'intestin.

Le praticien peut non seulement constater la grossesse , mais encore l'état de vie ou de mort du fœtus ; et s'il est vivant apprécier son degré de vigueur par l'énergie de ses mouvements. Il pourrait cependant se tromper en regardant comme mort, ou comme faible ou malade, un fœtus qui paraîtrait inerte, sans mouvement dans l'utérus de sa mère. Il y a beaucoup d'exemples de petits qui avaient paru presque immobiles et qui sont venus au monde pleins de force.

Le toucher rectal , au reste , ne doit être employé qu'avec beaucoup de ménagement et que dans certains cas déterminés; comme par exemple lorsqu'il s'agit de prononcer judiciairement sur l'état de plénitude ou de vacuité d'une jument. — Ce moyen est plus sûr et permet de reconnaître dès le troisième mois la plénitude des femelles.

3° *Toucher par le vagin.* Il offre plus de difficultés et fournit , sur l'existence et les mouvements du fœtus, des données moins certaines dans les grandes femelles que dans la femme , ce qui s'explique par la différence de position de la matrice. Dans la femme la matrice et l'œuf qu'elle renferme pèsent de haut en bas , à peu près dans la direction de l'axe de la portion supérieure du vagin. — Aussi peut-on obtenir ce qu'on appelle en médecine humaine le ballottement; c'est-à-dire que le doigt introduit par le vagin , soulevant et repoussant brusquement en haut l'utérus, le petit qui est dans son intérieur et qui reçoit le choc, se porte d'abord en haut, puis retombe par son propre poids et vient donner au doigt la sensation d'un corps pesant qui tombe.

Dans la jument et dans la vache la disposition de la matrice fait que les choses se passent autrement. Il est impossible d'obtenir le ballottement parce que, après avoir été repoussé par le doigt , le fœtus ne retombe plus par son propre poids en arrière , mais bien en bas sur les parois abdominales. De plus, en vertu de la position horizontale de leur corps, le fœtus , dans les premiers mois de la gestation, se trouve contenu avec la matrice dans l'abdomen et non dans le bassin , de manière qu'il se trouve placé au-delà des limites de la main. — A cette époque on ne peut que constater l'augmentation de longueur du vagin , et sa direction en avant et un peu en bas ; de sorte qu'il faut pénétrer à une grande profondeur pour toucher le col utérin.

Vers le cinquième ou le sixième mois la matrice, en se dilatant dans tous les sens; se rapproche , comme nous l'avons vu, de la vulve, et devient alors plus accessible au toucher vaginal. Du reste, pour rapprocher davantage l'utérus de la vulve, on peut employer les différentes manœuvres que j'ai indiquées à propos du toucher rectal.

Jamais que je sache, le toucher vaginal n'a été employé pour constater la grossesse des petites femelles. Le développement de leur ventre et de leurs mamelles ne laissent en général aucun doute sur leur état.

AUSCULTATION. Je l'ai dit plus haut. Rien de fait sur ce point.

En résumé, il est important de pouvoir constater la grossesse des grandes femelles dans plusieurs circonstances : un propriétaire achète pour poulinière ou pour portière une jument ou une vache qu'on lui a garanties pleines ; a-t-il été trompé ou non ? — 2° Un autre achète une jument de selle ou de trait pour un voyage de longue durée, dans l'espérance qu'elle lui servira sans interruption pendant toute sa durée ; si la jument est pleine, il sera obligé de s'en passer quelque temps.

Les trois méthodes que j'ai données plus haut pour résoudre ces questions peuvent-elles être également employées ? c'est ce qu'il s'agit d'examiner. — La première, le toucher abdominal est la plus simple, la plus facile, celle qui expose au moins de danger pour l'animal, mais ce n'est guère que du sixième au septième mois qu'elle donne des résultats certains. — Le toucher par le vagin est peu utile; j'ai expliqué que c'est à cause de la position horizontale des femelles dont l'utérus se porte en avant et en bas, de sorte qu'on arrive difficilement à l'utérus ; si ce n'est vers la fin de la grossesse. Mais alors le toucher abdominal ne laisse plus de doute.

Celui par le rectum est, pour la précision, pour la certitude et pour la faculté de reconnaître une grossesse dès le troisième mois, le meilleur des trois. — J'ai constaté plusieurs fois la vérité de l'assertion d'Huzard, que dès le troisième mois ce moyen permettait de constater la plénitude; je ne me suis trompé qu'une seule fois sur une forte ânesse dont le petit était peu vivace, ne donnait pas de mouvements, et fut accouché mort. Je méconnus la plénitude à trois mois. — Huzard recommande donc cette méthode qu'il considère du reste comme étant sans danger lorsqu'elle est faite avec les ménagements convenables et par un homme de l'art. — M. Demoussy, au contraire, la regarde comme dangereuse. Il déclare qu'il ne conseillerait jamais aux propriétaires de faire usage de ce moyen. Ce procédé, dit-il, qui peut être mis en usage pour la poulinière massive et peu irritable, excite dans la jument fine et nerveuse des mouvements violents, presque convulsifs, qui peuvent devenir cause de l'avortement. — Ainsi le propriétaire, pour s'assurer de la fécondation de sa jument, s'expose à perdre toutes ses espérances.

On voit que M. Demoussy a déplacé la question. Que cette exploration ne doive pas être faite par les propriétaires , en cela il a raison ; mais il aurait grand tort de l'interdire aux vétérinaires qui la considéreront toujours comme la méthode la plus sûre de constater la grossesse et comme sans danger , lorsqu'elle est faite avec ménagements. — Ce procédé est aussi le plus sûr lorsqu'il s'agit de reconnaître si le petit est mort ou vivant.

Lorsque la gestation est avancée on constate bien facilement les mouvements du petit par le toucher abdominal et par la vue elle-même.

CHAPITRE IV.

GROSSESSE GÉMELLAIRE.

On nomme ainsi la gestation de deux, trois ou plusieurs petits par les femelles unipares, celles qui, pour l'ordinaire, ne font qu'un seul petit.

La grossesse double est très-rare dans la jument et peu commune dans la vache et la brebis. De toutes les femelles domestiques c'est la chèvre qui en offre le plus d'exemples. — Pour ce qui concerne la jument, M. Demoussy, dont la longue expérience à cet égard mérite d'être consultée, assure n'avoir vu qu'une seule double portée. Les deux jumeaux périrent quelque temps après leur naissance.

Il est moins rare de voir de doubles ou de triples portées chez les vaches. Un de mes élèves a accouché une vache de trois veaux, chez M. Rieussec, à Francheville près de Lyon. Le premier veau s'étant mal présenté, un guérisseur du pays, qui avait commencé l'accouchement, ne sut pas rétablir la position , et notre élève retira les trois veaux sans vie. — Le troisième volume du *Journal Vétérinaire Pratique*, rédigé alors par M. Dupuy (p. 456), cite un cas de fécondité extraordinaire d'une vache. Cette femelle fit 9 veaux en trois portées , pendant les années 1817 , 1818 , 1819. Tous ces veaux, à l'exception de deux de la même portée , ont été allaités par la mère. Ces veaux, devenus adultes , ont porté , mais seulement un petit à la fois , comme cela arrive ordinairement. Dans le même journal, continué par M. Bernard (4e volume, page 411) , on trouve un fait de la même nature qui a été communiqué par M. le professeur Gellé. Il s'agit d'une vache choletaise appartenant au métayer de la cour de la Guérinière, commune du Puy-St-Bonnet, arrondissement de Bresnière (Deux-Sévres), qui fut couverte par des taureaux du pays, et qui mit bas en 1837, 3 veaux ; en 1838 , 2 ; en 1839, 2 ; en 1840, 2 ; en 1841 , 4 dont une génisse. — Cinq semaines après ces quatre derniers veaux pesaient chacun 20 kilogrammes. — Tous les veaux de cette vache étaient bien constitués et ont parfaitement réussi.

Les portées doubles sont moins rares en général dans la brebis que dans la vache ; elles sont communes, si on en croit Daubenton , dans les comtés de Julliers et de Clèves, où une brebis donne deux ou trois agneaux chaque fois, et où 5 brebis donnent jusqu'à 25 agneaux par an. La Flandre française (département du Nord)

possède une race de brebis qui présente souvent le phénomène des doubles parts. Tessier, tout en convenant
que les portées doubles ne sont pas ordinaires dans la
brebis , assure que dans un troupeau composé de 371
brebis portières, il y a eu 22 agnellements doubles ; ce
qui fait plus de 1 sur 17. Il dit aussi avoir vu une brebis qui a vécu 20 ans et qui devenait pleine tous les ans,
donnant souvent 2 agneaux à la fois (Instr. sur les bêtes à laine, p. 80-81).

J'ai déjà dit que la chèvre est de toutes les femelles
de l'ordre des ruminants, celle qui fait le plus souvent
des portées doubles. Il est fort commun de voir une
chèvre suivie de deux chevreaux ; les portées triples ,
quadruples ne sont même pas très-rares, mais il est
fréquent alors de voir arriver faible ou mort un des
petits , et quelquefois aussi les trois ou quatre qui composent la portée.

Les médecins et les naturalistes sont partagés sur la
question de savoir si la double ou la triple portée est le
résultat d'une seule copulation ou d'autant de copulations successives qu'il y a de petits formés. Les plus
nombreux, et les faits sont en leur faveur, pensent
qu'une seule copulation peut suffire à féconder plusieurs
germes , et ils doutent qu'après une copulation féconde
il soit possible que le sperme puisse parvenir à l'ovaire,
et qu'un second ovule puisse se développer, à moins
que le deuxième coït ne suive le premier de très-près,
avant que ce premier ovule ne soit déjà descendu dans
l'utérus.

Cependant les exemples de superfétation , bien que rares , sont assez certains pour mettre cette théorie en défaut. Le fait est qu'il est impossible d'expliquer pourquoi une femelle, entre plusieurs centaines d'autres, fait des portées doubles ou même triples, tandis que les autres, placées au milieu des mêmes circonstances hygiéniques, font des portées simples. On a remarqué pourtant, ainsi que je l'ai dit, pour certaines races, pour les brebis, que les pays abondants en nourritures, que les années fertiles disposent aux parts gémellaires.

Ce qui vient d'être dit des femelles unipares ne s'applique pas tout-à-fait aux multipares, quoique celles-ci puissent être fécondées en un seul coït et être pleines à la suite de plusieurs petits ; en général, cependant, elles sont fécondées plusieurs fois et elles ne cessent de rechercher le mâle qu'après plusieurs copulations.

Une question plus pratique et plus importante pour nous est celle du diagnostic de la grossesse double ou triple, dont jusqu'à ce jour nous n'avons pas pu obtenir de signes certains.

Voici les signes qu'on en a donnés: 1° Un ventre plus volumineux que dans une grossesse ordinaire. On comprend que ce symptôme n'a de valeur que pour celui qui a déjà vu la femelle dans une première plénitude, ou qui a observé l'état de son ventre avant la gestation. Ce volume du ventre se fait remarquer dès les premiers mois de la gestation ; la femelle éprouve

une gêne insolite de la respiration, elle se couche fréquemment, elle a de bonne heure la marche lourde et
les membres de derrière œdématiés. Ces signes, en
effet, donnent quelque vague présomption; car la portée d'un gros poulain ou d'un gros veau peut donner
lieu à leur apparition, surtout si la femelle a quelque
lésion des organes de la respiration.

2° Le volume du ventre se montre plus considérable
du côté où pour l'ordinaire il est le moins gros, à gauche, par exemple; d'autres fois, c'est des deux côtés à la
fois, et là les mouvements des petits sont plus sensibles. — Ce dernier signe me paraît peu d'accord avec
la position des petits. Dans le cas où il y en a deux,
l'un occupe le corps, et l'autre celle des cornes où le
premier petit n'a pas les pieds; comment trouver alors
une grosseur des deux côtés du ventre.

3° Le toucher rectal ne fournit pas de renseignements, parce que l'on ne peut distinguer suffisamment
les deux petits l'un de l'autre.

4° L'auscultation, si elle avait été appliquée au diagnostic de la gestation des animaux, aurait certainement éclairé la question.

Position relative des Fœtus.

Les petits peuvent se comporter de quatre manières
différentes, l'un par rapport à l'autre : — 1° Chaque

fœtus peut se trouver isolé et enveloppé de toutes ses membranes séparées. — 2° Les deux fœtus peuvent avoir une enveloppe commune, le chorion, et du reste être contenus chacun dans un second sac séparé. — 3° Les deux fœtus sont développés tous deux dans le même liquide amniotique; leurs membranes sont communes; ils sont logés dans la même cavité et ne sont séparés par aucun diaphragme membraneux. — 4° Un des fœtus peut être contenu dans l'intérieur de l'autre, comme dans les monstruosités par inclusion.

Cette inclusion elle-même se présente sous deux formes différentes : 1° Le fœtus inclus peut être renfermé dans la cavité abdominale de l'autre individu ; c'est l'inclusion profonde et abdominale. — 2° Le fœtus est enveloppé dans une tumeur sous-cutanée, sans communication avec les cavités viscérales; c'est l'inclusion superficielle et cutanée.

Dans le premier cas, les enveloppes, dans les points où elles sont adossées, adhèrent l'une à l'autre par un tissu cellulaire fin. Les placentas se confondent le plus souvent entre eux, ou sont unis par une sorte de pont membraneux, et malgré cela, restent distincts pour leur circulation; n'ayant point entre eux de communications vasculaires.

Quand les choses sont ainsi disposées, les petits peuvent être expulsés en même temps de la matrice; cela est fréquent dans la chèvre; mais, le plus souvent, après la sortie du premier fœtus, la matrice revient sur elle-même, s'applique sur le jumeau restant et ne l'expulse que plusieurs jours après, assez longtemps même après pour qu'on puisse croire à une superfétation. Ce séjour prolongé du deuxième jumeau dépend de ce que le premier est expulsé avant terme, à cause de la distension excessive que la matrice éprouve, et qu'après cette expulsion, revenant sur elle-même, la matrice qui est débarrassée ainsi de cette cause de souffrance, supporte le deuxième fœtus jusqu'au terme ordinaire de la gestation (1).

Si l'un des jumeaux meurt dans l'utérus, l'autre étant contenu dans un sac séparé, peut continuer à vivre et à s'accroître. Dans des cas rares, il séjourne dans la matrice, s'y dessèche et n'est expulsé qu'à l'époque ordinaire avec son jumeau; ou bien, ce qui est plus commun, il devient comme un corps étranger dont la présence irrite la matrice, détermine ses contractions et qui est rejeté au dehors, pendant que l'autre continue à vivre jusqu'à son terme normal. Le petit mort pendant la grossesse peut être retenu par suite d'adhérences intimes de son placenta avec l'utérus de la mère. M. Guillemot a observé un cas dans lequel un fœtus a séjourné deux ans dans la matrice. Je ne sache pas qu'on ait observé de cas semblables dans les

(1) Une jument met bas, après 4 mois de portée, un poulain mort, et au terme ordinaire de la gestation un poulain vivant. (*Mémoire de la Société du Calvados*, 1831-1832, p. 365).

animaux, lors de grossesse gémellaire ; mais on a cons taté de semblables rétentions de fœtus dans le cas de grossesse simple. Il y a mieux, un petit étant mort et ayant séjourné un an dans l'utérus d'une femelle, il y a eu une deuxième fécondation, une deuxième grossesse, et la femelle étant morte on a trouvé les deux petits dans la matrice ; le premier était comme momifié.

Les causes de la mort des fœtus sont : 1° L'excès de vie d'un des fœtus qui appelle à lui tout le sang et prive l'autre de nourriture ; 2° L'augmentation trop considérable de volume d'un des fœtus qui comprime et atrophie l'autre ; 3° Le décollement du placenta, d'où résulte l'interruption de la circulation et la cessation de l'hématose.

Dans la deuxième variété de grossesse, où le chorion est commun aux deux fœtus séparés par un amnios distinct, il n'y a qu'un placenta, et les deux fœtus ont ainsi une circulation commune par leur placenta et les vaisseaux ombilicaux qui communiquent ainsi par des ramifications vasculaires. Dans ce cas, l'expulsion d'un des fœtus entraîne nécessairement celle de l'autre.

Les choses se passent de la même manière lorsque les deux fœtus sont renfermés dans des enveloppes communes.

Quant aux inclusions, je n'en connais, jusqu'à ce jour, qu'une seule de la première espèce, où un fœtus a été trouvé dans la cavité abdominale de l'autre. Le fait appartient au célèbre anatomiste Bartholin , qui le recueillit au commencement du 17me siècle. Une jument mit bas une mule dans le ventre de laquelle on en trouva une deuxième. — Brugnone révoque en doute ce fait et pense que l'habile anatomiste a été trompé par de faux renseignements. Car , d'après Huzard , le fait a été observé d'abord par un moine espagnol , Antoine de Torquemada , qui l'a publié dans son *Hexaméron* , imprimé à Lyon (1582); rapporté ensuite dans une histoire naturelle du jésuite espagnol Eusèbe Nieremberg, il fut copié par Bartholin dans ce dernier ouvrage.

J'ai observé l'inclusion dans l'espèce de l'oie. — Un élève de notre école m'a remis , en 1842 , un œuf d'oie qui avait le double de son volume ordinaire, et dans l'intérieur duquel il y avait un deuxième œuf de la grosseur habituelle des œufs d'oie — Chacun d'eux avait une coquille parfaitement conformée.

Les tumeurs sous-cutanées contenant une ou quelques parties d'anciens fœtus sont communes chez les animaux.

Superfétation.

Le mot superfétation (*fœtus super fœtum* , fœtus sur un autre fœtus) signifie la conception d'un nouveau

fœtus pendant qu'il y en a déjà un de formé dans l'u-
térus. On en comprend la différence d'avec le part
double, où la même copulation a produit deux petits à
la fois ; dans la superfétation, deux petits sont produits à un intervalle plus ou moins rapproché, chacun par une copulation différente.

Aristote, dont l'opinion a si longtemps fait loi, admet la possibilité de la superfétation dans la femme,
attendu, dit-il, qu'elle reçoit les caresses de son mari
pendant toute sa grossesse ; mais il nie sa possibilité
dans la jument, bien qu'il reconnaisse que comme la
femme elle peut recevoir plusieurs fois le mâle. — Il
pensait sans doute que par instinct la jument repoussait
le mâle dès qu'elle était fécondée. Les naturalistes et
les hippiatres qui ont écrit après Aristote nient comme
lui la superfétation des juments, parce que, selon eux,
après la conception, l'orifice de l'utérus se resserre au
point de ne plus pouvoir laisser passer la semence du
mâle. Selon eux aussi tout part double tient à ce que
par la même copulation deux ovules ont été fécondés
à la fois.

Mais les faits prouvent que cette vieille opinion n'est
pas absolument vraie ; et que si en général il n'y a
qu'un coït fécondant, d'un autre côté il a quelques cas
bien constatés de deux coïts successifs et tous les deux
fécondants. On a vu des femmes accoucher le même
jour de deux enfants, l'un noir, l'autre blanc, tous
les deux à terme ; on a vu également des juments mettre

bas, dans les mêmes circonstances, un poulain et une mule ou un muleton, preuve évidente d'une double paternité.

Les vétérinaires modernes qui nient la superfétation ont déclaré les faits précédents apocryphes, Bourgelat, Brugnone, Demoussy.—Cependant Brugnone cite le fait rapporté à Réaumur par Pineau, chanoine honoraire de la congrégation de France, d'une jument de Châtillon-sur-Sèvre (autrefois Mauléon), qui mit bas un poulain et une mule (*Mémoires de l'Académie Royale des Sciences*, 1753).

Demoussy parle d'un M. Maillard de la Couture, riche propriétaire, éleveur de chevaux, qui toute sa vie s'était occupé de l'élève de ces animaux, et qui eut occasion d'observer un fait semblable.

M. Castex, vétérinaire, a cité, dans le *Journal Vétérinaire Pratique*, année 1826, le fait d'une jument qui, saillie le même jour par un baudet et par un cheval étalon, mit bas, après 11 mois, une mule bien faite, quoique faible, et une pouliche à terme, mais morte. Une observation pareille est rapportée dans le même journal, pour 1836, par M. Vaublanc, ancien chef du dépôt d'étalons de St-Maixent : Une jument saillie par un baudet avait été enfermée dans un enclos où pénétra un cheval entier, âgé de 2 ans, qui la saillit plusieurs fois dans la même journée; dès lors cette bête refusa obstinément le mâle auquel on la représenta, suivant l'usage, quelque jours après. Au terme de la gestation elle mit bas deux petits , *l'un apparte-nant à l'espèce chevaline et l'autre qui était un mulet bien caractérisé*. Ces deux produits furent présentés à **M.** de Vaublanc, à l'âge de 3 mois, tétant tous deux leur mère et dans un état de parfaite santé. Le fait fut vérifié par le maire de la commune et adressé à l'administration des haras.

Nous pouvons tirer les conclusions suivantes des faits qui précèdent : 1° La superfétation dans la jument est un phénomène qui peut avoir lieu et qui a eu lieu plusieurs fois. Les dénégations des naturalistes et des hippiatres ne peuvent mettre en doute un aussi grand nombre d'histoires bien constatées de su-perfétations. — M. Demoussy croit que la superfé-tation est impossible ou du moins infiniment rare , parce que , dit-il , une jument qui aurait déjà conçu avorterait nécessairement si on la livrait à une deu-xième copulation. Or, cette opinion, qu'un avortement est la conséquence inévitable de tout coït nouveau , est plus que douteuse , et l'exemple de la femme qui con-tinue à voir son mari pendant toute sa grossesse , lui donne un démenti bien complet. On ne comprendrait pas-, du reste , pourquoi une deuxième copulation irri-terait tellement la matrice qu'il dût en résulter né-cessairement un avortement.

2° La superfétation a été observée, jusqu'à présent, après deux copulations fécondantes opérées le même jour. — 3° L'analogie permet d'admettre la possibilité

du même phénomène dans les autres femelles, et s'il
est impossible chez elles de le constater, c'est qu'elles
ne peuvent pas être saillies par des mâles appartenant
à des variétés de la même espèce, et qui donneraient
chacun naissance à un produit différent.

Jusqu'à ce jour la superfétation n'est donc admise qu'à
la condition d'une double copulation opérée le même
jour. Le fait que je vais citer prouve que deux conceptions peuvent s'opérer à un assez long intervalle l'une
de l'autre ; il est rapporté dans le *Journal Analytique*
(février 1828), et reproduit dans le *Journal Vétérinaire
Pratique*, 1828, p. 455 : « Une brebis mère, à laine
fine, fécondée à l'époque de la monte en 1823, éprouva
l'année suivante, au terme de la gestation, les douleurs de la parturition qui cessèrent sans que cette dernière eut lieu. Depuis ce moment la femelle recouvra
toute sa santé ; le fœtus était descendu davantage dans
la cavité abdominale et pouvait être aisément senti.
En 1824 cette brebis fut de nouveau fécondée. Dans
les premiers jours de mars 1825 les mamelles se rem-
plirent de lait, et bientôt après le travail de la parturition se déclara ; mais il cessa comme la première fois
sans avoir de résultat. La brebis s'émacia et s'affaiblit
progressivement à dater de ce second travail, et ne tarda
pas à succomber. A l'ouverture, on trouva dans la trompe
utérine droite (l'auteur veut parler de la corne droite,
sans doute) un agneau parfaitement développé. A la
partie gauche de la matrice (probablement la corne

gauche) , on trouva un autre fœtus bien conformé du sexe masculin. Celui-ci, ses enveloppes et la cavité utérine se trouvaient dans les conditions ordinaires , si ce n'est qu'une partie des eaux s'était épanchée entre les membranes et que le fœtus était sans vie. L'orifice de l'utérus était rétréci par la présence d'une masse de nouvelle formation tellement dure qu'elle résistait à l'instrument tranchant. Cette circonstance explique suffisamment l'impossibilité de l'accouchement. »

Ce fait, quelque incomplet qu'il soit dans ses détails cadavériques, n'établit pas moins, ce me semble , la possibilité , chez les femelles ordinairement unipares, de la superfétation à la suite de deux copulations fort éloignées l'une de l'autre.

Il y a une maladie qui empêche le part et qui, peutêtre , permettrait de nouvelles fécondations , c'est la torsion du col utérin par suite de la rotation de la matrice sur elle-même autour de son axe. Depuis que Boutrole a observé cet accident , il a été constaté et décrit un grand nombre de fois comme je l'ai indiqué ailleurs. Avec la version de la matrice le part devient impossible; au lieu de chercher à obtenir le veau par une opération sanglante et d'un succès fort douteux, on a abandonné la vache aux efforts de la nature ; si la saison s'y prête on la laisse au pâturage , et souvent après quelques temps de souffrances la bête reprend son embonpoint, engraisse même et on peut la vendre avec avantage pour la boucherie. On comprend qu'aux approches du printemps ces bêtes pourraient peut-être concevoir de nouveau après un part qui n'a pu se terminer par accouchement , comme la brebis dont l'observation précède.

De la Superfétation chez les femelles multipares.

Les femelles qui portent ordinairement plusieurs petits fournissent-elles aussi des exemples évidents de superfétation? c'est ce dont on ne peut douter en ce qui concerne la lapine. On sait qu'une nouvelle fécondation peut avoir lieu chez elle à une époque même assez avancée de la gestation. L'état anatomique de son appareil génital explique cette disposition à la superfétation; il est composé, comme je l'ai déjà dit, de deux cornes qui s'ouvrent dans le vagin chacune par un orifice séparé. — On comprend qu'une première fécondation ayant pu féconder les ovules d'un seul ovaire , et les fœtus occupant la corne correspondante, l'autre corne reste libre pour le passage du sperme. L'analogie appuie cette manière de concevoir ; on sait que les femmes qui ont présenté le phénomène de la superfétation avaient l'utérus divisé par une cloison médiane, de manière à simuler ainsi l'utérus bilobé des femelles des animaux.

Huzard père niait la superfétation dans la chienne ;

il pensait qu'il suffisait d'une seule copulation pour que la portée fut complète , quelque fût le nombre dès petits. Quant à la ressemblance que les petits semblaient avoir avec plusieurs des mâles qui avaient couvert la femelle, il la révoquait en doute, et assurait avoir toujours vu les petits ressembler à un seul père et à la mère. Toutefois Labereblaine , d'accord en cela avec beaucoup de chasseurs, assure avoir observé le contraire (Pathol. canine , traduite de l'anglais par Delaguette, p. 109). « La superfétation, suivant cet auteur, peut avoir lieu dans les chiennes ; une nouvelle conception a lieu, lorsqu'il en existe déjà une, chacune des deux peut se faire par des mâles différents. Il a eu plusieurs fois occasion de vérifier ce fait qui est depuis longtemps admis par les naturalistes et les chasseurs. Il a vu de petits chiens d'une même portée ayant les marques de différentes origines , non seulement par les disproportions de la taille et par des qualités différentes , mais encore parce que, après que leur accroissement était terminé, on constatait évidemment qu'ils appartenaient à des races différentes. — On a même vu, dit-on , une chienne couverte , dans la même journée , par trois chiens de races différentes bien caractérisées, mettre bas trois petits représentant fidèlement les caractères de la race des trois pères.

Pour moi , j'ai fait plusieurs fois les mêmes observations que Labereblaine , et beaucoup de chasseurs m'ont affirmé qu'ils les avaient faites aussi. Le raisonnement du reste annonce que les chiennes ne conçoivent pas d'une même copulation pour toute une portée. Car la chienne conserve en général ses chaleurs pendant trois ou quatre jours, et souffre jusqu'à 6 et même 7 fois l'approche du mâle avant qu'elle ne cesse de les éprouver. Or , on sait que les chaleurs dans cette espèce de femelles cessent généralement dès que la conception a eu lieu ; donc il faut en conclure , ou bien que le dernier coït seul a été fécondant ; ou bien qu'un certain nombre d'ovules a été fécondé à chaque copulation ; ce qui est peut-être plus probable et plus en harmonie avec les faits que j'ai cités.

Grossesse Extra-Utérine.

Nous avons déjà fait connaître le chemin que suit l'ovule , de l'ovaire à travers les trompes, jusque dans les cornes et l'utérus ; il peut arriver qu'il soit arrêté ou dévié, et qu'il se fixe sur un point de son trajet pour s'y développer , comme il l'aurait fait dans l'utérus lui-même. C'est ce qu'on appelle gestation extra-utérine, mauvaise portée.

On distingue plusieurs sortes de grossesses extra-utérines selon le point du trajet où l'ovule est arrêté. 1° GROSSESSE OVARIQUE. L'ovule est resté dans l'ovaire même. Ce genre de grossesse a été observé sur la femme; on comprend qu'il est possible dans les femelles des animaux, quoique nous n'ayons pas pu le constater jusqu'à présent. — Les médecins ont distingué en deux espèces cette grossesse ovarique.—A. Le germe a pu se développer dans le vésicule de Graaf, sous l'enveloppe fibreuse de l'ovaire, *c'est la grossesse ovarique interne*;—B. ou bien après la rupture de la vésicule et de son enveloppe, il est resté adhérent à la face externe de l'ovaire, *grossesse ovarique externe.*

2° GROSSESSE SOUS-PÉRITONÉALE PELVIENNE. L'ovule s'est glissé en dehors du péritoine , et s'est développé dans la cavité pelvienne, entre les deux feuillets du ligament large.

3° GROSSESSE TUBO-OVARIQUE. Le kyste qui environne le fœtus est formé en partie par l'ovaire, en partie par le pavillon de la trompe dilaté.

4° GROSSESSE TUBO-ABDOMINALE. Le fœtus a été trouvé dans la cavité abdominale; le placenta inséré dans l'intérieur de la trompe.

5° GROSSESSE ABDOMINALE. L'œuf se développe dans le ventre de la mère. On la distingue en primitive et en secondaire. Elle est *primitive* quand d'emblée le germe est venu se fixer dans le point où il a continué à se développer; *secondaire*, quand l'embryon ne vient se placer dans l'abdomen qu'après avoir distendu et déchiré la poche où il était contenu d'abord. — Tous ces faits, dans lesquels on voit les enveloppes et les annexes du fœtus se développer là où l'embryon vient se fixer, prouvent clairement ce que j'ai énoncé plus haut, à savoir que c'est l'embryon qui, par sa présence même, excite le travail sécrétoire par suite duquel se forment ses enveloppes, ses membranes ; et quelque part qu'il se développe, que ce soit dans l'utérus ou au dehors , c'est toujours sa présence qui détermine ces sécrétions nouvelles et ces produits nouveaux.

La médecine vétérinaire possède un fait de grossesse abdominale que le hasard a fait découvrir à M. Mollard, vétérinaire à La-Tour-du-Pin, en 1837.— (Compte-rendu des travaux de l'école de Lyon , pour 1837. — Recueil de Médecine vétérinaire, 1838. — p. 617). Il s'agit d'un fœtus de chèvre trouvé par un boucher dans la cavité abdominale de la mère; l'utérus était complètement intact , dit ce vétérinaire, sans aucune trace de gestation. Le fœtus était fixé vers la région ombilicale de la mère par des vaisseaux et des ligaments très-courts, entouré et fortement comprimé dans une enveloppe qui ressemblait à l'épiploon, et qui était adhérente dans toute son étendue à la peau du jeune sujet.

Ce fait , tout intéressant qu'il est , manque de détails anatomiques suffisants. Il est à regretter que M. Mollard, avant de l'adresser à l'école , ait séparé ce fœtus de ses enveloppes et des adhérences qu'il avait contractées ; le manque de détails fait que nous ne savons à quelle subdivision des grossesses abdominales il faut le rapporter.

Je soupçonne fort que les cas de sortie spontanée de

fœtus de brebis, par perforation d'un point des parois abdominales, sont dûs aussi à une conception extra-utérine du même genre. Je discuterai ces faits en traitant de la parturition et de ses obstacles.

6° GROSSESSE TUBAIRE. L'œuf s'est développé dans la trompe, et est fixé sur un des points de ce canal compris entre son ouverture abdominale et son ouverture utérine.

7° GROSSESSE INTERSTICIELLE. L'œuf arrivé dans cette portion de la trompe qui est comprise dans l'épaisseur des parois de l'utérus, ne pénètre pas dans l'utérus, mais se développe là entre les fibres charnues qu'il écarte. Cette espèce de grossesse ne peut pas exister chez les femelles des animaux à cause du peu d'épaisseur des parois que traverse la trompe de Fallope.

8° GROSSESSE UTÉRO-TUBAIRE. L'œuf se développe en partie dans l'utérus et en partie dans la trompe. Ce cas inconnu aux vétérinaires doit, par la raison précédente, être infiniment rare, à cause du trajet si court de la trompe dans l'épaisseur des parois de la corne.

9° GROSSESSE UTÉRO-TUBO-ABDOMINALE. Le fœtus est situé dans la cavité abdominale; le cordon ombilical est contenu dans la trompe, et le placenta est implanté dans l'utérus même.

J'ai dit plus haut que nous ne possédons, en faits de grossesse extra-utérine bien constatés, que celui de M. Mollard. Il est facile de comprendre que la plupart des divisions admises pour la grossesse de la femme,

ne peuvent avoir lieu chez les femelles par les raisons
d'organisation que j'ai indiquées.

Dans le plus grand nombre des femelles, la jument
surtout, le ligament péritonéal qui soutient la trompe
et l'ovaire fournit une enveloppe, une espèce de ca-
puchon au sinus et au pavillon de la trompe, de
sorte qu'il devient presque impossible à l'ovule de
s'échapper et de tomber dans l'abdomen. De plus, la
trompe a une direction rectiligne, son trajet est très-
court avant d'arriver à la corne de l'utérus, circonstances qui rendent la marche de l'ovule plus rapide et
peu sujette à des accidents. Enfin, et je crois que ce
sont là les véritables raisons, les femelles des animaux
ne sont pas sujettes à ces mille accidents que la femme
éprouve, et à ces nombreuses maladies dont son appareil
génital est le siège. Les organes génitaux des femelles
ne servent que rarement et dans le but unique de la
reproduction de l'espèce; il n'en est pas de même de
ceux de la femme.

CHAPITRE V.

ANNEXES DU FŒTUS.

Art. I.

Enveloppes (*organes de protection*).

Les enveloppes de l'ovule parvenu dans l'utérus ou les cornes, se composent de trois membranes : la caduque, le chorion, l'amnios. — Entre ces deux dernières se trouve une autre membrane qui forme un sac, une poche, l'allantoïde, — et accidentellement dans les premiers temps de la vie intra-utérine, on trouve un second sac, la vésicule ombilicale.

1° MEMBRANE CADUQUE.

Elle est le résultat d'une sécrétion qui se fait à la

surface interne de la matrice. La lymphe plastique qui la constitue, en s'organisant forme un sac sans ouverture qui a la forme de la matrice dont il revêt la paroi interne, et qui contient, dans son intérieur, un liquide transparent, quelquefois même rosé (Hydropérione de Breschet), qui sert à la nutrition du fœtus dans les premiers temps. — L'ovule se place entre le kyste et la matrice, et à mesure que l'embryon se développe, il écarte de plus en plus le kyste de l'utérus et s'en coiffe, de manière que ce sac se trouve replié sur lui-même comme un bonnet de coton. Par conséquent, la caduque se trouve ainsi formée de deux feuillets ; un externe qui est en rapport avec la matrice, un interne qui est en rapport avec l'embryon (Épichorion de Chaussier).

Il est évident qu'à mesure que l'embryon grossit, ces deux feuillets de la caduque s'appliquent de plus en plus l'un sur l'autre et que la cavité qu'ils formaient auparavant doit disparaître. Aussi, elle cesse d'être visible au quatrième mois de la gestation, quoique les deux feuillets ne contractent jamais d'adhérences l'un avec l'autre. Le liquide disparaît aussi peu à peu.

On a avancé sans preuves qu'elle était percée de trois trous correspondant aux trois orifices de la matrice. Sa couche externe est organisée, vasculaire.

Chaussier et Dugès doutent de l'existence de la caduque réfléchie dans la plupart des mammifères et nient que le liquide qui y est contenu serve à la nourriture du fœtus. Les vaisseaux artériels et veineux de cette membrane constituent plus tard le placenta.

Selon M. Girard (*Anat.*, p. 560, t. II.), l'épichorion est l'origine du placenta; à mesure que ses vaisseaux se développent, il s'épaissit et se convertit, à ce qu'il paraît, en le placenta lui-même; ou bien, comme d'autres parties du fœtus, il subit une absorption qui le fait disparaître.

Ainsi, d'après ces auteurs, ou bien il n'y aurait jamais ce sac à deux feuillets repliés, que nous avons décrit d'après les classiques; ou bien, comme le dit M. Girard, le feuillet externe, l'épichorion serait absorbé; ou peut-être, enfin, qu'il est transformé en placenta.

Pour l'origine de cette membrane, des auteurs pensent qu'elle est formée dans l'utérus, ou les cornes, avant la descente de l'ovule. Chaussier pense le contraire; je crois avec lui que c'est la présence de l'ovule qui irrite l'utérus et produit cette sécrétion. Aussi, trouve-t-on la caduque dans toutes les grossesses extra-utérines. —De plus, chez les femelles qui font plusieurs petits, on ne comprendrait pas, si les membranes caduques étaient produites d'avance, comment les ovules pourraient les traverser pour arriver chacun à celui qui lui est destiné.

2° CHORION.

Il est, parmi les membranes propres de l'œuf, la plus extérieure. Il peut être comparé à la pellicule sous-jacente à la coque d'œuf de poule. Cette membrane correspond par sa face externe à l'épichorion ou membrane caduque, dans les premiers temps de la gestation, et, plus tard, au placenta lui-même, qui ne l'entoure pas complètement dans toutes les femelles, et auquel il est uni par un tissu filamenteux que l'on croit être vasculaire. Sa surface interne, libre, est le siége d'une sécrétion perspiratoire, et constitue, d'après M. Girard, la surface extérieure du sac de l'allantoïde. Ce savant anatomiste a commis une erreur; la face interne du chorion tapisse la paroi externe de la poche allantoïde.

Le chorion est tout formé dans l'ovaire, où il forme l'enveloppe la plus externe de l'ovule; il se développe avec lui. Il offre cela de particulier, que dans certaines espèces il remplace le placenta, tandis que dans d'autres il est suppléé par un ou plusieurs placentas.

Dans les solipèdes on trouve un chorion sans placenta proprement dit. Sa face externe offre seulement des houppes très-délicates de vaisseaux, analogues à celles de la membrane muqueuse de l'intestin dans ses villosités. Sa texture est dans quelques cas tellement ferme et dense qu'on serait tenté de le prendre pour une membrane fibreuse. Il en est de même chez les lapines, chez lesquelles le chorion se détache facilement de l'allantoïde. A ces houppes vasculaires du chorion correspondent des houppes semblables du côté de la matrice, en sorte que la surface de l'utérus et celle de l'œuf adhérent l'une à l'autre par des liens très-lâches entre lesquels on trouve ordinairement une certaine quantité de sérosité.

Les houppes vasculaires du chorion sont plus distinctes les unes des autres dans l'œuf du cochon. Mais c'est surtout dans l'œuf des ruminants qu'on aperçoit bien ces petits placentas connus sous le nom de cotylédons. Dans ces animaux, le chorion se trouve, par conséquent, presque immédiatement en contact avec la face interne de l'utérus dans les points non occupés par les cotylédons.

Les vaissaux du chorion contiennent de la sérosité; mais lorsque les vaisseaux ombilicaux se sont développés dans l'embryon, ils se ramifient en arcades dans son épaisseur, et alors cette membrane renferme aussi des vaisseaux à sang rouge.

Le chorion a la forme de l'embryon qu'il entoure, il est arrondi, allongé à ses deux extrémités. Dans les femelles à matrice double ou garnies de longues cornes, le chorion, entouré de toutes parts par le placenta, ne se présente à nu qu'aux deux extré-

mités. Dans les femelles à matrice simple mais bicor-
nes, tels que les ruminants et les solipèdes, des prolongements particuliers de l'œuf s'étendent ordinairement dans les cornes, et quoique cet allongement
dépende surtout de l'allantoïde, il n'en donne pas
moins au chorion une figure allongée et cornue.

Dans les ruminants et le porc il se sépare avec facilité de l'amnios et de l'allantoïde, écarté qu'il est
d'eux par un liquide visqueux, gélatineux (fausses
eaux de l'amnios). On peut faciliter la dissection en
développant avec de l'air l'amnios et l'allantoïde : la
porosité du chorion en rend l'insufflation impossible
dans la plupart des femelles, excepté les chiennes et
les chattes, où il forme un canevas réticulé plus résistant (Flourens).

3° ALLANTOÏDE.

Allantoïde (*Allantos*, boudin. — *Eidos*, forme).
C'est une poche ainsi nommée par Galien à cause de
sa forme; elle est placée entre le chorion et l'amnios.

Membrane séreuse, dit M. Girard, beaucoup plus
fine que la précédente, continuité de l'ouraque, elle
s'étend sur l'amnios et forme les parois internes du
réservoir qui renferme les urines du petit. Suivant
lui elle serait opposée au chorion avec lequel elle se

trouve intimément réunie au moyen de la gaîne qui
accompagne la portion utérine du cordon ombilical et
se continue de l'une à l'autre de ces deux enveloppes.

M. Girard la considère comme une simple membrane,
et en cela il se trompe ; elle forme une poche close de
toutes parts. Cette erreur a été causée par la difficulté
qu'on éprouve à l'isoler. Carus fait remarquer que
l'allantoïde adhère intimément à l'amnios et au chorion,
dans la jument ; mais que dans les ruminants et la
truie elle s'en détache aisément et qu'on peut l'étudier
séparée.

L'allantoïde dans les ruminants se présente comme
un boyau bifurqué ; son corps est peu étendu relativement à ses bifurcations ou branches, qui allongées
et inégales s'enfoncent l'une dans la corne de la matrice où le petit a ses membres postérieurs, l'autre dans
la corne opposée restée vide. La première serait toujours la plus longue, d'après M. Girard ; mais il m'a
semblé plusieurs fois le contraire.

Chaque branche de l'allantoïde se termine dans le
fond de la corne qu'elle occupe par un pédoncule de
quelques pouces de longueur, au moyen duquel elle
adhère. On croirait qu'en cet endroit le chorion est
perforé. Il n'en est rien ; seulement il est moulé sur
le pédoncule qu'il accompagne jusqu'au bout.

Après avoir détruit les adhérences de l'allantoïde
par des tractions délicates et l'avoir isolée, si on l'in-
suffle, on reconnaît un tissu transparent, d'une finesse

extrême, ressemblant aux séreuses. — Il est dépourvu de vaisseaux. Dugés, cependant, regarde cette opinion comme exagérée ; car, dit-il, bien qu'on n'y découvre pas de vaisseaux, il faut pourtant qu'il se nourrisse et s'accroisse. Les vaisseaux qu'on aperçoit autour de l'ouraque, au lieu de se répandre sur l'allantoïde elle-même, ne tardent pas à la quitter et à pénétrer dans le chorion qui présente au bout de chacune de ces branches de l'allantoïde, chez les ruminants et les porcs, de longs prolongements flexueux, pelotonnés, ayant de la ressemblance avec les cotylédons (membranes sécrétoires de Dzondi).

Comme les anciens l'avaient soupçonné et comme Daubenton surtout l'avait démontré, l'allantoïde a pour usage de recevoir les urines du fœtus qui lui arrivent par un canal qu'on nomme l'ouraque, canal qui suit le trajet du cordon ombilical. Cet usage a été nié par quelques anatomistes ; mais il est démontré aujourd'hui : 1° que l'allantoïde communique avec la vessie par l'ouraque ; 2° que le liquide qu'elle contient dans son intérieur est de l'urine ; aussi Flourens donne à l'allantoïde le nom de vessie externe. M. Lassaigne avait nié la qualité urineuse de ce liquide, par suite d'analyses qu'il avait faites ; mais les recherches chimiques de Dzondi, de Dulong, de Labillardière ont prouvé le contraire.

M. Girard fait remarquer que vers la fin de la gestation le liquide de l'allantoïde de la jument est trouble,

fade , légèrement salé , de couleur fauve ; qu'il contient des filaments blanchâtres, et des corps aplatis ,
mollasses, composés de couches concentriques, et qu'on
nomme hippomanes. Cette remarque semble prouver
que ce liquide est sécrété avec des quantités et des qualités variables aux différents âges du fœtus, et qu'après
avoir perdu une partie de son eau par absorption , il
s'y forme des combinaisons nouvelles, de nouveaux
produits de sécrétion qui s'organisent et constituent
les prétendus hippomanes.

Il est vrai de dire que les hippomanes que l'on
trouve ordinairement dans l'allantoïde des ruminants,
ont été découverts aussi par le professeur Lecoq, dans le
chorion d'un fœtus de cheval parvenu au dixième mois
de la gestation. Ces corps flottants renfermés chacun
dans une enveloppe membraneuse , tenaient au chorion par un pédicule , et en dehors de ce dernier on
apercevait distinctement une ouverture infundibuli-
forme communiquant avec l'enveloppe par laquelle on
pouvait extraire ces concrétions. A cinq ou six millimètres de rayon autour de chaque ouverture , les villosités du placenta semblaient avoir disparu , et à leur
place on trouvait une aréole blanchâtre. Cette découverte a porté M. Lecoq à conjecturer que des hippomanes peuvent se former entre le chorion et le placenta , et pénétrer par la suite dans le sac formé
par cette membrane, de la même manière que certains
corps fibreux pénètrent dans le sac des plèvres. Évi-

demment dans ce sac , les hippomanes ne pouvaient résulter de la concrétion du dépôt urineux. — Pour moi, dans ce cas comme dans l'autre , je ne vois dans ces corps que des sécrétions nouvelles , des dépôts de lymphe plastique qui s'organisent. (*Compte-rendu des travaux de l'Ecole Vétérinaire de Lyon. — 1834-35 , dans le Recueil de Médecine vétérinaire, 1834 — p. 22.*)

4° VÉSICULE OMBILICALE.

On nomme ainsi une petite poche qui , chez les embryons, est située à la naissance du cordon , à son insertion à l'abdomen ; elle est l'analogue de la membrane qui entoure le jaune de l'œuf des oiseaux ; seulement cette dernière ne subit plus de changements après qu'elle a été formée , tandis que la vésicule ombilicale, infiniment petite lorsque le germe sort de l'ovaire , se développe ensuite au point d'acquérir un volume très-appréciable à l'œil nu.

La vésicule ombilicale existe chez tous les mammifères. On la trouve à l'origine du cordon, entre le chorion et l'amnios, et lâchement entourée par une duplicature de cette première membrane. Cette duplicature paraît être produite par les vaisseaux pelviens qui, sortant du nombril , le long de l'ouraque, s'étalent sur le chorion , les uns au-dessus, les autres au-dessous de la vésicule ombilicale. La vésicule ne paraît pas avoir de connexions avec l'allantoïde , au moins dans l'œuf de la chienne.

Carus l'a trouvée dans la jument , vers le milieu de la gestation, fort petite, comme chiffonnée, suivant la direction du cordon ombilical , et tenant au chorion par les deux bouts, à peu près comme le jaune est maintenu par les chalazes. — Dans la vache elle disparaît de très-bonne heure. Oken l'a étudiée sur des embryons de truie ; et Bojanus, à qui on doit de belles observations sur cet organe, a fait une partie de ses recherches sur la brebis. Dans cette femelle, comme dans les autres ruminants , la vésicule ombilicale que l'on a prise quelquefois pour une hydatide, dit M. Girard , est fort allongée, en forme de boyau , étroite , bifide et couchée sur l'allantoïde.

Dans plusieurs carnivores , notamment dans la chienne et la chatte , elle reste très-apparente pendant presque toute la durée de la gestation. Dans le fœtus de la première de ces femelles où nous l'avons plusieurs fois étudiée , elle est remarquable par sa couleur rougeâtre, par les plis qu'elle forme et qui la font ressembler à l'ouïe de la carpe; en l'insufflant elle se déplisse, prend une forme oblongue et acquiert une longueur au moins égale à celle du fœtus , toujours proportionnellement plus grande au début de la portée qu'à la fin.

Sa forme ressemble un peu à celle de la vessie nata-

toire des poissons ; elle est triangulaire dans les cochons , suivant Flourens.

Après deux ou trois mois d'existence dans les grandes femelles , la vésicule ombilicale se convertit en une
membrane vasculaire ; dans les lapins , Carus a trouvé
sur des fœtus assez développés les vaisseaux omphalo-
mésentériques réunis sous la forme d'un cordon à part
des vaisseaux ombilicaux.

Les vaisseaux de la vésicule ombilicale portent le
nom d'omphalo-mésentériques. Ils sont composés d'artères et de veines et forment deux troncs ; l'un , artériel,
communique avec la grande artère mésentérique ; l'autre , considéré comme une veine par M. Girard , se
rend dans la veine porte, à la face inférieure du foie.

Rapports de la vésicule avec l'intestin. Jusqu'à la cinquième semaine , à partir de la conception , la vésicule communique avec l'intestin au moyen d'un petit
canal , et on peut faire refluer dans l'intestin le liquide
qu'elle contient. A dater de cette époque , ce canal devient de plus en plus fin, finit par se rompre , et sa
portion ombilicale se perd dans le cordon. (Velpeau.
— Pour le fœtus humain.)

Il paraît en être de même pour tous les mammifères. Oken et Bojanus ont constaté cette communication dans l'œuf de la brebis. Le canal de communication s'oblitère , la vésicule s'atrophie et disparaît entièrement dès que le placenta est bien développé.

On ne sait pas encore bien avec quelle portion de

l'intestin la communication a lieu. Oken dit que c'est avec le cœcum ; Carus, avec l'intestin grêle , et que chez les oiseaux on voit l'intestin grêle procéder immédiatement de la membrane du jaune qui est l'analogue de la vésicule chez les mammifères. Je me range à l'opinion de Carus ; mes recherches m'ont prouvé que l'artère omphalo - mésentérique part de la branche de la grande mésentérique qui est destinée à l'intestin grêle.

Fonctions de la vésicule. Elle est le premier organe qui élabore et produit le sang, comme le sac vitellin des oiseaux. En effet, elle contient chez les mammifères un liquide jaunâtre, trouble, formant une espèce d'émulsion analogue au jaune d'œuf. Absorbé par les vaisseaux omphalo-mésentériques ramifiés à sa surface, il va servir à la nourriture de l'embryon. — Cette vésicule, qui porte aussi le nom de tunique erythroïde (*erythros*, rouge), est bien la partie essentielle du germe émané de l'ovaire , et sert au développement de l'embryon. Car les embryons les plus petits sont précisément ceux où, toute proportion gardée, elle est la plus grosse.

On ne peut plus croire de nos jours au passage immédiat du sang de la mère dans les vaisseaux du fœtus , depuis que Prévost a démontré que les globules du sang de l'embryon sont doubles de ceux de la mère. Il faut évidemment que le sang se soit formé là de toutes pièces.

5° AMNIOS.

Il est l'enveloppe la plus intérieure du fœtus. Sa cavité est remplie d'eaux plus ou moins limpides, en quantité ordinairement considérable, et dans lesquelles le petit est plongé.

Mince et transparente dans le commencement de la gestation, cette membrane est d'abord séparée de l'allantoïde et du chorion , dans les points où le premier sac ne le couvre pas entièrement (ruminants), et n'adhère au chorion que dans le point qui correspond à l'abdomen du fœtus. Plus tard l'amnios est uni par sa surface externe à l'allantoïde et au chorion, au moyen de filaments que quelques auteurs ont considérés comme vasculaires et qui cèdent à de légères tractions lorsqu'on sépare ces membranes les unes des autres. Vers la fin de la gestation des grandes femelles, ces filaments sont quelquefois infiltrés par la sérosité qui constitue les fausses eaux.

La face interne de l'amnios est en contact immédiat avec les eaux au milieu desquelles flotte le fœtus; à une époque avancée de la gestation, elle est souvent tapissée de granulations blanchâtres plus ou moins écartées les unes des autres, qui ressemblent à des grains de millet. Dans la vache et la brebis ce sont des concrétions d'une teinte un peu jaune, demi-transparentes, fermes, adhérentes ; on en trouve aussi sur les points du cordon sur lesquels se réfléchit l'amnios. Dugès dit qu'il ignore la cause et la nature de ces taches. M. Lecoq les considère comme des productions de nature épidermique : car, dit-il, elles répandent, quand on les brûle, l'odeur de l'épiderme et de la corne ; d'où il conclut que l'amnios est l'analogue de l'épiderme. Mais cette odeur de corne brûlée est l'odeur de tous les tissus animaux, et n'est guère concluante. Je pense qne ces taches ne sont que des produits nouveaux de sécrétion comme les prétendus hippomanes.

La disposition de l'amnios est la même chez tous les animaux ; elle forme un sac toujours moins grand que le chorion, et ayant plus particulièrement encore que lui la forme de l'œuf ; mais sa nature est encore peu connue.

Cependant elle contient des vaisseaux ; cela est évident chez les animaux. Dans la vache, à deux ou trois mois de gestation, on voit de gros vaisseaux sanguins, artériels et veineux qui partent de la base du cordon, et qui s'y ramifient en grand nombre (Dugès). Dans l'amnios de la jument les vaisseaux sont flexueux, entourés d'une gelée épaisse. On conçoit, d'après cette disposition des vaisseaux comment de l'eau injectée par les artères utérines (Chaussier), ou par les vaisseaux du cordon ombilical (Monro — Wrisberg), peut transuder à la surface de l'amnios.

Quant à la question de son origine, elle est assez obscure. — Elle n'apparaît qu'avec l'embryon ; les vaisseaux qu'elle reçoit viennent du fœtus, ce qui fait croire qu'elle doit sa naissance à l'embryon lui-même ; mais les théories de sa formation ne sont pas satisfaisantes encore.

Sa nature comme tissu est peu connue. Velpeau la fait dériver de l'épiderme et la considère comme de nature épidermique ; plusieurs autres anatomistes soutiennent cette opinion. Cependant l'amnios est vasculaire, l'épiderme est inorganique ; de plus l'amnios s'arrête à l'ombilic à l'endroit où la peau commence, et là la limite est bien tranchée comme on le voit dans l'agneau. Est-ce une séreuse, comme le pense Breschet? Cela n'est pas plus probable ; l'amnios n'envoie pas de feuillet qui recouvre le fœtus à la manière des séreuses. Les auteurs qui ont cru avoir trouvé un pareil feuillet, ont été trompés par une desquamation de l'épiderme.

Eaux de l'Amnios. C'est un liquide albumineux, onctueux qui entoure le fœtus. Sa quantité diminue à mesure que la gestation avance. D'abord limpide cette eau devient ensuite trouble, jaunâtre, visqueuse, légèrement alcaline ; son odeur est fade et analogue à celle de la viande fraîche ; sa saveur est salée et semblable à celle du petit lait. Celles de la vache fournissent à l'analyse chimique de l'eau, de l'albumine, du mucus, des chlorures de sodium et de potassium, du phosphate de chaux , et une matière jaune analogue à celle de la bile. M. Lassaigne, qui a fait connaître le résultat de cette analyse dans la vache , attribue à la précipitation d'une portion du mucus et de la matière jaune contenue dans les eaux , la formation de l'enduit muqueux qui recouvre le corps du fœtus à l'époque du part.

Thenard fait remarquer que les différentes analyses qui ont été faites de ces eaux ont donné de trop grandes différences pour qu'on puisse établir rien de définitif sur leur nature. Dulong , Labillardière , Lassaigne , y ont trouvé chez la vache quelques-uns des principes de la bile du même animal ; Prout, du sucre de lait ; Fronsberg et Gubert, du caséum et de l'urée, dans la femme.

Quel est l'organe sécréteur des eaux de l'amnios? Il y a sur ce point beaucoup d'incertitudes. Le plus grand nombre des auteurs, cependant , s'accorde à les considérer comme sécrétées par la mère. Meckel pense que dans les premiers temps de la grossesse elles proviennent principalement de la mère , mais qu'à la fin elles sont aussi en partie fournies par le fœtus. Ce qui vient à l'appui de ce dernier point, c'est qu'on retrouve dans ces eaux les fèces du petit poulain ou du veau.

Les usages de ces eaux sont très-variés : 1° Ils entretiennent l'isolement des parties extérieures du fœtus avant que la peau ne soit recouverte de l'enduit sébacé qui l'invisque; 2° ils servent à favoriser les mouvements actifs du fœtus et son développement qui aurait été gêné par la pression que , sans ce milieu , les parois de la matrice auraient exercée sur lui; 3° à garantir le fœtus des chocs extérieurs, et à lui donner la facilité d'obéir aux lois de la pesanteur.

4° Peut-être aussi ont-elles pour usage , comme beaucoup d'anatomistes l'ont pensé, de servir à la nutrition du fœtus pendant les premiers temps de la vie. Il est certain que ces eaux pénètrent dans l'estomac ; lorsqu'on a fait geler des fœtus renfermés dans leurs membranes , on a trouvé l'eau de l'amnios gelée et pénétrant dans la bouche du fœtus. Un vétérinaire a trouvé dans l'estomac de fœtus des portions de cette substance molle qui se trouve au bout du sabot des petits poulains ou veaux. D'un autre côté on a trouvé des fœtus très-bien développés dont la bouche était oblitérée ; mais de ce que le fœtus peut se développer sans ces eaux , il ne s'ensuit pas que dans les circonstances ordinaires , elles ne sont pas avalées et digérées.

5° Pendant la parturition , les eaux de l'amnios servent à protéger le fœtus contre la violence des contractions utérines, qui sans cet intermédiaire, auraient certainement compromis son existence.—Leur engagement à travers le col rend sa dilatation plus douce et plus facile ; enfin leur écoulement lubrifie le vagin et facilite ainsi le glissement du fœtus.

Art. II.

Organes de Connexion.

Les organes comprennent le placenta et le cordon. Il est des accoucheurs qui mettent la vésicule ombilicale avec l'arrière-faix et en traitent ensemble. J'ai pensé qu'il était plus convenable d'en traiter avec les membranes ; car on ne peut la considérer comme un organe de connexion.

Placenta. — Arrière-Faix. — Délivre.

On nomme ainsi une masse molle, spongieuse, vasculaire, accolée d'une part au chorion et de l'autre à la matrice, et qui communique avec le fœtus par le cordon ombilical.

Sa forme comme son épaisseur et sa structure varient dans les diverses classes de femelles ; aussi distingue-t-on deux ordres de placentas : 1° *placentas, appelés uniques* par Flourens. La communication vasculaire entre la mère et le petit y est évidente ; spongieux, arrondis ou ovalaires comme dans la femme et les lapins,

ou bien annulaires et entourant l'œuf en ceinture,
comme dans la chienne et la chatte : 2° *placentas
multiples*, les uns sont disposés à la surface du chorion
où ils forment une couche mince de houppes ou de
flocons formés de vaisseaux entrelacés; les autres sont
rassemblés en masses moins nombreuses, mais plus
considérables et en forme de champignons; tels sont
les placentas des ruminants; dans cet ordre de placentas il n'y a pas de communication entre les vaisseaux
de l'utérus et ceux du petit.

Je décrirai successivement les diverses espèces de
placentas, en commençant par le deuxième ordre. Dans
tous les mammifères, du reste, distinguons, à l'exemple
de Flourens, deux sortes de placentas, l'un fœtal, l'autre
utérin ; ce dernier subsiste dans les ruminants hors le
temps de la gestation ; dans la jument, le porc, il ne
se développe que sous l'influence de la fécondation.

1° PLACENTA DE LA JUMENT.

Il n'existe pas à proprement parler ; des vaisseaux
très-nombreux et ramifiés, un grand nombre couvrent
la surface externe du chorion auquel ils sont unis par
un tissu filamenteux abondant. Par sa surface externe
cette couche vasculaire est en rapport avec la matrice,
offrant seulement des houppes très-délicates de vais-

seaux analogues à ceux de la membrane villeuse de l'intestin. A ces lacis vasculaires du chorion correspondent d'autres semblables du côté de la matrice ; en sorte que la surface utérine et celle de l'œuf tiennent l'une à l'autre par des liens très-lâches entre lesquels on trouve ordinairement une certaine quantité d'un liquide blanchâtre.

Ces houppes vasculaires de l'utérus constituent ce que Flourens appelle le placenta utérin ; elles partent de mamelons sphériques qui appartiennent à la surface utérine, plus gros et plus nombreux dans les parties où le réseau placentaire offre le plus de force et d'épaisseur. Ces mamelons sont rares et petits vers les extrémités des cornes, surtout à l'extrémité de celle qui ne contient pas les membres du petit sujet. Ces remarques viennent à l'appui de l'opinion de Flourens qui pense que ce qu'il appelle le placenta utérin ne se développe, en général, qu'à l'époque de la fécondation pour permettre à l'œuf de se greffer, et que c'est en quelque sorte un organe de la mère qui va au-devant d'un organe du fœtus.

Le tissu du placenta est rouge, facile à déchirer et toujours pénétré d'une certaine quantité de sang ; il ne présente dans sa composition que des vaisseaux sanguins, soutenus et combinés par un tissu lamineux, cellulaire. Les injections fines mettent en évidence la stracture intime du placenta ; chacune de ces villosités qui constituent le placenta se compose d'une artériole et de deux veines ; plusieurs se réunissent pour former des houppes ; on n'a encore démontré ni nerfs, ni vaisseaux lymphatiques.

Le placenta manque dans les premiers temps de la grossesse. La membrane caduque ou épichorion le remplace ; quelque temps après, on voit des vaisseaux traverser ce tissu de nouvelle formation, et à mesure que le réseau placentaire prend du développement, la caduque est absorbée successivement. A l'époque du part le placenta contracte une rigidité remarquable ; les vaisseaux paraissent s'oblitérer et se changer en un tissu filamenteux. A cette époque aussi la face externe du chorion prend un aspect rugueux, comme une peau de chagrin.

PLACENTA DES RUMINANTS.

Les villosités placentaires se réunissent ici pour former ces corps sphéroïdes aplatis, appelés cotylédons ; en sorte que le placenta de ces femelles est divisé en une multitude de ces productions isolées qui constituent pour ainsi dire autant de placentas distincts.

Ces cotylédons du fœtus vont s'unir à de pareils cotylédons de l'utérus qu'ils embrassent dans la vache et par lesquels ils sont embrassés dans la brebis ; en sorte que les cotylédons utérins sont creux dans le premier cas, et pleins dans le deuxième.

Si l'on sépare avec ménagement ces deux portions les unes des autres, il s'en écoule, comme dans la jument, un liquide lactescent. Mais c'est du sang qui sort lorsqu'on déchire le pédicule du cotylédon.

Chaque cotylédon fœtal est rouge, constitué par les artères et les veines du chorion. Il ne communique pas par des anastomoses vasculaires avec ceux de la matrice ; il n'y a que contact, et même dans beaucoup de points le contact n'est que médiat ; car la matière lactescente dont je viens de parler, sort aussi des conduits dont le cotylédon maternel est percillé. On comprend que Harvey, Breschet, Flourens n'aient pu faire passer le liquide des injections d'un cotylédon fœtal dans celui qui lui correspond du côté de la matrice ; on a observé du reste que les vaisseaux ne sont pas plus volumineux ni plus séparés dans les houppes cotylédonnaires que les placentas spongieux de nos autres femelles.

D'après les résultats des injections précédentes il est évident que la mère ne fait pas passer en nature son sang au petit ; et ce qui le prouve encore c'est l'observation microscopique de Prévot, qui a trouvé que les globules du sang du petit sont deux fois plus gros que ceux de la mère, et n'ont pas la même forme. Mais s'il n'y a pas transfusion du sang maternel dans le petit, sans doute les éléments lui en sont fournis par l'absorption.

PLACENTA DE LA TRUIE.

Plus simple que les deux précédents, il eût été convenable, au point de vue de l'anatomie comparée, de commencer par lui la description des placentas; il ressemble pour la forme à celui de la chienne et pour la structure à celui de la jument.

Chaque fœtus a ses membranes propres, et représente une masse allongée, renflée dans le centre et dont les extrémités prolongées ou appendices formés seulement par le chorion se terminent par une pointe mousse arrondie. Chacune de ces extrémités choriales de l'œuf correspond à l'œuf qui précède et à celui qui suit, elle est refoulée sur elle-même et comme engaînée dans l'extrémité choriale des œufs qui l'avoisinent. Des tractions ménagées séparent cependant les uns des autres tous ces œufs qui, au premier aspect semblent enveloppés dans le même chorion.

Le placenta de la truie, comme dans la jument, enveloppe l'œuf partout, excepté à ses extrémités où le chorion est à découvert. Il est vasculaire et membraneux comme celui de la femme; il est formé par les terminaisons radicales des vaisseaux ombilicaux qui percent le chorion et s'étalent à sa surface, sous forme de villosités , dans les premiers temps de la gestation, puis se réunissent en un très-grand nombre de petits disques blanchâtres qui deviennent bien apparents à la fin de la gestation. Ce sont comme on voit des variétés des placentas multiples.

A ces placentas fœtaux correspondent les placentas utérins sous forme de petites facettes.

2° PLACENTAS UNIQUES.

1° *Lapins.*

Il a la forme d'un chapeau de champignon bilobé ; on y remarque des cotylédons analogues à ceux des ruminants. — Il ressemble à celui de la femme ; forme une masse vasculo-spongieuse en relief à la surface du chorion , lisse du coté fœtal est rugueux par sa face utérine. Les vaisseaux utéro-placentaires sont très-gros et fournissent beaucoup de sang par leur rupture. La surface interne de l'utérus présente aussi un double tubercule pour former le placenta utérin.

2° *Placentas des Carnassiers.*

Chiens et chats. Il forme une ceinture charnue

qui sépare la surface du chorion en deux moitiés latérales ou segments d'ovoïdes.

Epais et rouge dans les premiers temps de la gestation, et plus tard, d'une teinte brune noirâtre, il
est constitué par les terminaisons des vaisseaux ombilicaux qui dans le principe forment une couche de
villosités choriales.

Le placenta utérin se fait remarquer par une zone
vasculeuse, à larges flocons, adhérente à l'utérus, et
par une teinte verte foncée de ses bords, le long desquels on trouve un liquide dont la quantité est d'autant plus considérable que l'œuf se rapproche davantage des premiers temps de sa formation. Ce liquide,
d'un brun foncé dans le jeune embryon, est dans le
fœtus à terme d'un vert foncé tout-à-fait semblable à
la bile, mais sans saveur et inaltérable par les acides.

Carus ne peut s'empêcher de voir en cela l'effet
d'une abondante élimination de carbone, et par conséquent le résultat d'une véritable respiration du
placenta.

En somme, chaque espèce d'animaux domestiques
a donc, dit Flourens, un caractère particulier dans
son œuf ; cette diversité d'organisation, de forme,
de position dans les membranes et le placenta, est une
des sources primitives de la constitution différente
des animaux.

Du Cordon Ombilical.

C'est le moyen de communication établi entre le fœtus et le placenta, pendant toute la durée de la gestation. Il n'existe pas dans les premiers temps de la vie embryonnaire. Quand il commence à se former, il apparaît sous la forme d'un anneau blanchâtre, d'un tubercule un peu étranglé à sa base.

Il n'est pas tordu dans les premiers temps, il ne le devient que plus tard, et on attribue ce phénomène à l'allongement plus rapide des artères que des veines ; les premières, plus longues, s'enroulent autour des deuxièmes et quelquefois même deviennent variqueuses.

Il est gros et court au début de la gestation dans la jument et la vache, tandis que vers la fin il égale au moins en longueur la taille du jeune animal. Brugnone lui donne 1 mètre de longueur, et 9 centimètres d'épaisseur, dans la jument.

A deux mois de gestation, il a à peine 2 ou 3 centimètres dans la brebis ; — et à la naissance, dans les carnivores, 5 ou 6 centimètres.

Dans les premiers temps de la vie fœtale, on sait que le cordon renferme une partie des intestins, et que plus tard ils remontent dans l'abdomen, à mesure que cette cavité se forme. Mais il arrive très-rarement que cette hernie des viscères existe encore à la naissance, ou se montre peu après.

Le cordon est formé par l'assemblage de deux ar_tères, d'une à deux veines et du conduit appelé ouraque, qui a, comme on sait, son point de départ à la vessie. Le canal Vitellin, qui aboutit à la vésicule ombilicale, et ses vaisseaux font aussi partie du cordon pendant une partie de la grossesse. Toutes ces parties sont entourées d'un fluide visqueux incolore ou jaunâtre, plus ou moins abondant et infiltré dans les mailles d'un tissu cellulaire. Une gaîne blanchâtre, bien distincte de la peau dont elle doit se séparer après la naissance, entoure toutes les parties et leur adhère fortement.

La composition de cette gaîne a fourni matière à discussion. D'après Cuvier elle est constituée par l'amnios seulement et du tissu cellulaire, et le chorion y resterait étranger. L'amnios se continuerait avec l'épiderme et le derme du fœtus; au-dessous de lui il y aurait trois couches celluleuses qui correspondraient avec le tissu cellulaire sous-cutané; les muscles abdominaux et le péritoine.

Flourens admet aussi cinq couches dans le cordon pour correspondre aux cinq couches de l'abdomen du fœtus. Comme Cuvier, il pense que l'amnios représente deux couches, l'épiderme et le derme; mais contrairement à son opinion, il croit que le chorion se prolonge sur le cordon au-dessous de l'amnios; que cette portion ombilicale du chorion se divise aussi en deux couches qui se continuent, l'externe avec le tissu cellulaire sous-cutané, l'interne avec l'aponévrose des muscles abdominaux; enfin, au-dessous, il trouve une cinquième couche celluleuse qui se continue avec le péritoine.

Dugès regarde ces divisions en couche comme hypothétiques. La différence des résultats obtenus doit laisser de la défiance contre la certitude de ces observations si difficiles, où le scalpel crée quelquefois ce qu'il devrait seulement isoler.

1° VEINES DU CORDON. Elles naissent du placenta par deux ou trois branches, dont chacune a le diamètre des deux artéres; ces branches se réunissent en traversant le chorion pour franchir l'anneau ombilical. Dans l'abdomen, cette veine se contourne en avant, passe sur le prolongement du sternum, se courbe de nouveau pour aller se loger dans la scissure triangulaire du lobe moyen du foie. — Là elle se divise en trois branches, l'une se ramifie dans le parenchyme de l'organe; une autre, courte, s'anastomose avec la veine porte, qu'elle surpasse en grosseur; la troisième, sous le nom de canal veineux, remonte vers le diaphragme et s'ouvre dans la veine cave postérieure.

2° ARTÈRES OMBILICALES. Au nombre de deux, elles émanent communément des artères bulbeuses; elles se dirigent en avant, sur les côtés de la vessie, soutenues par un repli du péritoine, s'accolent à l'ouraque, franchissent l'anneau avec les veines et les autres éléments du cordon, arrivent à la face fœtale du placenta et communiquent pour la première fois entre elles par une large branche. Bientôt elles se divisent en ramifications de plus en plus fines, qui vont contribuer par leurs anastomoses multipliées à la formation des coty lédons placentaires.

3° VAISSEAUX OMPHALO - MÉSENTÉRIQUES. Vers les premiers temps de la vie intra-utérine, dans quelques espèces, pendant toute la gestation et jusqu'à la naissance dans d'autres espèces, le cordon contient, outre les précédents, les deux petits vaisseaux omphalo-mésentériques. L'artère part, comme je l'ai dit, de la branche de la grande mésentérique qui va à l'intestin grêle ; la veine se rend dans la veine porte.

Ces deux petits vaisseaux, logés entre les circonvolutions intestinales et séparés par la portion du colon, se réunissent à l'ombilic qu'ils traversent en s'enfonçant dans l'épaisseur du cordon pour se ramifier sur la vésicule ombilicale.

4° OURAQUE. C'est un canal qui part du sommet de la vessie, sort par l'ombilic, s'accole aux vaisseaux, et s'ouvre dans l'allantoïde où il verse l'urine qui est déposée dans la vessie du petit.

En récapitulant les différentes parties qui entrent dans la composition de l'œuf au terme de la gestation, on trouve de dehors en dedans : le placenta, le chorion, l'allantoïde, l'amnios et le cordon ombilical. Toutes ces parties prises collectivement composent le délivre ou arrière-faix, ou secondines.

CHAPITRE VI.

DU FŒTUS.

Après avoir étudié les enveloppes du fœtus, étudions le fœtus lui-même , sous le point de vue 1° de son développement pendant la vie intra-utérine ; 2° de ses fonctions ; 3° de la position ou attitude qu'il affecte dans la matrice.

§. I.

Développement du Fœtus.

Les vétérinaires sont d'une date encore trop récente pour qu'ils aient pu se livrer à toutes les recherches que comporterait ce sujet ; nous n'avons guère que les

10

travaux entrepris par les auteurs d'anatomie comparée, Nous ne pouvons donner qu'un tableau général des différentes périodes de la vie fœtale, attendu que cette partie de l'existence des animaux a une durée très-variable dans chaque espèce, et par conséquent qu'il faudrait faire l'histoire de chacune d'elles pour préciser rigoureusement les époques où ces changements ont lieu.

Le germe du nouvel être est sous la forme d'un petit œuf, d'un ovule qui porte le nom de Baër, anatomiste qui l'a découvert ; cet ovule est formé d'une membrane analogue à celle du jaune des oiseaux (ou vitellus) ; cette membrane, adossée au cordon, est la vésicule ombilicale des mammifères.

Dès le moment où on commence à apercevoir l'embryon dans la matrice des mammifères, et notamment sur la chienne qui a principalement servi de sujet d'expériences, au huitième jour de la fécondation, Prévost et Dumas ont constaté qu'une tache apparaissait sur l'ovule qui est encore sans adhérence et qui présente alors une forme elliptique. Cette tache a été comparée à la cicatricule de l'œuf des oiseaux.

Quelques jours après l'ovule devient adhérent, il est allongé et ses deux extrémités sont mousses, arrondies; sa surface est cotonneuse. Le chorion a une surface villeuse, comme cotonneuse, et nul doute qu'il n'absorbe dans l'utérus des principes nutritifs aussi activement que le vitellus des oiseaux absorbe l'albumine de l'œuf.

Bientôt une ligne un peu renflée s'y fait voir ; c'est le rudiment de la moelle épinière; puis l'embryon prend la forme d'un ver, il est presque droit; son tronc est séparé par une intersection ; il est adhérent par un de ses points aux membranes.

Plus tard l'embryon se courbe et prend une forme ovoïde, sa tête a le volume du tronc , son coccyx est saillant; la queue se dessine ainsi que les membres ; le cordon ombilical court contient l'intestin.

Quelque temps après, les yeux et les paupières sont visibles , les articulations se dessinent , l'intestin rentre dans l'abdomen, la bouche s'ouvre ; du méconium se forme dans l'estomac , et le cordon se contourne en spirale.

Ensuite les sexes deviennent distincts ; le système musculaire se crée , et les muscles sont contractiles ; le méconium parvient dans l'intestin grêle ; les oreillettes du cœur sont plus grandes que les ventricules. — Le cerveau devient lamelleux.

Les ongles et la corne prennent ensuite de la consistance , le sternum offre des points osseux , les os offrent quelque consistance , des poils se montrent; les gros intestins se bossellent, les deux substances du cerveau commencent à devenir distinctes , les oreillettes du cœur deviennent moins volumineuses que les ventricules; les viscères deviennent distincts.

Le système nerveux est d'abord enfermé dans le canal vertébral incomplet en arrière , mais qui se ferme bientôt en commençant d'arrière en avant, au contraire de ce qui se passe chez l'homme. Puis les divers renflements et les diverses parties des centres nerveux se forment.

Le système circulatoire consiste d'abord en quelques conduits qui se développent dans l'épaisseur de la vésicule ombilicale. Ils se réunissent et forment l'origine de la veine omphalo-mésentérique, qui se réunit plus tard à la veine porte. Cette veine omphalo-mésentérique est le tronc principal du corps. Sa partie supérieure se renfle de manière à former une espèce de demi-anneau qui est animé de mouvements saccadés (*punctum saliens* des physiologistes. — Un point qui bat). Une deuxième cavité s'ajoute, et le cœur se trouve ainsi composé de deux cavités, une oreillette et un ventricule. A côté de ce premier ventricule qui est le gauche, il en paraît un deuxième qui s'agrandit progressivement. A mesure que le ventricule droit s'ajoute au gauche, l'artère pulmonaire qui d'abord n'était qu'une bifurcation de l'aorte, s'en sépare à sa base et l'oreillette unique se divise en deux compartiments par une cloison incomplète percée par le trou de Botal ; enfin se développent les valvules et les colonnes charnues.

§. II.

Fonctions du Foetus.

Parmi les fonctions qui s'exécutent dans le fœtus, il en est un certain nombre qui ne diffèrent en rien de celles de l'adulte, et d'autres qui n'offrent rien de bien spécial ; telles sont les sensations du toucher, les mouvements antomatiques, les exhalations, les sécrétions interstitielles. Il est d'autres fonctions dont le but et le mécanisme sont restés inconnus, comme celles du thymus, des glandes thyroïdes, des capsules surrénales ; d'autres, enfin, qui présentent des différences notables dans le fœtus et dans l'animal adulte, la nutrition, la circulation, la respiration.

1° ALIMENTATION DU FOETUS.

Alors qu'il n'est encore qu'à l'état d'embryon, il se nourrit, comme l'embryon des oiseaux, de la matière contenue dans la vésicule ombilicale, puis de l'espèce de sérosité sécrétée par la muqueuse utérine contenue dans la membrane caduque et absorbée par les villosités du chorion.

Lorsque le placenta et le cordon ombilical sont formés, un nouveau mode d'alimentation a lieu. Le fœtus absorbe directement le sang de la mère, qui y est versé comme dans les carnivores, ou bien une humeur lactescente, exhalée par l'utérus, telle qu'on la trouve à la surface de la caduque, et dans l'épaisseur des cotylédons utérins, chez les solipèdes, les ruminants.

Le liquide de l'amnios est une troisième source d'alimentation. Nous avons vu plus haut qu'il pénètre dans le corps par une véritable déglutition ; quelques auteurs ont pensé, avec peu d'apparence de raison, qu'il y en avait d'absorbé par les pores de la peau, car à cette époque la peau est couverte d'un enduit sébacé épais.

Cette troisième source d'alimentation n'est pas sans doute la plus active, puisqu'on a vu des fœtus arriver à terme, forts et bien portants, avec la bouche imperforée ou fermée par une membrane, et qui, par conséquent, n'avaient rien pu avaler.

2° RESPIRATION. — HÉMATOSE.

L'hématose, c'est-à-dire la transformation du sang noir en sang rouge, se fait dans le placenta du fœtus ;

le placenta est l'organe de la respiration du fœtus ;
c'est son véritable poumon.

Par quel mécanisme s'opère l'hématose ? Les auteurs admettent que l'oxygène du sang artériel de la
mère est absorbé par les radicules des veines ombilicales , et qu'il se fait là un travail identique à celui qui
se passe dans le poumon. — Cette explication ne peut
évidemment convenir qu'à l'époque où le placenta est
formé. — Aussi a-t-on cherché à trouver dans l'embryon des organes analogues aux branchies qui aient
la propriété d'absorber l'oxygène contenu dans l'eau
de l'amnios. Malheureusement on n'a jamais pu trouver des branchies dans l'embryon, et l'eau de l'amnios
ne contient point d'oxygène.

Mais s'il n'existe aucun organe qui puisse opérer l'hématose chez l'embryon très-jeune , on n'en comprend
pas moins la production du sang qui a lieu par des
réactions chimiques particulières , et dont nous avons
tous les jours des exemples sous les yeux dans l'organisation des fausses membranes au milieu desquelles
du sang se forme de toutes pièces, et se crée des vaisseaux sans l'intervention de l'oxygène.

3° SÉCRÉTIONS.

La composition identique du sang ne peut être maintenue, on le sait , que par l'exercice des différents

organes sécréteurs qui séparent chacun un certain nombre de principes qui ne doivent pas se trouver normalement dans le sang. Le fœtus qui ne peut se débarrasser par la respiration d'une partie de son hydrogène et de son acide carbonique, a besoin d'avoir certaines sécrétions plus actives. Aussi la sécrétion biliaire est-elle chez lui assez abondante ; de là le méconium qui remplit son intestin. On sait que le foie est un organe en quelque sorte supplémentaire du poumon, au point de vue de l'expulsion des matières grasses (hydrogène et carbone). — Du reste la bile se retrouve aussi dans la bordure du placenta des carnivores. — Les urines sont sécrétées et remplissent la vessie et l'allantoïde. — Enfin, la transpiration cutanée se verse dans l'amnios.

Foie.

Le méconium est un produit de sécrétion que l'on considère comme un mélange de mucus et de bile. Sa couleur et sa consistance l'indiquent assez, et la chimie y a découvert une matière verte, soluble dans l'alcool, et toute semblable à la résine de la bile qui, comme elle, colore l'eau en jaune. Les alcalis lui enlèvent également une matière d'un jaune brun (Payen).

Le méconium existe chez les monstres sans bouche, et ne manque que quand le foie est lui-même absent (Tiedeman). Le foie est un organe proportionnellement très-volumineux dans les mammifères; tout le sang apporté du placenta par la veine ou les veines ombilicales se répand dans le foie avec le sang de la veine porte avec laquelle elles se confondent. Ce sang rentre ensuite dans la veine cave par les veines hépatiques. Si le produit de la sécrétion du foie n'est pas, dans les premiers temps, tout-à-fait semblable à de la bile, s'il est moins consistant et moins coloré, c'est une preuve de plus que le foie agit surtout, comme débarrassant le sang de matières qui y sont en excès, et qu'il n'agit pas comme sécrétant un liquide nécessaire à la digestion. Ce n'est que quand la naissance approche qu'il prélude à la sécrétion qui deviendra nécessaire pour la digestion.

Reins.

Le produit de leur sécrétion, l'urine, est destiné à priver le sang de l'excès d'azote qu'il contient. Le caractère chimique principal de ce liquide est l'urée, qui n'est autre chose que du carbonate d'ammoniaque uni à 2 parties d'eau. L'urine du fœtus va se loger dans la vessie et dans l'allantoïde ; mais dans les derniers temps de la vie intra-utérine, dans les animaux où ce sac membraneux disparaît, elle est versée dans l'amnios même. Ce mélange de l'urine et de l'eau de l'amnios, qui a lieu aux derniers temps de la vie fœtale, a porté des physiologistes à douter que cette eau pût servir à la nutrition du fœtus, ainsi qu'on le pense généralement.

Circulation du Fœtus.

La circulation pulmonaire, par les artères et les veines de ce nom, n'existe pas dans le fœtus; mais elle est remplacée par la circulation placentaire, qui s'exécute au moyen du cordon ombilical, et cesse, par conséquent, à l'époque où le part a lieu.

La veine ombilicale, remplie du sang apporté dans le placenta par les artères ombilicales, de la petite quantité du sang de la mère qui a été absorbé, et peut-être, comme le dit M. Girard, des liquides exhalés par la matrice, marche en spirale le long du cordon jusqu'à l'ombilic, pénètre dans l'abdomen, remonte au-dessous du péritoine jusqu'à la scissure du foie, et là ce sang est versé dans la veine cave postérieure par trois voies différentes déjà indiquées, et se mêle avec le sang de cette veine et celui de la veine porte.

La veine cave postérieure conduit le sang en grande partie dans l'oreillette gauche : car, d'une part, la première cloison (valvule d'Eustache dans l'homme) l'empêche de le verser dans la droite, et, d'autre part, l'ouverture ovale du septum auriculaire (trou de Botal) fait qu'il pénètre directement dans l'oreillette gauche. De cette dernière il passe dans le ventricule correspondant, et de là dans le tronc primitif de l'aorte. La plus

grande partie de ce sang passe dans l'aorte antérieure,
attendu que l'aorte postérieure se trouve remplie par
le sang qui vient du tronc pulmonaire et qui a passé par
le canal artériel. Ce sang de l'aorte antérieure va par
les axillaires aux parties antérieures du fœtus, la tête et
les membres de devant.

Altéré après avoir servi à la nutrition de ces parties, le sang redescend par les veines jugulaires et sous-
axillaires jusque dans la veine cave antérieure qui le
jette dans l'oreillette droite, après quoi il passe dans le
ventricule droit et de là dans l'artère pulmonaire qui
ne fournit aux poumons que deux petites colonnes de
sang; les poumons sont alors sans action. La majeure
partie de ce sang enfile le canal artériel, vaisseau qui
fait communiquer l'artère pulmonaire avec la fin de la
crosse de l'aorte, et passe ainsi dans l'aorte postérieure
qui le distribue à la poitrine, à l'abdomen, au bassin et
aux membres postérieurs ; après quoi ce sang revient
au cœur par les veines caves postérieures. De la
bulbeuse, première branche du tronc pelvien, une
partie de ce sang passe par les artères ombilicales dans
le placenta, où il éprouve l'élaboration qui constitue
l'hématose, puis passe dans les veines ombilicales,
d'où il recommence à parcourir le cercle que nous lui
avons vu suivre.

Ainsi : 1° Le sang qui revient au placenta n'est pas
complètement veineux et formé exclusivement du sang
qui a nourri les parties antérieures du corps. Il est mé-

langé aussi de sang artériel ; en effet, le sang est porté au placenta par les artères ombilicales qui viennent du tronc pelvien. Or, l'aorte postérieure, outre le sang qu'elle reçoit du ventricule droit par le canal artériel, reçoit aussi, comme je l'ai dit plus haut, une partie de celui du ventricule gauche qui a suivi l'aorte et passé de l'aorte antérieure dans la postérieure.

2° Le sang qui revient du placenta, quoique hématosé, c'est-à-dire devenu rouge, a besoin de subir un complément, une nouvelle transformation. Aussi passe-t-il par le foie qui le débarrasse de l'excès de carbone et d'hydrogène ; le placenta et le foie remplissent donc à cette époque de la vie les deux fonctions que le poumon exécutera plus tard à la fois.

3° Les parties postérieures du corps du fœtus reçoivent un sang en grande partie veineux, mêlé cependant d'un peu de sang artériel.

4° Les parties antérieures reçoivent exclusivement le sang hématosé, rouge, artériel, qui revient du placenta. Cette circonstance explique le développement remarquable que les parties antérieures du corps et en particulier la tête prennent par rapport au reste de l'économie. Cette disposition était nécessaire à cause de l'activité plus grande que le système nerveux développe à cette époque de la vie où il a à présider à des fonctions si actives elles-mêmes. Elle explique pourquoi les maladies du cerveau et de la moelle épinière sont si communes alors, avant et immédiatemant après la naissance.

A mesure que le fœtus approche du moment de la naissance, le canal artériel et le canal veineux se rétrécissent, ainsi que les artères ombilicales, jusqu'à ce qu'enfin, devenus inutiles, ils disparaissent complètement.

§ III.

Situation du Fœtus dans la Matrice.

Plongé dans l'eau de l'amnios dont la quantité relative est alors fort considérable, le fœtus, dans les premiers temps de la vie utérine, prend une position qu'il conserve jusqu'au moment du part.

La tête, remarquable par son volume, se porte du côté de l'ouverture vaginale de l'utérus et les membres postérieurs s'écartent en arrière et en haut.

Suivant Brugnone, si l'on ouvre longitudinalement la matrice d'une jument, au neuvième ou dixième mois de la gestation, on verra le fœtus la tête dirigée, comme je viens de le dire, et plié de manière que sa mâchoire postérieure touche sa gorge et sa bouche sa poitrine. Il forme un arc de cercle; sa nuque est en rapport avec l'os sacrum de la mère et son échine contournée se trouve vers la partie inférieure de l'ab domen, à droite ou à gauche. Ses extrémités antérieures sont tellement repliées que les genoux dépassent la moitié de la tête ; les canons et les paturons sont recourbés en arrière en sorte que les sabots se trouvent sur la ligne de l'ombilic.

Les extrémités postérieures sont repliées sous le ventre ; souvent elles sont rassemblées jusqu'à la dernière côte avec les extrémités antérieures.

La croupe et les hanches sont situées au fond de la matrice, dans le voisinage de l'estomac ; quelquefois les extrémités postérieures pliées et les jarrets s'avançant avec la pointe des fesses vers la corne droite ou gauche de la matrice.

Telle est, suivant Brugnone, la situation naturelle aux approches du part. Toute autre position est anormale.

Il n'est pas rare cependant de trouver les membres postérieurs légèrement fléchis, s'étendant dans une des cornes de la matrice.

Dans les femelles qui font plusieurs petits, la situation de chacun d'eux est à peu près celle que nous venons d'indiquer pour le poulain. Les fœtus sont distribués dans les deux cornes l'un à la suite de l'autre, ayant généralement la tête tournée en arrière, du côté du corps de la matrice à l'époque du part, et quelquefois du côté opposé, vers l'orifice utérin, avant les derniers mois de la gestation.

CHAPITRE VII.

PATHOLOGIE DE LA GROSSESSE.

A l'exemple des accoucheurs , nous parcourrons les principales fonctions pour étudier à mesure les divers troubles qu'elles peuvent éprouver pendant la durée de la gestation. Mais nous ferons remarquer que ces troubles sont infiniment moins fréquents dans les femelles animales que dans la femme.

Plusieurs causes générales rendent raison de ces faits : 1° L'absence des règles dans les femelles ; leur suppression à l'époque de la grossesse produit chez les femmes un certain nombre de phénomènes pléthoriques ; — 2° La forme du ventre, qui fait que l'utérus des femelles pèse uniquement sur les parois abdominales et par conséquent comprime bien moins les organes abdominaux ; — 3° Le développement infiniment moins grand du système nerveux chez les animaux ; la série innombrable des phénomènes nerveux de la femme n'existe pas dans les femelles ; — 4° L'instinct qui fait que les femelles refusent le mâle dès qu'elles ont conçu, circonstance qui n'a pas du tout lieu dans l'espèce humaine.

Hygiène de la Gestation.

Malgré ce que je viens de dire, l'excitation vénérienne causée par la présence des mâles peut être ressentie par la femelle. Aussi recommande-t-on de tenir les juments éloignées des étalons, surtout dans les premiers temps de la gestation, de manière à ce qu'elles ne puissent ni les voir ni les entendre.

Il en est de même pour les vaches. Chez celles-là, plus souvent que chez les premières, on trouve des femelles qui recherchent le mâle après qu'elles ont conçu; les beuglements qu'elles font entendre, les attitudes lascives qu'elles prennent, l'acte de monter sur les autres femelles, les contractions du clitoris et des lèvres de la vulve, ne laissent aucun doute à cet égard. L'observation a appris que la persistance de cette excitation vénérienne, de ces chaleurs, est, dans la plupart des cas, la suite d'un état morbide, et particulièrement de la phthisie tuberculeuse ; aussi est-il commun de voir l'avortement s'en suivre.

Pour éviter à la brebis cette cause d'excitation, on a soin de retirer les mâles du troupeau lorsque la chaleur des femelles, qui est du reste de courte durée, est terminée. L'on sait que les chaleurs reviennent quelque temps après et la présence du mâle pourrait les reproduire peut-être même chez celles qui ont été déjà fé-condées.

A l'égard de la lapine, son accouplement se faisant 15 à 20 jours après le part, dans les garennes bien tenues, et avant que les petits soient assez forts pour se passer de ses soins, on la met pendant une nuit seulement en rapport avec le mâle que l'on retire le lendemain.

En général, les femelles pleines ont besoin d'être traitées avec ménagements, la brebis surtout qui est d'un naturel timide. On doit écarter d'elle tout ce qui pourrait l'impressionner vivement. Aussi recommande-t-on de ne tenir auprès des brebis pleines que des chiens paisibles et bien dressés, incapables de les poursuivre et de les mordre, de ne les confier qu'à des bergers patients et intelligents qui leur fassent éviter les marches trop longues, les sauts, les courses, les fortes chaleurs, qui aux approches des orages se hâtent de les réunir dans le parc ou de les rentrer dans la ber-gerie pour empêcher qu'elles ne soient épouvantées par le bruit de la foudre.

La lapine est dans le même cas que la brebis ; elle redoute beaucoup le bruit et le tumulte, et a besoin de la plus grande tranquillité.

Quant aux grandes femelles de travail, l'inaction ne peut que leur être nuisible pendant la gestation. On les soumettra donc à leurs travaux habituels que l'on rendra aussi légers que possible. On évitera de leur faire faire des courses rapides, des efforts de tirage, de leur faire porter de lourds fardeaux. Ces soins sont d'autant plus importants pour elles qu'elles approchent davantage de l'époque de la mise bas. Aussi faut-il cesser d'en tirer service au moins un mois auparavant, surtout si la jument pleine est suivie d'un autre poulain.

Les chiennes qui sont soumises à la domesticité et qui vivent renfermées, sont les plus exposées aux parts difficiles et ont besoin par conséquent d'un exercice convenable pendant le temps de la gestation

En général, les grandes femelles deviennent molles, ainsi que je l'ai dit; elles ont de la tendance à l'engraissement, et les spéculateurs en profitent pour les vendre à cette époque. On doit régulariser cette tendance sans trop la favoriser. Un excès de nourriture est donc inutile à cette époque.

Mais, dans les derniers temps de la gestation, quelques mois surtout avant le part, une bonne nourriture devient tout à fait nécessaire, pour que les femelles puissent suffire aux frais d'alimentation du petit. Les femelles maigres ont plus que d'autres besoin qu'on s'occupe d'elles sous ce rapport.

C'est sutout dans les années de disette qu'il faut avoir des provisions en réserve pour les femelles pleines, afin de les préserver de la faim, de les empêcher de se nourrir d'aliments indigestes, peu nutritifs, capables par leur masse de gêner le développement de l'utérus. « C'est aux brebis pleines, dit Teissier, qu'il faut donner les meilleurs pâturages. »

Sans doute l'excès d'embonpoint est nuisible ; il affaiblit les femelles, et rend le travail du part lent et difficile ; aussi faut-il éviter cet excès. La truie trop grasse devient lourde, maladroite et sujette à écraser ses petits en mettant bas ; mais la disette est un inconvénient bien plus grave, en ce qu'elle expose à l'avortement, et qu'elle prive la femelle des forces nécessaires à l'expulsion du fœtus.

On évitera, pendant l'hiver, l'usage des boissons trop froides, des végétaux couverts de rosée, de gelée blanche, de ceux capables d'irriter les viscères digestifs, ou de causer des indigestions, des coliques, causes fréquentes d'avortement.

On les préservera des extrêmes de la température, de l'excès du chaud comme de celui du froid, des fortes gelées, des pluies d'averse ; on les logera proprement, on aura soin de tenir leur peau propre et la transpiration en état d'activité ; on évitera la constipation en leur fournissant des boissons, et aux femelles herbivores on donnera, s'il est possible, des racines aqueuses crues ou cuites, suivant le cas.

Les accidents nombreux qui peuvent frapper les animaux seront évités avec soin ; on logera les grandes femelles dans des écuries spacieuses, dont l'entrée soit large, afin qu'en les franchissant elles soient préservées de contusions et de pressions que leur ventre ne

11.

manquerait pas d'éprouver autrement. Les stalles qu'elles occupent, doivent être agrandies par la même raison ; mieux vaut même les laisser en liberté dans un local convenable, surtout aux approches du part. Huzard veut qu'on supprime les barres qui séparent les stalles, de crainte que leur balancement ne les fatiguàt. Il recommande de les éloigner des autres animaux de leur espèce turbulents ou méchants ; et Teissier veut, qu'aux approches du part, on sépare pendant la nuit, les bêtes pleines de celles qui ne le sont pas. On se gardera de mettre au pâturage les juments pleines, avec des bêtes à cornes qui pourraient les frapper à coups de tête. Si on monte les juments, on ne se servira plus de l'éperon qui les fait souffrir, les irrite et peut déterminer les contractions de l'utérus. Le poids du fœtus ayant de la tendance à faire plier le dos des femelles, il faut se garder de leur faire porter des fardeaux tant soit peu lourds.

MALADIES.

Lésions de la Digestion.

1° PTYALISME. N'a pas encore été observé, à ma connaissance.

2° Anorexie. La perte d'appétit, qui est très-marquée pendant les chaleurs des femelles, peut se prolonger après dans certains cas et entraîne alors l'amaigrissement. En général l'inappétence cesse quelque temps après la conception qui amène du calme, comme nous l'avons vu. Il n'est cependant pas rare de voir le dégoût des aliments se prolonger pendant les premiers temps de la plénitude de certaines femelles ; il paraît dépendre en grande partie des fatigues qu'elles ont éprouvées pendant leur chaleur, de ces causes désignées avec raison du nom de folie chez les chiennes et des mauvais traitements qu'elles ont pu éprouver. Le repos, les boissons, la diète, suffisent presque toujours pour faire cesser ce malaise.

J'ai vu deux ou trois fois dans le cours de ma pratique cet état d'excitation persister chez les chiennes, et être suivi de la tendance à mordre sans provocation et de la rage bien caractérisée.

3° Pica.—Malacia. Il accompagne le commencement de la plénitude des vaches ; on sait qu'elles montrent quelquefois même en santé de la tendance à ronger et à avaler des corps non alimentaires, des pièces d'étoffes, du cuir, etc. Flandrin qui a écrit un mémoire sur cette habitude vicieuse des vaches, qu'il qualifie du nom de tic, et les bêtes qui sont atteintes du nom de bêtes rongeantes, dit s'être assuré que cette névrose de l'estomac, qui coïncide quelquefois avec la plénitude, est liée à la phthisie tuberculeuse.

4° Vomissements. Ils ne sont possibles, comme on le sait, que chez les carnivores et le porc. Et je ne sache pas qu'on les ait observés chez eux comme phénomène sympathique du développement de l'utérus. On n'observe des vomissements chez la chienne que pendant l'allaitement; ils sont alors volontaires, instinctifs. La chienne après avoir avalé une certaine quantité d'aliments et les avoir conservés quelque temps dans l'estomac, les revomit après qu'ils ont été ramollis par le suc gastrique pour que ses petits puissent les digérer plus facilement. Sous ce rapport elle offre quelque analogie avec la femelle du pigeon.

Lésions de la Circulation.

Pléthore. La circulation est plus active dans les femelles pleines : le pouls plus fréquent et plus plein.

La pléthore peut être générale, ou bien locale et spécialement bornée à l'utérus; c'est-à-dire que l'utérus peut être habituellement le siége d'une congestion sanguine.

La pléthore générale ne peut pas être attribuée à la cessation de l'écoulement des règles, comme chez la femme, mais à cette activité plus grande de la nutrition que nous avons déjà plusieurs fois signalée et au repos, à une vie moins active, au séjour plus habituel dans des écuries où l'air manque de fraîcheur et de mouvement, à la constipation qui se montre dans ces circonstances, surtout chez les femelles à tempérament sanguin et qui ont acquis rapidement de l'embonpoint.

La pléthore générale se reconnaît aux signes suivants : le pouls augmente de force et de fréquence, les muqueuses apparentes sont plus injectées que de coutume, la chaleur de la peau s'est élevée, la tête est devenue lourde, les vaisseaux veineux superficiels pleins, surtout ceux de la région pelvienne et des membres postérieurs, ceux-ci sont gorgés inférieurement, la femelle éprouve des bouffées de chaleur et un peu de dyspnée.

C'est surtout vers la deuxième moitié ou le dernier quart de la gestation que la pléthore acquiert le plus d'intensité. C'est alors qu'une saignée peut prévenir l'avortement; on réglera la quantité de sang à tirer sur l'âge, la force de la femelle. Quelques personnes redoutant les effets de la saignée pendant la gestation, conseillent, au lieu d'en faire une seule un peu considérable, d'en faire plusieurs petites de temps en temps, pour prévenir le développement de la pléthore. Je n'ai pas besoin de faire remarquer combien cette méthode est vicieuse; il est évident qu'on ne doit saigner que lorsqu'il se présente une indication positive, et non pas pour prévenir un état morbide qui ne se développe pas nécessairement dans toutes les femelles.

On secondera l'effet de la saignée par un régime moins nourrissant, par l'usage du vert, quand il est possible ; car la pléthore s'observe peu sur les grandes femelles qui vivent au pâturage. Quant à celles que l'on tient dans les écuries, on les soumettra à un léger travail, on les promènera, on rendra leurs habitations saines, on leur fournira des boissons abondantes, et on fera entrer dans leur régime des aliments aqueux, des racines, des tubercules, ou des grains cuits.

La pléthore déterminée par la grossesse peut être considérée au point de vue de l'influence qu'elle exerce sur les maladies qui existaient déjà chez les femelles avant la plénitude. M. Demoussy me semble avoir assez bien apprécié cette question, et il est à regretter qu'il n'ait pas mis au jour les faits que sa longue expérience l'a mis à même de recueillir à cet égard : « les juments qui récèlent le produit de la conception, éprouvent une modification profonde dans tout leur être, la concentration de la vie qui s'opère vers leur intérieur les rend plus impressionnables à l'action des causes extérieures ; leurs solides et leurs liquides éprouvent des changements notables (1). La direction du sang

---

(1) Les expériences faites sur le sang, par MM. Andral et Delafond, constatent une des modifications qu'éprouve le sang des femelles pleines. — Il renferme moins de globules que dans l'état de vacuité.

vers l'utérus dont la vitalité acquiert chaque jour plus d'énergie, entraîne la diminution de celui qui se distribue dans les autres parties du corps. Aussi les maladies chroniques dont les juments sont atteintes, paraissent-elles diminuer d'intensité pendant la gestation et le bien-être se continue pendant le cours de l'allaitement, attendu que la sécrétion plus active dont sont chargées les mamelles est un moyen de dérivation avantageux pour ces femelles; mais cet effet est plus prononcé dans les affections chroniques de la poitrine et de la tête, que dans celles des organes contenus dans l'abdomen et dans le bassin. » (*Traité des Haras*, page 110.)

Ces remarques, vraies en thèse générale, sont malheureusement trop vagues pour qu'on en tire des conclusions pratiques. L'expérience a appris que si les femelles atteintes de phlegmasies chroniques de la poitrine ou d'un commencement de phthisie tuberculeuse, paraissent réellement éprouver du bien-être pendant la gestation, si elles prennent de l'embonpoint, un certain nombre cependant ne portent pas leurs petits jusqu'au terme de la gestation; les autres s'affaissent après le part et s'épuisent par l'allaitement s'il est durable. Il est à regretter que M. Demoussy n'ait pas été plus explicite sur la nature des maladies de la tête de la jument que la gestation paraît soulager.

La gestation à un âge trop précoce est bien certainement désavantageuse à tous les égards. Je possède beaucoup de faits tirés de ma pratique, qui prouvent qu'elle empêche le développement de la constitution, du tempérament sanguin ; qu'elle augmente la disposition au tempérament lymphatique qui est le propre du jeune âge ; et qu'elle est fréquemment suivie du développement de la diathése purulente, d'abcès froids dans le tissu cellulaire et de la diathèse tuberculeuse. Cette influence fàcheuse de la gestation à un âge prématuré est encore plus active lorsque l'avortement a lieu.

Pléthore Utérine. — Congestion de l'Utérus.

C'est un accident fréquent de la grossesse. Les causes sont : la répétition de la copulation après que la fécondation a eu lieu, circonstance qui a si souvent lieu dans la jument; la faiblesse, l'irritabilité morbide, des secousses violentes, les efforts que nécessitent les sauts, la course, le port des fardeaux, les souffrances physiques causées par les extrêmes de la température, la piqûre des insectes, les coups, les chutes, en un mot les causes de l'avortement ; car l'avortement est toujours précédé de la congestion de l'utérus.

On présume la congestion utérine par le malaise général qu'éprouve la femelle, le refus des aliments, la fréquence du pouls, la tension douloureuse du ventre, le décubitus avec agitation, le lever et le coucher fréquents, les épreintes ou les légères coliques qui font que la femelle regarde son ventre, trépigne et remue la queue, en un mot l'ensemble des phénomènes précurseurs de l'avortement.

La première indication à remplir est celle de diminuer la masse du sang par la saignée ; il vaut mieux réitérer la saignée, si la persistance des symptômes l'indique, que d'en pratiquer une trop forte.—On aide à son action par l'emploi des différents antiphlogistiques ; de l'eau blanchie par la farine, pour boisson ; des potions anodines ou anti-spasmodiques avec la décoction de têtes de pavots, l'eau de fleurs d'orange, quelques gouttes d'éther, de laudanum ; on ajoute à ces potions du miel, du lait, du bouillon suivant l'espèce de la femelle, afin qu'elles les prenne d'elle-même et qu'on n'ait pas besoin de la violenter pour les lui faire prendre de force. Les médecins ont recours en pareil cas à l'opium qu'ils administrent en lavement surtout et en potion. Cette méthode convient parfaitement aux animaux, seulement il faut avoir soin de ne donner que des 1/4 de lavement, afin qu'ils ne fatiguent pas l'intestin et n'excitent pas les contractions utérines.

Comme moyens généraux, hygiéniques, il faut mettre la femelle à l'écart, dans un lieu tranquille, éloigné des autres animaux ; la placer dans une demi-obscurité, lui faire une bonne litière, réchauffer le corps s'il est froid et en particulier la région lombaire au moyen de très-légères frictions , de fumigations et de fomentations émollientes.

Si les douleurs de ventre ne sont pas calmées par ce traitement , ou si elles augmentent , il faut insister sur les évacuations sanguines et les antiphlogistiques. Si, après avoir disparu , elles reviennent , il faut recommencer le traitement; mais dans ce cas on a fort à craindre l'avortement.

La congestion de l'utérus qui survient dans la première période des affections de poitrine , est généralement suivie de l'avortement ; il en est de même de celle qui s'établit à l'occasion des coliques qui accompagnent les indigestions.

Œdème.

L'œdème se montre dans les grandes femelles et particulièrement dans la jument; il est peu commun dans les autres. L'infiltration de la sérosité dans le tissu cellulaire commence en général au bas des membres postérieurs, remonte peu à peu à la partie supérieure , quelquefois jusqu'aux mamelles, et s'avance même sous le ventre. Quelquefois l'œdème occupe de prime-abord le bas du ventre. — Très-rarement les jambes de devant en sont affectées.

L'œdème dont il s'agit ne se montre guère dans la jument que dans les derniers temps de la gestation , tout au plus du neuvième au dixième mois.

Lorsqu'il s'étend aux parties supérieures , dans la femme, Chaussier le considère comme lié à la pléthore qu'il appelle séreuse et qu'il regarde comme la conséquence de la gêne mécanique de la circulation et de celle de la respiration qui fait que l'hématose est incomplète. Cette idée me semble fondée pour les animaux. En général les œdèmes étendus au ventre sont de l'espèce de ceux que les praticiens appellent chauds, c'est-à-dire, avec congestion sanguine.

Lorsqu'il est borné aux membres , il est évidemment la conséquence de la compression que l'utérus exerce sur les veines iliaques. Mais on se demandera peut-être pourquoi les vaches et les autres femelles en sont généralement exemptes? Cela tient sans doute à quelque particularité anatomique dont il est impossible de se rendre compte dans l'état actuel de la science. L'œdème est en raison directe du volume du ventre, et par conséquent la grossesse double s'accompagne toujours d'un engorgement considérable des membres. Dans aucun cas il n'est plus considérable que lorsque, par suite d'un éraillement des parois abdominales , la matrice et son contenu viennent se loger au-dessus des mamelles. J'ai déjà mentionné un de ces faits. M. Favre, de Genève, en a cité trois autres. (*Vétérinaire Campagnard*, p. 298.)

Borné aux membres postérieurs et sans autre trouble morbide, l'œdème se guérit par un exercice modéré au pas et quelques légères frictions sèches.

Celui qui s'étend jusqu'au ventre, s'il est accompagné de symptômes de pléthore, réclame la saignée, quelques frictions sèches, des fumigations aromatiques avec la baie de genièvre brûlée sur des charbons, avec des décoctions émollientes ou narcotiques, des boissons nitrées et la promenade au pas. On ne fait la saignée qu'autant qu'il y a pléthore bien évidente.

L'œdème causé par la hernie de la matrice est pallié par les mêmes moyens excepté la saignée.

Enfin l'état variqueux des veines des membres postérieurs, qui existe dans les derniers temps de la grossesse, est un accident de peu d'importance parce que le part le fait cesser et qu'il ne réclame aucune indication particulière.

Lésions de la Respiration.

La gêne de la respiration est une indisposition inséparable de la plénitude avancée de toutes les femelles. Aussi recommande-t-on avec raison de ne plus se servir, au moins deux mois avant le part, de celles que l'on fait habituellement travailler.

Si cette gêne de la respiration était trop prononcée,

il faudrait diminuer un peu leur nourriture ou plutôt leur fournir des aliments qui dans un moindre volume contiendraient une même quantité de principes nutritifs ; les racines féculeuses, les graines cuites sont dans ce cas.

La toux est beaucoup plus à redouter que la dyspnée, pendant les derniers temps de la gestation. Il importe de s'assurer si elle n'est pas causée par une congestion pulmonaire et la faire cesser promptement par la saignée. Nous avons déjà signalé, à propos de l'hygiène des femelles pleines , les circonstances qui peuvent faire naître des bronchites ou des congestions pulmonaires. Il faut éviter ces conditions défavorables ou les combattre activement dès qu'elles se présentent.

Lésions des Sécrétions et des Excrétions.

Les seules lésions de ce genre qui se présentent dans les femelles sont dans les derniers temps de la gestation , la fréquente expulsion des urines ou leur rétention, et la constipation. Le premier cas s'explique facilement par la compression que la matrice exerce sur la vessie à cette époque, où, comme je l'ai déjà dit, la matrice en se développant se porte en arrière. Fromage dit avoir vu la contusion de la vessie, produite par cette compression, la rétention d'urine produite par l'irritation du col de la vessie qui se resserre spasmodiquement et s'oppose à l'expulsion de l'urine. La rétention est bien moins fréquente que l'expulsion fréquente des urines.

Il n'y a rien de particulier à faire dans le premier cas; l'accouchement sera le seul remède. Mais pour le deuxième cas, où les urines, après avoir coulé difficilement d'abord, finissent par couler continuellement goutte à goutte, parce qu'il y a incontinence, il est très-important dès les premiers signes du part d'évacuer autant que possible les urines contenues dans la vessie, soit par des pressions douces exercées avec la main introduite dans le rectum, soit au moyen de l'algalie propre aux femelles. Cette précaution facilite le passage du fœtus et évite la contusion et la déchirure de la vessie.

C'est ici le cas de mentionner la remarque faite par Bourgelat, que l'on éprouve quelquefois de la difficulté à introduire cet instrument dans l'urètre de la vache, à cause d'un repli en forme de valvule de sa tunique interne.

Constipation.

Elle devra être combattue de bonne heure, et comme je l'ai déjà dit, il faudra s'efforcer de la prévenir.

On y remédie, quand elle existe, soit avec la main qui extrait les fèces, soit au moyen de lavements, avant que la tête du petit ne pénètre dans le bassin et ne rende les manœuvres impossibles.

Hydropisie de l'Amnios.

C'est un vice de sécrétion qui n'est pas très-rare dans la femme, mais que les vétérinaires ont peu l'occasion d'observer. Voici cependant les signes auxquels on peut la soupçonner : des infiltrations considérables sous le ventre et aux membres de derrière, la maigreur, la faiblesse, le peu d'énergie de la femelle, la pâleur remarquable de ses muqueuses, la flaccidité de ses tissus ; en un mot le faciès des animaux atteints de cachexie aqueuse, de pourriture.

Les toniques sous toutes les formes sont ici réclamés ; un régime fortifiant, l'usage du sel de cuisine, des sels de fer, dissous dans les boissons, ou que l'on mélange sous forme pulvérulente aux aliments.

Il peut arriver cependant que l'hydropisie de l'amnios existe chez une femelle d'une bonne constitution, et qui a joui d'une bonne santé pendant toute la durée de la gestation. C'est ce qui a été constaté dans la vache qui fait le sujet d'une observation recueillie par M. Brannent (*Journal Pratique*, 1829, p. 217). Le volume démesuré du ventre pourrait faire croire, dans les cas de ce genre à une portée double ; les mamelles se gonflent et fournissent comme à l'ordinaire du colostrum à l'époque du part ; mais les contractions de l'utérus sont faibles, le travail lent ; la poche des eaux ne se rompt pas ; elle acquiert un grand volume, on est obligé de la perforer. Après la sortie des eaux on trouve que le petit est peu développé, flétri et mort, ou qu'il est très-faible s'il a survécu.

La quantité du liquide contenu dans l'amnios varie suivant l'espèce de la femelle, dans le cas de M. Brannent, elle fut de 50 litres environ.

Lésions de la Locomotion.

Relâchement des Symphyses.

Le relâchement de la symphyse pubienne qui est quelquefois porté au point de condamner à un repos complet les femmes qui en sont affectées, n'a pas été observé jusqu'à ce jour ; quoique chez les vaches et les brebis portières la symphyse pubienne reste cartilagineuse. — Il en est de même des symphyses sacroiliaques, bien qu'aux approches du part il y ait chez toutes les femelles un relâchement de tous les ligaments du bassin, ce que dénote le balancement du train de derrière que l'on observe alors. Mais ce relâchement n'est jamais porté au point d'interdire la marche.

Lésions de l'Innervation.

Convulsions.

Les vétérinaires ont bien rarement l'occasion de constater les convulsions, soit pendant la plénitude, soit pendant le travail du part. Le peu d'impressionnabilité des nerfs des animaux les met à l'abri de cet accident. Labereblaine, dans sa Pathologie canine, fait mention de convulsions qu'il a observées pendant le travail du part et pendant l'allaitement ; mais il ne dit pas en avoir vu pendant la grossesse.

Crampes.

Elles constituent un accident de la grossesse qui n'est pas rare. C'est dans les derniers temps de la gestation qu'on les observe et aux membres postérieurs. Rarement en sont-ils atteints tous les deux ensemble ; ordinairement un seul est affecté à la fois ; mais après l'avoir occupé quelque temps, elles se portent sur l'autre membre, et alternent ainsi, tantôt d'un côté, tantôt de l'autre.

On reconnaît les crampes par les mouvement brusques d'élévation du membre souffrant ; ensuite par la contracture des muscles jumeaux, qui est telle que le plan antérieur du sabot se rapproche du sol ; le toucher fait reconnaître la saillie dure et douloureuse de ces muscles. Le plus souvent c'est lorsqu'on sort la femelle pour la promener qu'on s'aperçoit, aux signes que je viens d'indiquer, que la crampe s'est emparée d'un de ses membres : en marchant la bête traîne sa jambe sans fléchir les articulations supérieures, et son pied traîne sur le sol. Parfois la raideur du membre est telle que la chute du corps aurait lieu si on faisait continuer la marche ; quelquefois elle cesse tout d'un coup pour se remontrer un moment après au même membre ou bien sur le membre opposé. L'expression de la face de la jument indique qu'elle éprouve de vives douleurs.

Il faut attribuer ces crampes à la compression exercée par l'utérus sur le nerf sciatique à son passage sur le ligament sacro-sciatique.

Paraplégie postérieure.

C'est une névrose assez commune dans la vache, et qui comme la crampe de la jument se montre dans les derniers temps de la gestation et souvent quand le travail commence. La pléthore a-t-elle dans ce cas été la cause prédisposante d'une congestion ou d'une inflammation de la moelle épinière, ou bien, comme la crampe, dépend-elle de la compression des plexus nerveux du bassin ? C'est ce qu'il ne nous est pas permis d'affirmer avec certitude faute d'ouverture de cadavre; mais la deuxième opinion paraît être plus probable.

Ce qu'il y a de certain, c'est que la saignée et les autres moyens que l'on emploie habituellement pour combattre les congestions, ne parviennent pas toujours à faire cesser cet état qui comme la crampe cède souvent dès que le part a eu lieu.

La crampe est rare dans les juments qui vivent en liberté dans les pâturages; dans celles qui ne restent pas attachées à l'écurie, qui peuvent s'y promener. De là l'indication de ne pas laisser attachées et dans l'inaction les juments poulinières. Une fois développées, ces crampes doivent être combattues par des frictions séches avec la brosse et le bouchon ou avec un liquide calmant, le laudanum, l'huile camphrée. Mais la parturition seule les guérit bien sûrement. Il n'en est pas toujours de même des paraplégies incomplètes.

Déplacements de l'Utérus considérés sous le rapport des accidents qu'ils peuvent produire pendant le part.

1° DESCENTE OU MIEUX RECUL DU VAGIN.

Cette lésion, qui a fait le sujet de plusieurs mémoires insérés dans les journaux vétérinaires, n'a été considérée que sous le rapport de la jurisprudence. Elle mérite cependant d'être étudiée au point de vue de la parturition, attendu que dans bien des cas elle précède le part et dispose à la descente ou même au renversement de la matrice.

Le refoulement du vagin hors de la vulve est un accident assez fréquent dans la vache; on le voit survenir quelquefois dès le septième mois de la plénitude, le plus souvent 1 mois ou 15 jours seulement avant le part. On l'observe d'abord pendant que la bête est couchée; il cesse quand elle se lève; plus tard il devient permanent. Les grosses vaches fribourgeoises qu'on élève comme fruitières aux environs de Lyon, et, en général, toutes celles dont le ventre est très-volumineux, qui ont le bassin évasé surtout si elles reposent dans l'étable sur un plan incliné en arrière , y sont sujettes. Il arrive que certaines de ces femelles sont affectées de ce refoulement du vagin à l'extérieur chaque fois qu'elles sont pleines.

M. Favre, de Genève (*Vétérinaire Campagnard*, p. 278), est à mon avis le seul vétérinaire qui ait bien décrit cette maladie et indiqué ce qu'il y avait à faire pour soulager les femelles qui en sont atteintes. « Lorsque les parois du vagin ne se montrent que comme une boule charnue entre les lèvres de la vulve, qu'elles écartent sans les dépasser , c'est une incommodité de peu de conséquence. »

Mais quand le vagin forme une saillie en dehors des lèvres de la vulve, l'air extérieur, la litière irritent ce bourrelet muqueux, il s'enflamme, se gerce, s'ulcère; le velage devient dangereux et fait redouter une chute de la matrice, parce que cet organe, trop rapproché de l'entrée du vagin, a ses ligaments suspenseurs relâchés par la persistance du déplacement. D'ordinaire, la chute du vagin disparaît après le velage, jusqu'au renouvellement de la cause qui l'avait produit; si elle persiste, elle devient une infirmité très-grave. Aussi la loi du 20 mai 1838 range cette affection parmi les vices rédhibitoires de la vache, lorsqu'elle est devenue permanente après le velage.

Voici les moyens qui peuvent prévenir le développement de cet accident : Donner peu à manger le soir aux vaches; les nourrir d'aliments nutritifs sous un

petit velume , pour éviter de remplir encore la cavité
abdominale ; changer l'inclinaison du pavé de la
stalle, de l'étable, en plaçant le long de la rigole
une poutre sur laquelle on fait un plancher temporaire, incliné d'arrière en avant, qui élève le derrière
de la vache et abaisse les parties antérieures de son
corps ; au lieu d'un plancher nouveau, on peut obtenir
la même inclinaison en entassant une litière épaisse
qui tienne le train de derrière élevé ; faire disparaître
de l'étable des jeunes vaches les râteliers quelque peu
élevés qu'ils soient et poser les crêches sur le sol. Cette
pratique est suivie par des Genevois qui viennent de
former un établissement de fromagerie dans la Bresse,
aux environs de Meximieux.

Comme moyens palliatifs, on emploiera d'abord les
moyens précédents; puis les soins de propreté, les
liniments huileux, les astringents. Lorsque le vagin
repoussé a été enflammé, qu'il est rouge, tuméfié,
marbré de taches violettes, brunes ou même noirâtres,
on profite des moments où la vache est couchée pour
lotionner avec du vin rouge tiède; puis, si l'on y remarque quelques écorchures, on trempe la barbe d'une
plume dans l'huile douce et on onctionne toute la surface.

L'époque du part arrivant, on recommande aux propriétaires de faire placer de chaque côté des lèvres de
la vulve les mains d'un homme fort, pour empêcher
que les efforts expulsifs de la matrice et des parois ab-

dominales n'aggravent cet état et n'entraînent la chute de la matrice elle-même. Si le part est laborieux, le vétérinaire lui-même doit se charger de ce soin.

Le seul moyen curatif est la réduction de la portion herniée du vagin ; elle est facile ; mais ce qui ne l'est pas, c'est l'emploi des moyens contentifs. Il ne serait peut-être pas difficile de maintenir des tampons d'étoupe ou de linge à l'entrée du vagin, pour empêcher la sortie de la muqueuse. Mais ce n'est guère aux approches du part qu'on peut sans danger faire porter des bandages qui peuvent irriter les organes génitaux.

La chienne, après la copulation, est accidentellement sujette à la rétro-pulsion du vagin, qui se présente dans deux circonstances : 1° Lorsqu'elle s'est accouplée avec un chien de plus forte taille que la sienne et qu'elle a été traînée avec violence par le mâle pendant que la verge était encore retenue dans le vagin, ainsi que cela se voit souvent ; — 2° Quand il s'est développé dans son vagin de ces végétations polypeuses qu'on observe fréquemment chez elle. Le coït alors est, comme dans le cas précédent, suivi en quelque sorte de l'entraînement du vagin à l'extérieur.

Le premier accident n'a pas de suites fâcheuses. Quelques lotions émollientes et narcotiques suffisent généralement quand la muqueuse est fortement tuméfiée et que la réduction est lente à s'en faire. Il n'en est pas de même du deuxième cas. Une opération est nécessaire alors pour débarrasser le vagin des produits de sécrétion qui en occupent les parois. Mais, à moins que les corps ne soient très-volumineux, saillants audehors et saignants, on doit attendre pour faire cette résection que la chienne ait fait ses petits et fini de les allaiter. Immédiatement après la conception, il y aurait à craindre l'avortement, et la suppression du lait pendant l'allaitement.

2° DESCENTE DE L'UTÉRUS.

La matrice se porte en arrière à la fin de la gestation et, par les mêmes causes qui produisent la rétro-pulsion du vagin, peut arriver à l'extérieur.

Lorsque le bassin a trop d'ampleur ou qu'il est fort incliné en arrière, que les ligaments latéraux (souslombaires) sont relâchés, que le plan de l'habitation est trop incliné, que la femelle est lourde et fait des efforts pour se lever, il arrive quelquefois que l'utérus et le petit descendent jusqu'à la vulve et même au-delà. Nous avons vu une forte chèvre, que l'on amena à l'école, il y a quelques années, et qui n'avait plus qu'une quinzaine de jours pour être à terme, dans laquelle l'utérus dépassait les lèvres de la vulve de 7 à 8 centimètres; le poids du fœtus avait dilaté le col utérin à tel point que le petit chevreau avait le museau au-dehors et léchait la main que nous lui présentions. Galien, d'après Richerand, aurait observé le fait plus curieux d'un chevreau encore renfermé dans la matrice et qui broutait du cytise.

Le renversement de la matrice suivit dans cette femelle la sortie du deuxième petit qu'elle portait.

La descente de l'utérus est d'un fâcheux augure pour la gestation; il est peut-être sans exemple qu'une femelle dans cet état ait porté jusqu'à terme. Le moindre accident qui puisse en résulter, si la grossesse n'est pas bien avancée, est l'avortement; si elle est avancée, il est commun de voir le renversement de la matrice s'en suivre. Il y a plus, c'est que très-probablement cet état se renouvellera à une deuxième portée et au deuxième part.. Aussi constitue-t-il avec raison un cas rédhibitoire.

On ne doit guère compter chez les femelles sur l'emploi des pessaires et des bandages contentifs. Le décubitus n'offre pas plus d'avantages puisqu'il a lieu constamment sur le côté du ventre et qu'il favorise la sortie du viscère. La femelle est bien différente en cela de la femme, chez laquelle la position sur le dos est le moyen qui réussit le mieux pour remédier à la descente de l'utérus.

3° RÉTROVERSION DE L'UTÉRUS. — ANTÉVERSION.

On appelle ainsi le déplacement de l'utérus dans le

bassin, dans lequel le viscère devient horizontal, son col étant tourné vers la symphyse des pubis et son fond appuyé sur le sacrum. Dans l'antéversion, le col touche le sacrum et le corps la symphyse des pubis.

Rien de semblable ne peut avoir lieu dans les femelles à cause de la position horizontale de leur corps et de leur matrice.

Obliquités Utérines.

On donne ce nom aux déviations de l'axe de la matrice qui se trouve inclinée en sens différents de ce qu'elle est d'habitude. Les causes en sont : 1° Le relâchement et la distension des muscles qui forment les parois abdominales; — 2° L'éraillement de leurs fibres et de la ligne blanche, et des hernies ventrales qui en sont la conséquence.

1° RELACHEMENT DES PAROIS ABDOMINALES.

Les praticiens ont souvent occasion de remarquer dans la vache, rarement dans les autres femelles, une ampleur du ventre telle que la paroi inférieure touche presque à terre. Cet état, que M. Favre a désigné par l'expression d'éventration fœtale, expression qui n'est pas parfaitement juste, reconnaît pour cause un relàchement des aponévroses abdominales soit naturel, soit produit par des coups, des efforts violents, et qui a été augmenté par le poids du fœtus et de ses enveloppes, à la suite de plusieurs gestations sucessives. Car il est rare de l'observer sur de jeunes vaches.

Les femelles qui présentent cet état sont lourdes, marchent péniblement, avec lenteur.

Il est évident que dans ce cas l'utérus et son contenu occupent la partie la plus déclive du ventre. Le toucher vaginal fait reconnaître que le vagin s'est allongé et que le col est éloigné de la vulve et plus élevé, plus dirigé en haut que d'habitude. Le corps étant dirigé en bas et le col en haut et en arrière, on a donc à faire à une obliquité inférieure. Par conséquent, les contractions de l'utérus et des muscles de l'abdomen ne peuvent plus chasser le fœtus suivant l'axe du bassin, mais le poussent en haut contre le sacrum, circonstance qui est un obstacle à la parturition.

Toutefois cet obstacle n'est pas très-grand dans la vache qui a généralement l'habitude de se coucher sur le ventre pendant la parturition. Cette position opère naturellement la réduction de l'obliquité utérine et diminue ou fait cesser les difficultés.

Un propriétaire voisin de notre école possédait une vache laitière avec l'infirmité que je viens de décrire. Je la vis vêler; le travail de la parturition fut seulement un peu plus long chez elle. Elle fut vendue au boucher dans la crainte qu'un part subséquent ne fût plus dangereux pour elle.

J'indiquerai ailleurs les manœuvres à faire dans le cas où la vache vêle debout, et où le part devient difficile.

2° HERNIES DE LA MATRICE A TRAVERS LES PAROIS ABDOMINALES.

Les aponévroses et les muscles étant rompus la matrice pénétre dans leur écartement et va se loger dans le tissu cellulaire sous-cutané. Le siége de la déchirure est toujours en bas, à droite ou à gauche, assez souvent sur le côté de la région pubienne, et au-devant de l'arcade crurale. Le viscére hernié vient faire saillie au-dessus d'une des mamelles, dans les grandes femelles.

La première observation de cette nature me fut adressée, il y a une quinzaine d'années, par un de mes élèves, M. Maurin, du Cantal. La vache qui en fait le sujet, âgée de 10 ans, d'une bonne constitution, robuste, présenta, vers le huitiéme mois de sa gestation, une tumeur au-dessus de la mamelle gauche; qui augmenta progressivement en s'avançant vers l'insertion du membre du même côté. Au neuvième mois elle avait grossi à un tel point que les mamelles touchaient presque à terre. Au reste cette tumeur n'offrait ni chaleur, ni douleur; une pression un peu considérable de bas en haut la faisait remonter en partie dans l'abdomen. La vache, du reste, était bien portante et n'éprouvait que de la gêne pendant la marche. Les douleurs du part survinrent sans que la tête du petit apparût, le vétérinaire alla à sa recherche, et après des manœuvres dont je parlerai plus tard, il eut le bonheur d'amener un veau bien portant. La mère fut livrée au boucher. M. Maurin, qui l'examina avec soin, trouva en avant du pubis gauche une très-large ouverture aux parois abdominales et au-dessus un sac qui contenait l'utérus.

Depuis lors, M. Favre, de Genève, a fait connaître trois nouveaux faits de la même nature, observés sur la vache et la jument (*Vétérinaire Campagnard*, p. 258). La première vache était pleine de 8 mois; sa démarche était pénible; elle écartait les jambes; sa mamelle était énorme et infiltrée tout autour. M. Favre découvrit par le toucher, entre la peau et la glande mammaire, deux des pieds du veau.

La deuxième vache étant sur le point de vêler, acquit tout-à-coup une augmentation énorme de volume de la mamelle. Les douleurs du part étant survenues, M. Favre fut appelé et reconnut la tête du veau entourée d'un œdème dur, étendu. Elle plongeait dans la mamelle. Prévoyant des difficultés insurmontables pour la parturition, il conseilla de faire abattre la femelle et il apprit que le veau, renfermé dans la matrice, avait la tête logée sous la peau.

Le troisième cas fut observé par lui sur une jument anglaise qui éprouvait depuis deux jours les douleurs du part quand il fut appelé. Le travail était encore fort peu avancé, la poche des eaux n'apparaissait pas encore. Son attention ayant été attirée par un œdème énorme dans lequel la mamelle disparaissait, il pensa qu'il avait à faire à la même maladie que dans les deux cas précédents.

Les forces de la femelle s'affaiblirent, et elle périt sans qu'elle pût mettre bas. L'autopsie montra la matrice intacte, logée entre la peau et le plat de la cuisse. Le péritoine avait été déchiré ; l'ouverture des parois abdominales se trouvait en avant de l'arcade crurale et s'étendait jusqu'à la ligne médiane du corps. Le muscle sterno-pubien était déchiré transversalement. La matrice était logée dans un sac qui ne contenait pas de sang. Les parois de ce sac étaient colorées en rouge brun. Les enveloppes du fœtus contenaient les eaux en entier. Les pieds de devant et la tête se présentèrent les premiers à l'ouverture de la matrice ; le dos du poulain correspondait au ventre de la mère.

CHAPITRE VIII.

DE L'AVORTEMENT.

On appelle avortement l'expulsion du fœtus, qui s'opére à une époque de la plénitude où ce fœtus n'est pas encore viable ; on le distingue ainsi de l'accouchement, qui consiste aussi dans l'expulsion du produit de la conception arrivé à terme, ou, du moins, en état de vivre hors de l'utérus.

Si ce qu'a écrit Brugnone que le poulain n'est pas viable avant le onzième mois se vérifie, il y aurait avortement toutes les fois que la jument met bas avant cette époque ; par analogie, on pourrait prendre le terme de sept mois pour la vache, et d'autres chiffres proportionnels à la durée de la gestation pour les autres espéces; mais l'observation n'est pas encore assez avancée.

Du reste, chez les femelles comme chez la femme, l'avortement est plus fréquent dans les premiers temps de la grossesse, mais il est plus grave dans les derniers. Etudions d'abord les signes de l'avortement.

13

Signes. — Les uns précèdent l'avortement, prodromes, les autres l'accompagnent.

Prodromes. — La première condition pour bien reconnaître les signes précurseurs est de savoir d'abord
que la femelle est pleine, ou le soupçonner du moins
si la plénitude est peu avancée. Ainsi, il arrive jour-
nellement que des juments, des chiennes qui ont été
achetées depuis peu de temps , et sur l'état desquelles
on n'a aucun renseignement , soit que le vendeur
ait intérêt à n'en pas fournir, soit qu'il n'en ait pas
reçu lui-même, le coït ayant pu avoir lieu à son insu,
il arrive, dis-je, faute d'être prévenu d'avance, qu'on
méconnaît les signes précurseurs de l'avortement et
on trouve, en entrant à l'écurie , un fœtus derrière la
femelle alors que rien n'avait fait soupçonner ce travail morbide, la bête n'ayant été soumise qu'à ses travaux ordinaires. J'ai dit ailleurs combien il était facile
de méconnaître la plénitude , et j'ai parlé de juments
dont on a bouclé la vulve, alors qu'elles étaient pleines.

On est en général mieux sur ses gardes lorsqu'il
s'agit des femelles qui vivent en troupes , parce qu'elles
reçoivent le mâle à des époques fixes , et qu'on doit
alors supposer chez elles la plénitude; comme aussi des
vaches fruitières qu'on achète sous condition qu'elles
seront pleines.

Flandrin, dont on consultera avec fruit les idées
sur cette question, dit que les propriétaires qui ne
perdent pas de vue leurs animaux et qui étudient

soigneusement leurs habitudes , peuvent reconnaître la disposition prochaine à l'avortement dans les bêtes qui paraissent en souffrir le moins , à plus de pesanteur dans la marche , au gonflement des parties externes de la génération , à la chute du ventre qui n'a plus alors cette égalité et cette rondeur de la bonne grossesse , à l'affaissement des muscles fessiers. La douleur de l'utérus est indiquée chez la jument par des hennissements plaintifs, par des mugissements ou des beuglements dans la vache, des bêlements dans la brebis, des grognements dans la truie, des plaintes particulières dans la chienne et la chatte. Le pouls, suivant le même auteur , est dur , fréquent , intermittent , et à la fin de chaque pulsation l'artère fuit sous le doigt comme dans les hémorragies.

Aux signes précédents ajoutons que la femelle a été exposée à quelqu'une des causes ordinaires de l'avortement, comme une forte course, un travail pénible, une chute, un coup de pied ou de corne; qu'elle a déjà éprouvé un ou plusieurs avortements, qu'elle est atteinte de l'inflammation d'un organe important, d'une indigestion avec ballonnement considérable du ventre, de la maladie de brou, etc. Dans le cas d'une maladie antécédente, ce sont les symptômes de cette maladie qui forment les signes précurseurs de l'avortement , qui arrive , soit dans la première , soit dans la dernière période , mais qui, dans tous les cas , marche d'une manière rapide , tandis qu'il peut se prolonger sept ou huit jours, et même plus, lorsque l'avortement n'est point précédé d'une autre maladie.

Signes actuels de l'avortement. — Ce sont ceux de l'accouchement à terme, mais avec plus ou moins d'intensité.

En général, l'avortement est d'autant plus pénible, plus douloureux qu'il est plus brusque, plus rapide ; rien n'étant alors préparé, ni du côté de la femelle, ni de celui du petit.

Quand la gestation est avancée, l'avortement suscite en général plus de souffrances que le part à terme. La jument est inquiète, trépigne; elle éprouve de l'horri-pilation, des frissons généraux; agite vivement sa queue, se lève, se couche fréquemment, en raison des tranchées qu'elle ressent ; rend souvent des matières fécales et des urines. Chaque douleur (on sait qu'on appelle ainsi le temps pendant lequel l'utérus se contracte, temps qui est toujours accompagné de vives douleurs) amène la proéminence des organes sexuels externes; des glaires s'écoulent, deviennent bientôt sanguinolentes ; puis les flancs battent avec force et avec rapidité, le pouls s'accélère, la peau se refroidit en même temps que la bouche devient chaude et sèche. Assez souvent on distingue des mouvements brusques, saccadés du fœtus; ces mouvements cessent au bout de quelque temps et font présumer la faiblesse extrême ou la mort du fœtus.

La formation rapide de la poche des eaux, sa rupture, et quelquefois la sortie du fœtus avec ses enveloppes a lieu plus ou moins rapidement.

Dans les cas difficiles, surtout si la gestation est avancée, la mère, dit Fromage, se livre à des efforts violents et inutiles qui épuisent ses forces, parce que le col n'est pas suffisamment préparé à la dilatation, ou bien ses efforts sont si violents que le vagin et la matrice se renversent et que le rectum est chassé au dehors en même temps que le fœtus.

La vache qui avorte cesse, comme la jument, de manger, ne rumine plus, s'agite, se tourmente, appuie la tête sur la mangeoire, ou la porte vers l'un de ses flancs, mugit, frappe du pied, éprouve des étreintes vives à la suite desquelles le vagin est poussé au niveau ou au dehors de la vulve ; le col de l'utérus s'avance non encore dilaté; la compression, que le rectum et la vessie en éprouvent, donne lieu à la sortie fréquente des matières fécales et des urines à chaque contraction un peu forte à l'utérus ; le ventre est affaissé, mais le flanc gauche s'élève par secousses, pendant les efforts. Des glaires sanguinolentes s'écoulent et après un temps variable de souffrances, le petit sort avec ou sans ses enveloppes, comme dans la jument.

Chez la brebis et la chèvre, les signes précurseurs de l'avortement sont peu apparents, à moins qu'il n'ait été produit par une cause violente; ils restent souvent inaperçus quand la gestation est peu avancée. Lorsque le travail de l'avortement commence, il paralyse les forces locomotives, la brebis pousse des bêlements plaintifs, reste en arrière du troupeau, se couche et regarde son flanc. Elle éprouve, du reste, les mêmes effets des contractions utérines et se livre aux mêmes efforts que les autres femelles.

La truie est inquiète, turbulente, pendant les douleurs de l'avortement, elle grogne, éprouve des tranchées qui la forcent à se coucher, puis à se relever brusquement pour se coucher de nouveau, jusqu'à ce qu'enfin elle expulse ses petits qu'elle mange bien souvent. Il faut en dire autant de la chienne, de la chatte et peut-être aussi de la lapine. Quand l'avortement se prépare, on peut constater les mouvements tumultueux des petits, puis l'affaissement, l'avalement du ventre, de la tristesse, des plaintes ; mais comme ces femelles ont l'habitude de se cacher, de se soustraire aux regards, aux poursuites, l'avortement se fait à l'insu du maître, et on est étonné de voir, au bout d'un jour ou deux, que le ventre a perdu son volume sans qu'on puisse trouver les petits ou même leurs enveloppes. Les femelles les mangent, surtout quand ils sont peu développés. Quelques traces de sang, dans l'endroit où le travail a eu lieu, sont le seul indice de son accomplissement.

Ce que je viens de dire pour les signes précurseurs ou actuels de l'avortement s'applique au cas où les fœtus étant vivants, c'est par suite d'une maladie de l'utérus de la mère , d'une congestion , d'une inflammation ou d'un décollement qu'il a lieu. Mais il peut survenir aussi par suite de causes qui ont produit d'abord la mort du fœtus , l'utérus ne présentant rien d'anormal.

Quand le poulain ou le veau sont morts depuis quelque temps dans l'utérus , on s'assure par la vue et par le toucher qu'il n'existe plus aucun mouvement du petit ; le ventre est affaissé , tombant, les flancs creux ; les femelles sont dans un état d'abattement remarquable; elles restent comme immobiles à leur place, tenant la tête basse. La langue est pâle, gluante; l'air expiré fétide, le ventre froid et quelquefois ballonné ; les mamelles sont affaissées, flétries ; leur sécrétion est suspendue. Il s'écoule par la vulve un liquide glaireux, jaunâtre , rougeâtre , quelquefois brun et souvent fétide. Ces symptômes sont à-peu-près les mêmes dans les petites femelles; la chienne et la chatte ont la peau froide, les forces musculaires anéanties ; aussi restent-elles presque toujours couchées ou bien elles marchent avec une extrême lenteur ; elles refusent les aliments et sont comme insensibles. Les mamelles deviennent flasques , le ventre pendant et mollasse ; l'écoulement qui a lieu par la vulve devient brunâtre et l'air expiré fétide.

MARCHE, DURÉE, TERMINAISONS, COMPLICATIONS, PRONOSTIC. — *Marche.* — La marche de l'avortement est généralement rapide ; sa durée varie, comme je l'ai dit, suivant les causes : elle est rapide, et dure quelquefois à peine un jour, à partir de l'apparition des symptômes précurseurs, lorsqu'il est la suite de coups, de chutes, de secousses violentes, d'émotions, de frayeur, ou d'une maladie de la mère, soit générale, comme ce qu'on appelle la maladie du sang, ou locale, telle qu'une inflammation viscérale.

Cette durée est beaucoup plus longue lorsque l'avortement survient à la suite de causes qui agissent lentement, lorsque la disette force à nourrir les animaux avec de mauvais aliments, que le temps est mauvais, qu'il règne des hivers et des brouillards froids, des pluies abondantes. Ces causes déterminent chez les femelles de la maigreur, de la faiblesse; les signes de l'avortement se prononcent huit, dix jours par avance. Le fœtus est expulsé, maigre, flétri, exténué, la tête ou quelque autre partie du corps déformée ou altérée par suite des maladies qu'il a éprouvées dans l'utérus. Dans ces cas, c'est par la mort du fœtus que l'avortement a lieu, et les autopsies montrent que le placenta reste en totalité ou en partie adhérent aux parois utérines, ce qui force à en opérer l'extraction.

Terminaisons.— Souvent la femelle revient à son état normal, lorsqu'elle est d'une bonne constitution, qu'elle est à un âge où les animaux de son espèce ont acquis toutes leurs forces, et que la gestation était peu avancée. Quelques jours suffisent souvent pour un rétablissement complet.

Mais un avortement laisse souvent dans l'utérus un état chronique de congestion, d'inflammation, ou une irritabilité qui le dispose à contracter ces maladies avec une grande facilité. C'est en ce sens qu'on dit qu'un premier avortement dispose à un second, quelquefois à un troisième ; mais peu à peu ces dispositions anormales de l'utérus s'affaiblissent, disparaissent, et en général on ne les voit guère se prolonger au-delà d'une ou deux grossesses. Ainsi, le deuxième avortement se fait à une époque de la plénitude plus avancée que le premier ; le troisième à une époque plus avancée que le deuxième, et ainsi à la quatrième plénitude, au plus tard, le fœtus finit par arriver à son terme normal.

Ainsi, l'avortement nuit à la femelle comme maladie, et aux intérêts du propriétaire en le privant du produit de la fécondation. Aussi, cherche-t-on à se débarrasser des grandes femelles qui sont disposées à l'avortement ; et c'est à quoi il faut s'attendre chez les femelles vendues sur les marchés.

Des terminaisons plus graves suivent l'avortement chez les femelles jeunes, non complètement développées, et chez lesquelles le système lymphatique prédomine encore ; le développement du tempérament sanguin est retardé ; il se fait une disposition aux maladies du tempérament lymphatique, aux vices de sécrétion hydatique, tuberculeux, à la diathèse purulente ; les abcès froids, la phthisie pulmonaire, la mauvaise gourme, la morve se présentent dans ces circonstances.

A ces fàcheuses terminaisons s'en ajoutent d'autres comme : 1° l'hémorragie qui affaiblit beaucoup les femelles ; 2° la dilatation violente et forcée du col qui n'avait pas été suffisamment préparée par le développement de la portion de matrice qui avoisine le col, et les difficultés qui en résultent pour l'expulsion des fœtus ; 3° la rétention du placenta, qui donne lieu à des métrites, à des phlébites rapidement mortelles ou qui se prolongent et rendent la femelle fort maigre ; ses mamelles flétries suspendent la sécrétion du lait. La guérison, quand elle a lieu, se fait longtemps attendre, et est quelquefois accompagnée de la névrose, qu'on appelle nymphomanie, et de l'infécondité ; 4° la rétention du petit lui-même, qui est suivie des mêmes conséquences que la rétention du placenta.

Complications. — Elles sont constituées par la coïncidence d'une mauvaise constitution, d'une conformation vicieuse, de maladies de divers genres.

Pronostic. — Il se tire de toutes les considérations précédentes.

Il varie suivant l'époque de la plénitude où l'avortement a eu lieu et la cause qui l'a produit.

Eu égard au fœtus, il est toujours mortel, sur-le-champ ou peu de temps après, puisque l'avortement n'est autre chose que l'expulsion du fœtus à une époque où il n'est pas viable.

Pour la mère, il est grave, à cause des suites et des affections chroniques qui en résultent : contractions violentes de l'utérus, col non suffisamment préparé à la dilatation ; de là, violentes douleurs, déchirures, inflammations ; puis adhérence du placenta, d'où difficulté de la délivrance ; enfin, disposition à un deuxième ou troisième avortement.

Il est plus grave à la fin de la plénitude. Cependant, chez la vache, à cette époque, le propriétaire ne perd que le veau et conserve le lait, attendu que cette femelle renouvelle son lait comme si elle avait vêlé au terme normal.

Enfin, lorsque les femelles qui avortent sont déjà affectées de maladies chroniques, le plus souvent ces maladies prennent de l'accroissement, les empêchent de fournir leur lait ou leurs services habituels, et le propriétaire est forcé de s'en débarrasser.

Anatomie pathologique. — Elle est peu avancée ; Flandrin, auquel on doit le premier traité sur l'avortement, n'en a pas parlé : Fromage et Hurtrel ont suivi fidèlement son exemple.

Voici ce que j'ai constaté : après la mort de la mère, lorsque le petit a été expulsé, on trouve la matrice retirée sur elle même. Les vaisseaux qui y arrivent ou qui en partent sont gros, variqueux, gorgés de sang noir. Les ligaments sont plus grands et beaucoup plus plissés qu'avant le part. Les parois de l'utérus sont épaisses, bosselées, plissées, mollasses ; peu de temps après l'avortement, on y trouve du mucus sanguinolent. A l'intérieur, la muqueuse est engorgée et d'une couleur qui varie suivant les cas. S'il n'y a pas eu d'inflammation, la teinte est d'un rouge foncé ; cette teinte est toujours plus prononcée dans le lieu où adhérait le placenta, point qui semble même être le siège d'une érosion. S'il y a eu métrite aiguë, la rougeur est plus vive, les parois plus denses, plus épaisses ; il y a du mucus et du sang dans sa cavité. Lorsque le placenta y est resté, on le trouve ramolli, fétide, se déchirant avec facilité ; le plus souvent, il est réduit en grande partie en une espèce de putrilage, et on ne trouve plus que quelques portions encore adhérentes aux cotylédons.

Quand le fœtus est encore renfermé dans l'utérus, c'est qu'il était déjà à une époque avancée de la plénitude, ou qu'il avait une fausse position qui n'a pas permis l'expulsion naturelle, ou bien les eaux sont déjà écoulées, ou bien le fœtus est encore enveloppé de ses membranes qui sont intactes, et il est peu ou point altéré. Au reste, la putréfaction du fœtus est toujours d'autant plus rapide et plus avancée que les eaux sont écoulées depuis plus longtemps et que l'air a pu pénétrer, qu'on ouvre le cadavre plus longtemps après la mort.

On trouve aussi dans l'utérus et le vagin des altérations de diverses espèces, suivant qu'il a fallu se livrer à des manœuvres et à des opérations pour extraire le fœtus.

Un dernier point à traiter relativement à l'anatomie pathologique serait la détermination précise de l'âge des fœtus avortés; mais nous ne possédons encore qu'une partie des données nécessaires à la solution de ce problème.

Pour le volume, on n'a malheureusement pas de tables qui indiquent le volume et le poids des fœtus des diverses espèces, aux différents âges de la vie intra-utérine; on ne peut donc se guider que sur les à peu près que chaque vétérinaire a pu obtenir par l'habitude.

Une seconde source de renseignements est relative à l'état du poil, de la corne des sabots, des onglons et des dents du fœtus. Le poil ne commence à apparaître qu'après le premier tiers de la gestation; à l'exception du lapin, chez lequel il ne pousse qu'après la naissance. Plus le poil est fourni, plus le petit se rapproche du terme.

La corne du pied, au commencement de la deuxième moitié de la gestation, est molle, blanche, filandreuse, se déchire facilement; le prolongement en forme de pyramide qu'elle envoie sur la sole s'en sépare avec peu d'efforts; elle devient de plus en plus consistante à mesure que le part approche.

Les dents molaires sont encore vésiculaires, réduites à leur phanère pendant la première époque de la vie fœtale; elles ont acquis de la consistance et sont déjà sorties des alvéoles à la fin de la grossesse. Quelques veaux ont en naissant des dents incisives.

Les paupières, qui sont déjà distinctes après le premier tiers de la gestation, s'écartent à la fin; les yeux sont ouverts, dans les herbivores, à l'époque du part, et seulement dix à douze jours après chez les carnivores.

CAUSES. — Un auteur d'accouchements les divise en causes spontanées et causes provoquées. Cette division me paraît trop servilement empruntée à la médecine humaine et peu applicable chez les animaux. Dans quel but, en effet, provoquer l'avortement chez les animaux? Je sais bien que les anciens, les Grecs (voir Absyrthe) y ont eu recours, soit pour faire cesser une grossesse accomplie à l'insu du maître, chez une femelle de race distinguée par un mâle de race dégénérée, dans l'espoir de la faire saillir, peu de temps après, par un étalon de choix; ou bien dans le but d'empêcher la plénitude d'avoir lieu chez des juments dont on tenait à conserver intactes les formes et la légèreté, ou des services desquels on ne voulait pas se priver. Mais cette méthode est abandonnée aujourd'hui à cause des dangers qu'elle présente et parce qu'elle est sans emploi.

On peut les diviser avec plus de raison en causes externes et causes internes. — Les causes externes agissent les unes d'une manière générale, les autres d'une manière locale.

Les premières sont celles qui donnent aux avortements la forme épizootique ou enzootique. C'est par elles que je vais commencer, en ayant soin de faire remarquer qu'on ne peut pas toujours se rendre parfaitement compte du mode d'action de ces causes. Ainsi, dans nos départements chauds du midi, on voit, certaines années, les vents chauds et humides du midi produire des avortements nombreux, tandis que, d'autres années, ils ne produisent plus les mêmes effets, quoique toutes les conditions générales paraissent les mêmes. Cette réflexion s'applique aussi aux causes locales. Flandrin fut frappé aussi de ces anomalies en apparence inexplicables, et il n'a pu en donner aucune explication. Nous ne sommes pas plus avancés que lui aujourd'hui.

Causes externes générales. — Les pluies abondantes et de longue durée, les brouillards épais et persistants, les grandes gelées, les neiges abondantes, le règne des vents chauds et humides, les grandes chaleurs et la sécheresse qui arrêtent la végétation et ne laissent sur le sol que des herbes ligneuses et indigestes.

Pendant les années très-humides, les avortements sont communs dans toutes les espèces animales qui vivent habituellement en troupe dans les champs, la jument, la vache, la brebis, la truie, souvent même sur celles qui vivent isolées dans nos villes, comme les chiennes et les chattes. Il est d'ordinaire alors qu'ils soient précédés de fièvres gastriques ou muqueuses, et de ces hydropisies qui ont reçu le nom de pourriture.

Les fortes gelées, l'abondance des neiges sont non-seulement des causes d'avortement pour les brebis, mais aussi de mortalité pour les agneaux. Ainsi, les troupeaux de la Crau, de la plaine d'Arles, pendant les rudes hivers, non-seulement perdent les avortons, mais les petits arrivés à terme, qu'on est souvent obligé de sacrifier pour conserver les mères qui s'épuiseraient à les nourrir.

Je ne ferai que citer l'influence fâcheuse des pâturages couverts de rosée sur les femelles pleines; elle est trop connue pour qu'il soit nécessaire d'y insister.

Les années de disette, celles pendant lesquelles les produits du sol sont tout à la fois peu abondants et peu nutritifs, produisent de nombreux avortements par la débilité qui en résulte pour les mères, par l'engorgement des intestins par des masses de matières alimentaires, en grande partie réfractaires à la digestion. Leur accumulation dans la portion pelvienne du colon des juments est quelquefois telle, et la compression qui en est la conséquence du côté de l'utérus est si marquée, qu'il en résulte des déformations du fœtus. On a vu beaucoup de poulains arrivés à terme ou expulsés auparavant, avoir la tête recourbée sur une de leurs faces par suite de son renversement sur une de leurs épaules. Cette situation vicieuse semble avoir commencé de bonne heure, puisque les vertèbres du cou se sont accrues, développées en prenant cette courbure latérale, de telle sorte, qu'il est impossible de redresser l'encolure, même après la mort du jeune animal.

Ensuite, viennent certaines conditions de localité : les mauvaises constructions des écuries, le mauvais état des chemins vicinaux, des positions ou des qualités particulières des pâturages, des aliments et des eaux.

Ainsi, les habitations mal aérées et mal éclairées, trop petites eu égard au nombre des animaux qu'elles contiennent, dont le sol présente une inclinaison trop brusque qui rend la partie postérieure de l'animal trop basse par rapport à l'antérieure, où les animaux séjournent longtemps sans faire d'exercice, prédisposent à l'avortement ; et c'est dans ces circonstances surtout qu'on voit un premier avortement disposer à un deuxième, à un troisième, et forcer les propriétaires à se débarrasser des femelles. Une seconde cause d'infection qui s'ajoute dans ces habitations résulte des émanations putrides qui s'échappent des placentas qui se décomposent dans l'utérus des femelles avortées ; de là des fièvres de mauvais caractères et l'avortement des femelles restées saines jusqu'alors.

Le séjour prolongé à l'écurie et l'usage d'une nourriture sèche, de qualité inférieure ou qui a été altérée, chez les femelles qui ont l'habitude de passer toute la belle saison au pâturage, produisent des constipations opiniâtres qui peuvent devenir une cause éloignée d'avortement. Flandrin, et après lui Fromage, ont cité des cas de ce genre observés dans la campagne de Mantoue, en Italie, et dans la Suisse.

Les pâturages éloignés des habitations, lorsque le sol en est mou, que les chemins qui y conduisent sont boueux, que les pieds des animaux s'y enfoncent, agissent d'une manière opposée en obligeant les femelles à trop d'efforts, de fatigues.

Les eaux stagnantes, altérées par la décomposition des matières végétales et animales qu'elles contiennent, mais surtout les eaux trop fraîches, quoique du reste de bonne qualité, sont funestes aux femelles pleines. M. Cruzel a signalé, il y a quelques années, ces effets fâcheux des eaux croupies, et Brugnone (*Trattato di razza*, p. 61) rapporte qu'en 1771 plus de la moitié des juments du haras royal de Chivasso avortèrent pour avoir bu de l'eau trop fraîche qu'on recueillait dans un superbe bassin de pierre construit exprès. On trouve dans le *Journal pratique*, année 1830, p. 297, dans un Mémoire du docteur Audouy sur l'influence du froid, qu'un troupeau de cent bêtes à laine ayant bu de l'eau d'une mare dont le berger venait de briser la glace, vingt brebis avortèrent très-rapidement.

Causes locales. — Certaines substances agissent d'une manière particulière sur chaque espèce animale. Ainsi on croit que l'usage de la garance produit l'avortement dans la jument, que le sel de cuisine, donné en quantité trop considérable, fait le même effet sur la brebis, le trèfle vert sur la truie. Un vétérinaire a nié l'exactitude de ces faits, mais il n'a cité aucune preuve à l'appui de son opinion.

Comme causes locales dépendant de la mère elle-même, Bourgelat cite le tempérament lymphatique avec les chairs molles, lâches, pour la jument; la jeunesse ou l'âge avancé, la faiblesse qui résulte d'un excès de travail, de maladies avec évacuations abondantes, le marasme, lês affections chroniques; ou, au contraire, l'excès d'embonpoint, qui agit de deux manières : et en diminuant la capacité de l'abdomen, et en ôtant toute force de résistance au tissu musculaire; les mauvaises conformations du bassin, dont les détroits peuvent être trop larges, ou qui est trop incliné en arrière, ce qui tend à produire le prolapsus, la chute de l'utérus; l'irritabilité trop vive du système nerveux en général, ou de l'utérus en particulier; les maladies aiguës, les inflammations, les convulsions, les grands efforts de toux, les coliques violentes, les contractions musculaires qui accompagnent une défécation pénible, ou le ténesme vésical, enfin les efforts musculaires considérables; les maladies avec altération du sang, maladie de sang, la pourriture, les fièvres typhoïdes, les éruptions fébriles (la variole du mouton), les éruptions cutanées chroniques qui causent de vives démangeaisons; mais de toutes les maladies, la plus commune est l'inflammation de la matrice elle-même.

Notons encore les impressions trop vives causées par la frayeur, le bruit de la foudre, les tracasseries et la brutalité des conducteurs, les morsures des chiens de bergers pour les brebis, celles des gros chiens, des loups pour les grandes femelles; l'irritation causée par un usage abusif de l'éperon, par les piqûres des insectes; celles qui sont produites par la cohabitation des mâles avec les femelles; aussi, les agronomes éclairés (Tessier, entre autres) recommandent-ils de retirer les béliers des troupeaux après que le temps de la chaleur des femelles est passé. Fromage assure que la truie est insensible à ce genre d'excitation. Le coït, répété après que les femelles ont conçu, agit à la fois et comme excitant général et comme excitant local de la matrice, dont il irrite le col et le corps.

Les causes mécaniques de l'avortement sont assez nombreuses : les coups sur les différentes parties du corps des femelles, et en particulier sur le ventre; les coups de pied de cheval, de l'homme pour les petites femelles; les coups de bâton ou de corne sur le ventre, le froissement du ventre contre la porte de l'écurie, lorsque les animaux se pressent pour y entrer tous à la fois; les chutes de lieux plus ou moins élevés, les sauts, les bonds par suite de frayeur ou par gaîté de caractère, chez les jeunes vaches que l'on nourrit à l'étable, et qui se livrent à des mouvements trop brusques lorsqu'on les laisse en liberté dans les pâturages. Ces dernières circonstances sont celles qu'accusent le plus souvent les gens de campagne.

D'autres causes d'avortement se tirent du fœtus lui-même, et ce sont d'abord la mort du fœtus, qui arrive par différentes circonstances, et en particulier par des hydrocéphalies, des ascites, des convulsions; puis ses vices de conformation, ses monstruosités, l'adhérence de deux corps, la présence de deux, trois, quatre et cinq fœtus, chez des femelles unipares; l'excès de volume d'un seul fœtus, lorsque le mâle qui l'a procréé était d'un volume considérable par rapport à la femelle; quelquefois la présence d'un seul fœtus chez une femelle multipare, mais d'un fœtus qui a pris un développement extraordinaire, distend rapidement la corne qu'il occupe et provoque ainsi des contractions.

Relativement à la mort du fœtus dans l'utérus, il est bon de noter une particularité curieuse et qui a lieu de surprendre ceux qui l'observent pour la première fois. En faisant des vivisections, on rencontre quelquefois chez des truies, des chiennes et autres femelles multipares, dont la santé paraît excellente et qui sont arrivées à un terme avancé de la grossesse, un des petits mort et son cadavre réduit en une sorte de putrilage entre deux autres petits occupant la même corne, étant d'ailleurs dans d'excellentes conditions de vitalité, et cependant rien n'annonce qu'il doive y avoir un avortement.

On rencontre ces causes d'avortement dans les maladies des annexes du fœtus, qui sont généralement des vices de sécrétion ou de nutrition ; par exemple : l'hydropisie de l'amnios , celle du chorion , qui constitue ce qu'on appelle les fausses eaux ; des dégénérescences hydatiques, tuberculeuses, etc., du placenta; des adhérences anormales du placenta à l'utérus; l'entortillement du cordon autour du corps du fœtus et sa rupture, et quelquefois des dégénérescences du cordon lui-même.

Après avoir ainsi énuméré, avec beaucoup de détails, les causes des avortements , soit qu'elles dépendent de la mère , soit qu'elles dépendent du fœtus , travail qu'il était important de faire afin que le vétérinaire puisse les combattre , les éloigner et éviter les pertes qui en résultent pour les propriétaires ; examinons de quelle manière , par quel mécanisme ces causes agissent pour provoquer l'expulsion du fœtus (1).

TRAITEMENT. — Le traitement doit varier suivant les indications qu'on a à remplir et qu'on peut réduire à quatre : 1° Prévenir l'avortement en éludant les causes qui le provoquent. — 2° Combattre la maladie qui le précède ou l'accompagne. — 3° Lorsqu'il est inévitable, aider à la femelle à mettre bas. — Enfin, remédier à ses suites.

1° *Prévenir l'avortement.* — On peut atteindre ce but ou en prescrivant seulement l'application des moyens hygiéniques, ou bien en y ajoutant des substances médicamenteuses.

Il est des causes auxquelles il est bien difficile de s'opposer, ou cela devient même quelquefois impossible, comme lorsqu'on a affaire à une mauvaise constitution des femelles, etc. Cependant, dans le plus grand nombre de cas, on peut sinon détruire du moins modifier l'influence fâcheuse de ces causes. Par exemple, lorsque le bassin est trop large et trop incliné en arrière, ce qui favorise la descente du vagin pendant la plénitude, on peut lui opposer une inclinaison en sens inverse du sol de l'écurie, qui annulera ainsi en partie la disposition première.

Quant au déplacement, à la descente de l'utérus qu'on observe dans le cas de bassin trop large, on peut s'opposer à sa formation en surveillant attentivement la femelle pendant le part, en empêchant que la femelle ne devienne pleine de nouveau. Du reste, la loi du 20 mai considère la chute du vagin et de l'utérus qui se sont produits chez le vendeur comme constituant un cas rédhibitoire.

D'une manière générale il faut recommander aux agriculteurs de ne pas faire porter les femelles trop jeunes; si elles sont petites, de ne pas leur donner des mâles d'une taille et d'un volume disproportionnés.

On ménagera aux habitations de ces bestiaux des portes assez larges pour qu'ils puissent entrer et sortir librement, sans s'exposer à être comprimés douloureusement lorsqu'ils se pressent en foule vers les ouvertures. On aura soin de loger les femelles assez spacieusement, d'aérer leurs habitations, de les tenir propres, de ne pas donner au sol trop d'inclinaison de la crèche vers le ruisseau du milieu.

On leur évitera les fatigues trop pénibles, le transport dans des pâturages éloignés, au moins dans les derniers temps de la grossesse, surtout quand les chemins sont mauvais, boueux et rendent la marche pénible ; on cessera de les employer à des travaux trop pénibles, de leur faire faire de longues marches, des courses pénibles.

On se gardera de les envoyer au pâturage, si l'herbe est couverte de rosée, de gelée blanche ; de leur donner à boire de l'eau trop fraîche, de les laisser stationner dehors par les temps de pluie, de brouillards humides, de fortes gelées.

On préviendrait, on diminuerait du moins le nombre des avortements épizootiques ou enzootiques si on avait soin que les femelles fussent plus uniformément nourries, si on les faisait sortir de temps en temps des habitations pour leur faire respirer un air plus pur et qu'on renouvelât celui de leurs écuries ; si on prévenait l'engouement des estomacs et des intestins par l'amas de substances alimentaires de digestion difficile et qui laissent beaucoup de matières fécales, en leur fournissant des boissons mucilagineuses, des aliments aqueux ou féculents et qui donnent peu de résidus après la digestion ; si on avait soin de ménager des abris aux troupeaux en hiver, surtout pour les garantir des vents froids, des pluies abondantes, de la neige, et en été même pour les juments qui, plus impressionnables, ont besoin d'être préservées de la chaleur trop vive et des piqûres d'insectes qui l'accompagnent, piqûres qui tourmentent cruellement ces animaux ; enfin, que pour toutes les femelles pleines on eût des approvisionnements d'hiver suffisants, de manière à ce qu'elles ne souffrissent pas de la disette.

C'est en suivant ces conseils que M. Delwart a pu faire cesser des avortements qui se renouvelaient fréquemment depuis plus de vingt ans dans une étable composée de trente vaches. Elles étaient nourries presque exclusivement avec de la drèche et les balles des céréales, aliments peu digestibles, qui laissent beaucoup de fécés, produisent la constipation, l'engouement du conduit intestinal, compriment l'utérus, gênent son développement et provoquent ainsi mécaniquement l'avortement. Il substitua à la drèche et aux balles des céréales des pommes de terre, des navets, carottes, etc. ; aliments féculents et mucilagineux, riches en principes assimilables et contenant peu de matière non digestible, et les vaches arrivèrent à terme sans accident.

Dans d'autres fermes, on est parvenu à faire cesser ces avortements, en quelque sorte enzootiques, en renouvelant les vaches tous les trois ou quatre ans avant qu'elles ne se fussent épuisées, en les faisant changer d'habitation, de pâturages, de régime alimentaire. (Fromage) Il faudra se conduire de la sorte toutes les fois qu'on ne pourra trouver les causes d'avortements qui deviennent habituels dans une ferme, changer complétement de régime, de localité, et renouveler souvent les femelles. Ce dernier conseil doit être suivi de bonne heure pour éviter des pertes multipliées.

Pour des femelles de prix on pourrait même conseiller ce qu'on conseille si fréquemment dans l'espèce humaine : l'émigration à des distances éloignées, de manière à produire un changement complet dans les habitudes atmosphériques et le régime.

2° *Combattre le trouble morbide qui précède ou accompagne l'avortement.* — Le premier et le plus important est la pléthore; elle peut devenir seule ou favoriser, par des circonstances accidentelles, la cause de l'avortement.

La pléthore est une condition habituelle de la plénitude; si elle se développe à un degré trop prononcé, ce qui arrive surtout chez les femelles d'un tempérament sanguin, elle exige un traitement particulier. On peut le diviser en préservatif et curatif.

Comme moyens préservatifs, il faut compter un régime moins abondant et moins nutritif, et on choisit ceux qui sont fort aqueux, des boissons en abondance, du son mouillé et nitré; dans les grandes femelles, on rend les boissons légèrement acidulées, et pour les carnivores, la chienne, la truie, la chatte, on étend du lait avec une grande quantité d'eau. S'il y a constipation, on fait usage de miel ou de mélasse que les juments prennent sans difficulté, ou bien, on ajoute chaque jour aux boissons de petites quantités de sulfate de soude, de potasse ou de magnésie et on les continue jusqu'à ce que le ventre se relâche. Comme la constipation est plus grave chez la vache, parce que ses excréments sont habituellement mous, elle doit être combattue avec plus de soin. On ajoutera aux moyens précédents des lavements, mais on évitera d'introduire une trop grande quantité d'eau à la fois ; on y renoncera même si la bête s'y prête difficilement. Le remède deviendrait alors fâcheux lui-même. La promenade à un air pur et vif, l'aération des écuries suffisent souvent à guérir la constipation des grandes femelles, et doivent être considérées comme d'excellents préservatifs de la pléthore ; la chaleur et le repos suffisant à eux seuls pour produire la pléthore. Chez la chienne on prévient la constipation par l'usage du bouillon de tripes, du lait étendu d'eau, simples ou additionnés de manne grasse de quinze à trente grammes par jour.

Comme moyens curatifs, nous avons en première ligne la saignée à laquelle on ne doit avoir recours que quand les moyens précédents ont échoué. Les praticiens ne sont pas d'accord sur la question de savoir s'il faut faire des saignées abondantes et rares, ou plus petites et plus répétées. Il s'était introduit en médecine vétérinaire l'usage de faire d'énormes évacuations sanguines, dans le temps où la doctrine de Broussais avait fait regarder l'excés du sang comme la cause de toutes les maladies; on ne tirait pas moins de cinq kilog. à la fois aux vaches et aux bœufs. Je n'ai jamais partagé ces exagérations qu'il est, je pense, inutile de combat!re maintenant que la doctrine de Broussais est tombée dans un discrédit complet. Une saignée de deux kilogrammes pour un cheval de taille moyenne , une de trois pour un grand ruminant dans la même condition; voilà, je crois , la quantité de sang qu'on doit tirer, sauf à revenir à une deuxième, peut-être même à une troisième si la persistance de la pléthore l'indiquait.

Les évacuations sanguines sont-elles sans danger dans la plénitude? Celles qui sont trop copieuses sont dangereuses, surtout dans les premiers temps de la gestation, pendant lesquels Brugnone et Delwart les ont vues produire l'avortement. Mais après le deuxième tiers de la gestation , elles sont mieux supportées.

Il convient peut-être ici de dire quelques mots des saignées de précaution que quelques personnes ont l'habitude de faire faire pendant la gestation des juments, comme moyen de prévenir soit la pléthore générale, soit la pléthore utérine, c'est-à-dire, la congestion sanguine de l'utérus , soit de rendre l'accouchement plus facile. On trouve bon nombre de praticiens qui assurent que les juments d'un tempérament sanguin, que l'on saigne vers le septième ou le huitième mois de la gestation , accouchent plus facilement. Je ne sache pas que cette opinion repose sur des faits bien constatés.

Si la pléthore a résisté à l'ensemble des moyens précédents, il faut mettre la femelle à la diète, la tenir dans un lieu obscur, loin des autres animaux, éloignée de toutes les autres causes d'excitation; on lui prépare une ample litière , et on se tient prêt à tout événement.

Phlegmasies. — Il faut les traiter dès qu'elles commencent, et les empêcher, s'il est possible , de faire trop de progrès. On emploiera contre elles les médications ordinaires, en ayant égard aux règles suivantes : éviter les moyens qui font naître de trop vives douleurs, l'administration forcée de breuvages, de médicaments ; l'application des irritants cutanés épispastiques, exutoires, comme aussi tout ce qui peut tendre à faire naître les contractions utérines, les purgatifs, par exemple, les lavements en grande quantité , ou bien lorsque la femelle fait beaucoup d'efforts pour ne pas les recevoir. Quant aux purgatifs, il faudra choisir ceux qui, comme le jalap et les purgatifs salins, agissent sur l'intestin grêle seulement, et sont peu irritants. Je viens d'indiquer plus haut ce qu'il y avait de particulier aux évacuations sanguines.

Phlegmasies de la poitrine. — Si elles s'accompagnent

de toux douloureuse, par quinte , on emploiera les narcotiques pour la calmer ; la décoction de têtes de pavot miellée , le lait , les préparations opiacées, la décoction des feuilles de morelle, jusquiame, qui ont l'avantage de ne pas constiper, comme le fait l'opium.

C'est au début de ces maladies que les avortements arrivent , pour les plénitudes commençantes. J'ai vu plusieurs fois un amendement se prononcer à la suite; quand la gestation est avancée, l'avortement ne survient que lorsque la maladie est arrivée à son plus haut degré , quelquefois même alors que la convalescence semblait commencer. L'avortement dans ces cas forme une complication grave pour la santé des femelles, en les affaiblissant, en prolongeant la convalescence, en les rendant longtemps incapables de servir lorsqu'on a le bonheur de leur sauver la vie.

Phlegmasies de l'abdomen. — Mêmes moyens , lorsqu'elles s'accompagnent de douleurs vives, de coliques, d'épreintes. Il est commun de voir survenir l'avortement lorsque les coliques sont violentes et qu'elles persistent quelque temps. Il est bien alors de les administrer en lavements, en applications externes. On fait des fomentations au moyen d'un drap de lit ou d'une couverture en laine, pliée suivant sa longueur, avec laquelle on entourera le ventre et les lombes. Toutes les causes qui ballonnent le ventre méritent d'être combattues avec soin ; si la tympanite est légère, des infusions légères de mauve, de tilleul, de feuille d'oranger, simples ou additionnées de quelques grammes d'éther sulfurique pour les grandes femelles, et lorsqu'il est la suite d'une indigestion.

Pour empêcher que la femelle ne se blesse en se couchant et en se relevant brusquement, comme cela arrive lorsqu'elle éprouve de vives douleurs, on éloignera d'elle tous les corps durs qui pourraient l'atteindre, et on la laissera libre, dans un local spacieux dont le sol sera amplement couvert de litière; on la fera sortir de temps en temps pour la promener et la distraire de ses souffrances.

On empêcherait sans doute un grand nombre d'avortements, par suite de maladies chroniques des estomacs ou des intestins, si on portait une sérieuse attention à l'état des femelles herbivores pendant les saisons froides et humides, les temps pluvieux ; si, lorsqu'on s'aperçoit qu'elles maigrissent, que le poil se dessèche, se hérisse, qu'il y a des frissons, des horripilations, on cessait de les envoyer au pâturage le matin et le soir; si on leur retranchait pendant quelques jours une partie de leur nourriture solide et qu'on la remplaçât par des tisanes d'orge, de rave, dans lesquelles on ajouterait un peu de tilleul, de bourrache, et si on leur mettait des couvertures, moyen que l'on néglige beaucoup trop.

Les phlegmasies aiguës et surtout chroniques de l'appareil digestif, que j'ai décrites dans ma pathologie générale sous le nom de fièvres gastriques, et qui sont produites d'une manière épizootique par certaines influences que j'ai bien caractérisées, amènent aussi la constipation, l'engorgement des intestins par les fécès. J'ai déjà suffisamment insisté sur le traitement de la constipation qui succède à une alimentation indigeste ; il est à peu près le même dans le cas actuel ; j'ajouterai que Brugnone l'a combattue avec succès par l'usage du lait de vache, de la décoction de guimauve et de graine de lin, avec un ou deux kilogrammes d'huile d'olive et de lin préparée sans feu et récente. Ce léger purgatif peut être donné sans inconvénient lorsque la muqueuse est enflammée.

Lorsque les maladies se prolongent trop, Flandrin recommande l'usage des stomachiques aromatiques et des martiaux pour fortifier les femelles. Le traitement qui convient le mieux alors est celui de la gastro-entérite chronique. Les bains tièdes pour les chiennes, en ayant soin de bien les sécher après par la chaleur des couvertures de laine, celle du foyer des cuisines.

Contusions, efforts —Les coups sur le ventre, les chutes, les efforts pour porter, tirer, réclament comme première indication la saignée. Un praticien du midi, M. Cruzel, conseille la saignée des veines mammaires qui sont dilatées pendant la plénitude et qui peuvent fournir abondamment du sang qui vient directement des parties malades et les dégage plus rapidement. Je crois avec lui que cette méthode est bonne, quoiqu'elle ait l'inconvénient d'amener d'énormes thrombus. Puis des émollients et des narcotiques, sous toutes les formes, les cataplasmes légèrement résolutifs de feuilles de mauve, de graine de lin et de fleurs de tilleul ou de sureau, que l'on applique à nu, entre deux linges ou dans un sac, et qu'on maintient appliqués sur le ventre ou sur les lombes ; les fomentations autour de l'abdomen. Si les douleurs des lombes sont très-vives, il faut faire des embrocations avec les huiles narcotiques d'opium, de morphine, de jusquiame ; les décoctions concentrées de pavot, de morelle.

Anémie, faiblesse. — Les femelles exténuées par de longues marches, des évacuations abondantes, une nourriture insuffisante, etc., seront mises dans de bonnes conditions de repos, de tranquillité, avec une température douce, de bons aliments. Flandrin conseille l'usage des cordiaux, sans spécifier ceux dont il veut parler. Bourgelat et Brugnone prescrivent des bols composés d'alun, de sang-dragon, de terre douce de vitriol, de diascordium par parties égales de chaque ; le tout entouré d'une quantité suffisante de miel. Brugnone recommande en outre la limonade sulfurique, de 50 centigr. à un gramme par litre d'eau ; comme topique, l'application sur les lombes d'un cataplasme composé de poudre de bistorte humectée de vinaigre, dans lequel ou aura fait cuire des noix de cyprès, de galle, et des feuilles de myrthe.

3° *Travail de l'avortement.* — Lorsqu'on a rempli toutes les conditions précédentes et qu'on n'a pu prévenir l'avortement, il faut en suivre le travail pour le faciliter. Il s'opère facilement si la gestation est peu avancée. Il arrive souvent que des juments ont si peu de souffrances, qu'on les laisse, les croyant rétablies, et que le travail s'opère en quelques instants ; en revenant, on trouve le fœtus sur la litière, derrière la mère qui ne présente d'autre symptôme consécutif que la flétrissure et l'agrandissement de la vulve, un peu de mucus gluant qui coule le long de la queue, des cuisses, des jarrets. Le fœtus est souvent entouré de ses enveloppes intactes. Nous avons vu que les femelles carnivores les mangent le plus souvent.

Après ces avortements si peu graves, il reste pendant quelques jours un peu de malaise, de la faiblesse, qu'on laisse disparaître par le repos à l'écurie ; et même, si le temps est beau, on peut laisser au pâturage les femelles qui y vivent habituellement. Des boissons farineuses, tièdes, du son mouillé et nitré pour les herbivores ; du lait, du bouillon, des aliments solides en petite quantité et d'un bon choix, suffisent au rétablissement.

Lorsque la gestation est plus avancée, il arrive qu'après que les enveloppes sont sorties, l'orifice du col de l'utérus se resserre, que le fœtus reste dans la matrice, s'y décompose. Les parties molles sont ensuite rendues en une sorte de détritus fétide, les petits os s'échappent aussi ; mais la masse du squelette reste dans la matrice, où on les trouve à l'ouverture du corps, lorsque la femelle succombe ; on trouve aussi les lésions anatomiques de la métrite chronique. D'autres fois, on a vu les os enflammer les parois de l'utérus qui contractent des adhérences tantôt avec le rectum, tantôt avec les parois abdominales elles-mêmes ; les tissus s'ulcèrent et les os sortent ainsi, à la suite d'un abcès, par le rectum ou par la peau (Cloquet, *Instr. vétérinaires.*—Gohier, *Mémoires et Observat. de médecine et de chirurg. vétérin. pratique*). J'ai souvent trouvé dans la matrice de juments, mortes de différentes maladies, des portions de squelettes appartenant à des fœtus très-jeunes.

L'avortement qui a lieu dans la période la plus avancée de la gestation peut présenter les mêmes accidents que le part ordinaire, et de plus graves même à raison de la violence et de la rapidité avec laquelle il s'opère. Du reste, toutes les complications que présente le part peuvent se rencontrer avec cette différence, que le fœtus, étant moins volumineux qu'il ne l'est à terme, oppose moins de difficultés pour les passages.

Souvent le petit arrive mort ; lorsqu'il est vivant, il est faible, il vit à peine quelques jours ; il s'écoule par ses naseaux un mucus légèrement coloré en rouge, comme rouillé ; son corps est froid et pâle, ses chairs sont flasques, il est maigre ou gonflé, fait entendre des cris plaintifs et ne tarde pas à mourir dans les convulsions.

On remarque que les avortements les plus pénibles,

les plus rapides, sont ceux par cause externe ; il arrive alors, ce qui est peu commun, une hémorragie utérine chez la vache ; mais cet écoulement de sang, qui dépend de la rupture des vaisseaux du pédoncule des cotylédons utérins, n'a rien de bien inquiétant et cesse en général de lui-même ; la manière dont le placenta est en rapport avec l'utérus, disposition que j'ai indiquée avec soin en décrivant les placentas, explique la rareté des hémorragies, leur peu de gravité et aussi la rareté de la phlébite, même lorsque le fœtus et le placenta se putréfient en partie dans l'utérus, au lieu de la prostration et de l'adynamie, qui dans ces cas sont si communes dans la chienne et la chatte.

4° *Traiter les suites de l'avortement.* —Ces suites sont : la descente du vagin, sa *déchirure* et celle de la vulve ; la chute du rectum, la hernie de la vessie ou cystocéle vaginal, parce qu'il se fait par le vagin, entouré par une portion de ce conduit ; la chute ou le renversement de la matrice, et enfin le plus souvent l'adhérence énergique du placenta qu'il faut extraire. C'est à propos du párt à terme et de la délivrance que nous traiterons de ces accidents. Je ne parlerai pas non plus d'une maladie fréquente à la suite, la métrite ; c'est à la pathologie interne qu'il faut renvoyer.

La mère peut périr par la violence des douleurs, pendant ou après le travail.

Le fœtus, lorsqu'il est gros, reste souvent enfermé dans l'utérus, sans qu'on puisse l'extraire en entier.

L'embryotomie devient quelquefois indispensable pour sauver la mère.

Comme je l'ai dit aussi, c'est à l'avortement qu'on rapporte le développement d'une foule de maladies, dont plusieurs existaient peut-être déjà auparavant, mais deviennent apparentes à partir de ce moment, comme les affections tuberculeuses. Ces maladies sont, outre la métrite dont la production est facile à comprendre, des gastro-entérites chroniques avec trouble des digestions, la tuberculisation des ganglions mésentériques, celle du poumon. Avec la métrite chronique ou l'irritabilité développée de l'utérus, se manifeste cette névrose des femelles qui fait donner aux vaches le nom de taurelières, attendu qu'elles éprouvent constamment des besoins de copulation, comme si elles étaient en chaleur.

Après l'avortement qui s'est opéré à une époque avancée de la gestation, les mamelles doivent fixer l'attention du vétérinaire. Si le travail a été long et douloureux, que la matrice ou tout autre viscère reste malade, les mamelles cessent de sécréter du lait, deviennent flasques et pendantes; s'il n'en est rien, la sécrétion du lait se faisant avec activité, il peut se faire un engorgement laiteux si on n'a pas soin de traire la femelle. Chez celles qui fournissent habituellement du lait pour la consommation et qui sont bonnes laitières, ce produit se renouvelle à peu près comme si le part avait eu lieu à terme. Le propriétaire en tire donc le même parti et n'a éprouvé que la perte du veau, du chevreau ou de l'agneau qui sont morts. Il est d'usage cependant de faire couvrir les femelles qui ont avorté, dès qu'elles manifestent des signes de chaleur, lorsqu'on a la possibilité de pouvoir ensuite nourrir leurs petits, en quelque saison qu'ils naissent.

CHAPITRE IX.

DU PART, DE L'ACCOUCHEMENT.

Le part consiste dans l'expulsion d'un fœtus viable à travers les passages naturels. Il est dit simple ou naturel, lorsqu'il se fait facilement; laborieux, quand il est long et pénible; artificiel, si l'art est obligé d'intervenir pour amener le fœtus; prématuré ou précoce, quand il se fait avant le terme; normal et retardé, quand il a lieu après.

Part prématuré. — Rien de particulier dans le mécanisme de l'accouchement. Les poulains seulement sont faibles, au rapport de Brugnone, et périssent le plus souvent avant d'avoir atteint leur seconde jeunesse. M. Demoussy pense de même. La même remarque s'applique aussi aux autres petits. Cette grande mortalité chez des fœtus viables provient sans doute de ce que leur faiblesse exige des soins particuliers, qui ne leur sont point donnés.

L'opinion de Brugnone est que le poulain n'est pas viable avant le dixième mois.

Il existe une croyance en Allemagne que la durée de la gestation comporte quelques jours de plus pour un mâle que pour une femelle de l'espèce bovine, et cependant le mâle, dans les parts doubles, naîtrait avant la femelle. Cette croyance n'a pas été jusqu'à ce jour confirmée par les faits d'une manière générale. Le docteur Numan, directeur-professeur de l'école vétérinaire d'Utrecht, pense que la présentation première du veau mâle pourrait bien tenir à ce qu'en général il a le corps plus volumineux que la femelle, et que les contractions de l'utérus ont alors plus de prise sur lui pour son expulsion. Mais le directeur de l'école d'Utrecht a vu aussi dans les portées doubles que le mâle ne naissait pas toujours le premier, et que la femelle était plus grosse que le mâle.

Quant à son opinion que la matrice expulserait le plus gros fœtus le premier, elle ne s'appliquerait qu'au cas où chacun des gémeaux occuperait un des compartiments de l'utérus. Car si l'un se trouvait dans une corne et l'autre dans le corps du viscère, comme cela se voit quelquefois, nécessairement, et quel que fût son volume, ce dernier devrait voir le jour le premier (*Journal vétérinaire et agricole de Belgique*, troisième année, p. 168).

Part retardé. — Quoique les naturalistes et les auteurs de physiologie comparée aient abordé ce sujet, c'est spécialement aux employés supérieurs des haras et aux éleveurs des bestiaux qu'on doit quelques lumières sur cette question.

La jument, dans l'opinion générale, met bas un peu après le 11ᵉ mois, ou le 330ᵉ jour; d'après Brugnone, c'est 11 mois et quelques jours, quelquefois un an, rarement plus. Le célèbre Simon Winter est le premier qui ait présenté des relevés exacts. 15 juments, pour lesquelles on nota avec soin l'époque de la monte, ont accouché aux époques suivantes : 8 après 340 jours, 3 après 342 j., 3 après 343 jours, une seule à 346 jours. Brugnone après lui, ayant pris note des époques de la monte et de celles du part chez 55 juments, a obtenu le tableau suivant.

1—10 mois , 7 jours—le poulain vécut 7 mois.
1—11 mois moins 1 j. (329 j.), la pouliche vécut 21 j.
2—330 j. —les poulains véc., dev. agiles et robustes.

2—333 jours.	3—345 jours.	
2—334 »	4—346 »	
2—335 »	4—347 »	
4—336 »	1—348 »	
2—337 »	2—351 »	
2—338 »	2—352 »	
1—339 »	1—353 »	
3—340 »	1—356 »	
1—341 »	1—557 »	
3—342 »	1—369 »	
5—343 »	1—359 » (13 mois).	
2—344 »		

La différence entre le terme le plus précoce et le plus retardé est de 77 jours, soit deux mois et demi. Brugnone conclut de son tableau : 1° que la gestation n'est complète qu'à un an; 2° que passé ce terme il n'y a aucune époque fixe.

Tessier a fait un relevé sur 200 juments.

3—311 jours.	45—340 à 350 jours.
9—314 »	25—350 à 360 »
1—325 »	21—350 à 377 »
1—326 »	1—394 jours.
2—330 »	

Ici il existe une différence de 83 jours entre les deux termes extrêmes de ce tableau.

Grognier, dans son *Traité de multiplication des animaux domestiques*, a donné dans un tableau attribué aussi à Tessier, 287 jours comme le terme le plus court et 419 comme le plus long; ce qui met 152 jours de différence entre le part le plus précoce et le plus retardé.

Le journal d'*Economie rurale belge*, année 1829, a trouvé comme minimum 322 jours; comme moyenne 347 et comme maximum 419; différence 97 jours.

Les quatre relevés précédents ont été faits par Winter en Allemagne, par Brugnone en Italie, Tessier en France, et le quatrième en Belgique. Peut-être les différences des localités et des races ont-elles apporté quelque différence dans la durée de la gestation.

Les Mémoires de la *Société industrielle d'Angers*, (n° 2, 11ᵉ année, p. 55) contiennent une lettre d'un M. Grille sur le même sujet.

Sur 114 juments, 5 ont pouliné le 309ᵉ jour.

2—316ᵉ jour.	44—350ᵉ au 370ᵉ jour.
3—325ᵉ »	8—377ᵉ jour.
2—230ᵉ »	2—383ᵉ »
47—330ᵉ au 350ᵉ jour.	1—393ᵉ »

Différence entre les extrêmes : 93.

S'il était permis de conclure de la femme à la vache , chez lesquelles la durée de la gestation est la même , le veau , comme l'enfant , serait viable à sept mois ; et les faits semblent donner de la valeur à cette conclusion , fondée sur l'analogie. Suivant M. Numan il résulte d'un tableau dressé par Earl Spencer , sur la durée de la gestation de 764 vaches , que la période la plus courte de la gestation pour un veau viable est de 220 jours ou 7 mois et 10 jours et la plus longue de 313 ou 10 mois et 13 j. Il ne réussit pas cependant à élever un veau né avant le 242e jour , c'est-à-dire , 8 mois et 2 jours. Un veau naissant avant le 260e jour , à 8 mois et 20 jours , doit être, suivant lui, considéré comme venu avant terme, quoique la santé du jeune animal n'en souffre pas. Le même tableau indique aussi que, sur un total de 764 vaches , 314 vêlèrent avant le 284e jour et 310 après le 285e. Il établit donc que la période naturelle de la gestation chez la vache doit être fixée à 284 ou 285 jours (40 semaines et 4 ou 5 jours , ou 9 mois et demi), et non à 270 (38 semaines et 4 jours , ou 9 mois), ainsi qu'on l'indique dans quelques ouvrages sur l'Élève du bétail.

De Labereblaine (1816) a fixé la durée de la gestation comme il suit :

Sur 160 vaches 14 vêlèrent du 241e au 266e jour , ou 8 mois et 1 jour à 26 jours.

3 vaches vêlèrent le 270e jour.

50 vaches vêlèrent du 270ᵉ au 280ᵉ jour.

68   «   du 280ᵉ au 290ᵉ   id.

20   le 300ᵉ jour.

 5   le 308ᵉ   id. 10 mois et 8 jours.

Suivant les remarques de Tessier (1817), la parturition eut lieu pour   .

21 vaches du 240ᵉ au 270ᵉ jʳ. Terme moyen 259jˢ 1/2.

                              (8 mois 19 jours).

544   id. du 270ᵉ au 299ᵉ jour.   id.   288 jours.

 10   id. du 299ᵉ au 331ᵉ jour.   id.   303 j. (de 8 mois 19 jours à 10 mois).

Burger (1833) donne sur un total de 16 vaches, comme terme le plus court de la gestation chez une vieille vache le 270ᵉ jour, et le plus long chez une primipare le 290ᵉ jour.—Terme moyen, 288 (de 9 mois à 9 mois et 20 jours.

D'après le bulletin de la Société industrielle d'Angers et du département de Maine-et-Loire, nº 2, 11ᵉ année. (Extrait d'une lettre de M. Grille),

Sur 160 vaches 15 ont vêlé du 210ᵉ au 265ᵉ jour; c'est-à-dire, du 7ᵉ au 9ᵉ mois.

6 vaches ont vêlé le 270ᵉ jour.

34   du 270ᵉ au 280ᵉ jour.

71   du 280ᵉ au 290ᵉ   »

22   . le 300ᵉ jour.

12   le 308ᵉ   » (10 mois et 8 jours, c'est-à-dire, 98 jours entre les deux extrêmes).

M. Bouman, cultivateur du Bremster, province du nord de la Hollande, a communiqué à M. Numan un aperçu comparatif des résultats qu'une observation de sept années (de 1834 à 1839) lui a fournis sur la durée moyenne de la gestation de 141 vaches.

1834.   23 vaches ont porté leur veau 276 jours.
1835.   —   —   277   id.
1836.   —   —   278   id.
1837.   —   —   279   id.
1838.   —   —   280   id.
1839.   —   —   283   id.

Durée moyenne , 278 jours et demi , ou 9 mois et 8 jours.

En 1840, la gestation de 27 vaches fut de 269 à 289 jours. Terme moyen, 275 j., 3/4 (9 mois et 5 jours).

La conséquence que M. Numan tire de ces faits est que la durée de la gestation, dans la vache hollandaise, est plus souvent au-dessous de 280 jours (9 mois et 10 jours) qu'elle ne dépasse ce terme, ainsi que les auteurs étrangers l'établissent. Il se demande si le climat, le mode d'alimentation , les races ou d'autres circonstances ne sont pas capables de déterminer cette différence.

En effet, si l'on tient compte des chiffres du tableau qui précède, on verra que , de 1835 à 1838 , la moyenne augmente d'un jour chaque année ; tandis qu'en 1839 elle augmente de 3 jours, et de 1839 à 1840, cette durée s'abrège singulièrement , non-seulement pour les vaches de M. Bouman mais encore pour celles d'autres éleveurs hollandais. Il pense que ce qui peut avoir contribué à prolonger la durée de la gestation de 1839 à 1840, c'est la moindre alimentation que les vaches reçurent cette année et surtout sa moindre qualité. Bien que cet agriculteur croie que le hasard puisse être pour quelque chose dans ces variantes sur la durée de la gestation, il reste convaincu qu'il est d'autres causes que les précédentes, peu connues, qui font naître les différences dans la durée du terme de la gestation, sans inconvénient pour les mères, ne fût-ce que l'âge. Nous avons déjà vu que, suivant Burger, le terme serait plus long chez les primipares que chez les vaches âgées.

M. Dufour (*Annales de l'agric. française*, avril 1837), en décrivant les diverses espèces bovines de l'Allemagne, remarque que les parturitions les plus prématurées chez elles ont lieu le 240e jour, et les plus tardives le 313e jour (10 mois et 13 jours), et que dans les plus fortes races la portée est un peu plus longue que dans les races légères. Il fait cette remarque que malgré l'immobilité des lois de la nature, quant à la reproduction, elle paraît se permettre sous ce rapport des déviations plus nombreuses envers les animaux qu'envers l'homme.

Concluons : 1° Jusqu'à ce jour les relevés n'établissent presque pas de différences quant à la durée de la portée entre les vaches de races française, allemande et hollandaise.

2° L'âge semble en apporter une plus sensible ; les vaches âgées vêlent généralement plus tôt que les primipares.

3° Les circonstances hygiéniques et surtout l'alimentation peu abondante ou de qualité inférieure sont notées comme cause du retardement du part.

S'il est vrai de dire que la prolongation de quinze jours, d'un mois ou même plus, est en général sans inconvénient pour la mère ; il n'en est pas toujours ainsi et plus particulièrement quand la gestation ne s'effectue que deux ou trois mois après le terme. Dans ces derniers cas, quoique la santé n'ait offert aucun dérangement apparent, le veau prend un accroissement tel que la parturition n'est plus possible, au moins est-elle très difficile ; le veau perd la vie ; il faut l'extraire par pièces et la mère succombe quelquefois, comme les faits suivants le prouvent.

En 1834, M. Manvie, vétérinaire à Epe, province de Gueldre, observa une vache qui porta près de 16 mois ; la parturition ne pouvant pas avoir lieu à raison du volume du veau, elle fut abattue : le veau pesa 61 kilog.

En 1831, on conduisit à l'école vétérinaire d'Utrecht un veau qui avait séjourné dans l'utérus 15 mois moins 2 jours. Cette vache avait un ventre très considérable ; elle rendit des eaux en abondance et eut, du reste, un part régulier, bien que le fœtus se soit présenté par l'extrémité postérieure et en position dorso-pelvienne.

En 1815, dit M. Numan, on me présenta un veau hermaphrodite mâle qui pesait 80 kilog. ; la mère l'avait porté 345 jours (11 mois 1/2), mais il fallut l'extraire par pièces.

Enfin Grognier rapporte dans son *Précis de multiplication* (1834, page 248), à propos des gestations tardives sans trouble de la santé, qu'un cultivateur de sa connaissance ayant fait saillir une vache noire très vigoureuse, âgée de 5 ans, le jour de la St-Denis, cette vache, qu'aucun autre taureau n'approcha depuis, n'éprouva des douleurs sérieuses du part qu'à pareil jour de l'année suivante.

Le travail se prolongeant on appela un vétérinaire qui reconnut que le petit était vivant, mais avait acquis le volume d'un veau ordinaire âgé de deux mois. Il fut obligé de le dépécer pour l'extraire; la mère se rétablit en peu de jours et porta d'autres veaux qui arrivèrent au terme ordinaire.

Qnant à la truie, sur 65 de ces femelles, 2 ont fait leur petit le 104e jour ; 10 du 110e au 115e; 23 du 115e au 120e ; 27 du 120e au 125e; 2 le 126e; 1 le 127e.

La durée ordinaire de la gestation dans cette femelle est généralement fixée à trois mois, trois semaines et trois jours, soit 114 jours. Il suit donc de ce relevé que la portée de la truie peut durer dix jours de moins qu'on ne l'a cru, et se prolonger treize jours de plus.

La moyenne de ce relevé est 120 jours, et la différence entre le part le plus précoce et le plus éloigné, de 23 jours.

A l'égard de la lapine, on fixe généralement la durée de ses portées de 25 à 30 jours. Voici ce qu'ont appris des observations rapportées par le *Bulletin de la Société industrielle d'Angers* :

Sur 151 lapines,

1 a mis bas au 27e jour,

7 id. du 28e au 29e jour,

53 id. le 30e jour,

61 id. le 31e jour,

29 id. du 32e au 34e jour.

Aucun relevé semblable n'a été fait jusqu'à présent pour les brebis, les chèvres, les chiennes et les chattes.

Part retardé par accident. — Nous appellerons ainsi le part qui dépasse d'un ou de plusieurs mois la durée de la gestation ordinaire, et constitue un état de maladie. En général, un commencement de travail a eu lieu à l'époque ordinaire chez les femelles qui ont offert ce retard. Les causes en sont nombreuses :

1° La rotation de la matrice sur son axe, accident sur lequel j'ai insisté ailleurs (Torsion du col).

2° Les adhérences des ligaments de la matrice qui empêchent la partie voisine du col de se contracter et de se dilater.

3° L'induration du col qui ne peut céder qu'au débridement, lequel n'a pas été pratiqué ou au moins ne l'a pas été en temps convenable.

4° L'écoulement des eaux, le resserrement du col,

l'adhérence de l'utérus au placenta, de celui-ci aux membranes ou à quelqu'une des parties du fœtus par suite de contusions et d'inflammations développées pendant la gestation.

5° L'inertie de la matrice et la persistance de cet état chez les femelles faibles, lorsque la gestation est encore peu avancée.

6° Enfin, les positions vicieuses du fœtus, qui ne lui ont pas permis d'être expulsé par le travail habituel de l'accouchement.

Dans la plupart des cas, le fœtus meurt avant le commencement du travail; dans d'autres, au contraire, il a continué à vivre et a pris un volume tel, que sa sortie est devenue impossible.

Huzard père a communiqué un de ces faits à l'Académie des sciences. « Une vache, que le vétérinaire Marmande fut appelé à visiter chez un de ses clients, donna des signes de part et rendit ses eaux sans mettre bas. Elle resta souffrante ; le ventre était très-gros, et en le palpant, on sentait le veau dans l'utérus. Sur l'avis que le vétérinaire en donna à M. Huzard, celui-ci fit ordonner par le ministre de l'intérieur que la bête serait conduite à Sceaux, où l'on pourrait l'observer. Elle parut d'abord engraisser; puis elle maigrit, et succomba après avoir porté son veau quinze mois; six mois au-delà du terme ordinaire. A l'autopsie, on trouva les enveloppes dures, épaissies, adhérentes à la peau du jeune sujet. Celui-ci était bien conservé, avait les chairs fraîches, plus blanches que celles d'un veau de lait, et pesait 35 kilogr. Les dents étaient développées comme celles d'un veau de quarante jours. Sa tête se présentait à l'orifice utérin, le front et les mâchoires dirigées en bas et appliquées sur la paroi inférieure de la matrice, où elles avaient amené la formation d'un abcès. Ses membres de devant étaient croisés l'un sur l'autre à l'endroit des genoux. On regarda cette situation vicieuse comme l'obstacle qui avait empêché la mise bas. »

M. Delwart cite deux observations de fœtus de vache retenus dans l'utérus, l'un deux mois, l'autre deux ans.

Il faut vendre et livrer à la boucherie les vaches qui ne peuvent se débarrasser de leur fœtus, lorsqu'aucune opération n'en permet l'extraction artificielle. Si elles sont maigres, il faut leur pratiquer une saignée, et les faire mettre au pâturage et au régime de l'engraissement; mais nous avons vu qu'elles périssent quelquefois.

Les parts retardés s'observent dans d'autres femelles que la vache. M. Huzard fils a offert, en 1815, à la Société de la Faculté de médecine de Paris, une matrice de brebis appartenant à une personne de Songeons et contenant un fœtus d'agneau à terme, qui y aurait séjourné trois ans. L'année suivante, M. Morel de Vindé eut l'occasion d'observer un fait analogue dans une brebis mérinos de son troupeau.

On observe généralement que les fœtus qui ont séjourné longtemps dans l'utérus sont recouverts, encroûtés d'une couche de matière ressemblant à du plâtre, qui isole le corps, et semble préserver le fœtus de la décomposition putride. Cela n'arrive que quand le fœtus est resté entouré de ses enveloppes et d'une certaine quantité des eaux. Si ces dernières se sont écoulées, les chairs se ramollissent, se réduisent en putrilage qui s'échappe par la vulve pendant un temps plus ou moins long; les portions des os encore peu solides, la partie spongieuse sont rejetées aussi; il ne reste que quelques os, comme ceux des mâchoires, du crâne, la partie moyenne des os longs. Le fait de ce genre le plus remarquable est consigné dans les *Instructions et Observations sur les maladies des animaux domestiques*, par Chabert, Flandrin et Huzard, t. 2, et rapporté par Coquet : « Une vache fort maigre fut achetée à bas prix dans l'espérance de la guérir et de l'engraisser. Elle offrait comme symptômes, de l'inappétence, une grande soif et une diarrhée qui devint bientôt plus abondante et fétide. En examinant avec attention les fécés de cette vache, Coquet reconnut des portions d'os, et le propriétaire lui montra des corps de même nature qu'il avait déjà trouvés, une portion du canon, la moitié du maxillaire supérieur, plusieurs os du carpe et du torse, etc. Vingt-un jours après, la mort de la vache lui permit de reconnaître dans le colon, à 83 centimètres au-dessus du point où com-

mence le rectum, une perforation sur sa paroi inférieure et latérale, à bords durs, épais, noirâtres ; le
colon était rempli d'un mucus purulent, semblable à
celui qui était rendu par les déjections ; des portions
d'os du bassin, de l'épine, de la tête, étaient implan-
tées dans les parois de l'intestin ; le fond de l'utérus
était induré, épaissi ; la perforation, qui avait certainement eu lieu pour laisser passer les os s'était cica-
trisée si bien qu'on ne pouvait en trouver aucun ves-
tige. Au reste, sa cavité ne contenait plus d'os, et son
orifice était resserré au point qu'un stylet le traversait
avec peine. Le péritoine et le mésentère étaient enflammés et contenaient un épanchement séro-sanguinolent. » Le volume des os trouvés dans l'intestin fit
penser à Coquet qu'ils avaient dû appartenir à un fœtus
à terme.

Le vétérinaire Gerdy a cité, dans le même recueil,
l'observation du séjour dans l'utérus d'une tête de veau,
pendant 18 mois. La vache avait un écoulement purulent épais par le vagin, et elle avait beaucoup maigri ;
elle était, du reste, soumise aux mêmes travaux que
les autres. Conduite au taureau, elle offrit quelques
jours après les symptômes d'une vache qui va vêler.
Gerdy, explorant la matrice par le rectum, constata
la présence d'une tumeur du volume d'une bouteille ;
il introduisit donc la main par le vagin, trouva le col
dilaté, parvint dans la cavité de l'utérus et s'assura
que la tumeur était formée par une tête de veau, com-

me enchatonnée dans le tissu du viscère. Il fut obligé de désarticuler la tête qu'il enleva par portions et dans laquelle il y avait une matière semblable à de la chaux. On fit des injections d'eau tiède, l'écoulement s'arrêta, l'appétit redevint bon et lorsque les forces furent entièrement revenues, elle fut de nouveau livrée au mâle.

De pareilles observations se sont multipliées depuis. Gohier et moi nous en avons recueilli un bon nombre. J'ai déjà expliqué pourquoi les décompositions putrides qui suivent ces rétentions du fœtus ne donnent pas lieu généralement à des résorptions mortelles chez les femelles herbivores, et pourquoi la chienne et la chatte éprouvent le contraire.

DES PHÉNOMÈNES DE L'ACCOUCHEMENT. — Des symptômes précèdent ou accompagnent le part. Les premiers sont les douleurs, l'écoulement des glaires sanguinolentes, la formation de la poche des eaux ; les seconds sont la rupture de la poche des eaux, la sortie du fœtus et la délivrance.

SIGNES PRÉCURSEURS. — *Douleurs.* — On appelle douleurs les sensations pénibles qui accompagnent les contractions de la matrice ; de sorte que les douleurs annoncent les contractions et sont produites par elles, par suite de la compression qu'éprouvent les nerfs de la matrice qui se resserre énergiquement sur le petit. Elles sont caractérisées dans les femelles par un air d'abattement et de tristesse, par le regard dirigé vers le ventre, un état de malaise anxieux qui les porte à changer de place à chaque instant. Aussi avons-nous insisté sur la nécessité de les laisser libres.

Vagues et rares, éloignées dans les premiers temps où la jument les indique par l'agitation de sa queue , par le rapprochement de ses jambes sous le corps comme si elle voulait se coucher , le changement de position dès que les douleurs s'apaisent : si elle vit au pâturage, elle se remet alors à pâturer jusqu'à ce que de nouvelles douleurs surviennent.

Avec les douleurs se montrent d'autres phénomènes: l'expression générale de la lassitude et de l'abattement, la tendance au repos , la pesanteur de la marche qui ne permettent pas toujours à la femelle de suivre le troupeau ; l'abaissement du ventre , le creusement des flancs, l'affaissement des muscles fessiers , l'écartement apparent des hanches, le relâchement des parties molles du train de derrière , ce qui fait dire aux gens de campagne que la femelle se démanche, se désosse ; le gonflement des mamelles, l'érection des mamelons, surtout chez celles qui ne fournissent pas de lait hors le temps de la lactation; l'écoulement par gouttes d'un lait gluant et visqueux , souvent un œdème qui s'est développé entre les cuisses , au périnée ou sous le ventre.

Il est une détermination instinctive à toutes les femelles aux approches du part, c'est de s'éloigner des autres animaux et même de l'homme pour chercher le repos et se mettre à l'abri de toute attaque ; car les femelles primipares éprouvent de l'embarras, sont plus longtemps à mettre bas, si on épie leurs mouvements, si on les tourmente à force de soins. Aussi, dans les traités de haras recommande-t-on d'éloigner des femelles qui vont mettre bas toutes les personnes étrangères, le palefrenier même doit se tenir à distance.

Aux approches du part les femelles expriment aussi leurs souffrances par leurs cris et font leurs préparatifs; les beuglements de la vache, les bêlements de la brebis, les grognements de la truie se font entendre, etc. ; la femelle, si elle est libre, marche lentement, sans but déterminé, écoutant en quelque sorte ses douleurs. La truie ramasse à la hâte de la paille ou toute autre litière pour le lit de ses petits; la chatte place le linge et les objets qu'elle peut se procurer; la lapine surtout enferme dans sa loge de la paille, des feuilles sèches, qu'elle garnit ensuite de duvet qu'elle arrache à son propre poitrail; enfin les grandes douleurs surviennent, l'utérus semble appeler à son aide les contractions des muscles abdominaux, le ventre s'abaisse davantage, la croupe devient horizontale par l'abaissement en arrière du bassin, un sillon creux se forme de chaque côté du sacrum, les douleurs se rapprochent de plus en plus, deviennent plus fortes, l'agitation et la fièvre augmentent, les mouvements des flancs se pressent, les urines et les matières fécales sont rendues fréquemment.

Pendant que ces phénomènes se passent, si on saisit

un moment de calme pour introduire un doigt dans le vagin, on s'assure que ses parois sont comme tuméfiées ; en arrivant jusqu'au col on trouve que son orifice s'est rapproché de l'extérieur , qu'il est mou , un peu raccourci ; qu'il s'indure pendant les douleurs et se raccourcit davantage. Alors aussi on sent la poche des eaux qui commence à se former. Nous allons traiter avec plus de détails de ces phénomènes dans l'article suivant.

TRAVAIL DU PART. — *Causes*. — On admettait autrefois l'influence du petit , aussi croyait-on que sa mort rendait l'accouchement impossible ou fort difficile : ce qui est une erreur. Seulement le travail est plus lent dans ce cas ; ce qu'il faut attribuer à l'absence de stimulation de la part du fœtus qui ne fait plus de mouvements et n'excite plus ainsi la surface interne de l'utérus. La mort du fœtus peut agir aussi d'une manière toute mécanique , d'une part à cause de la mollesse, de la résolution de ses parties qui ne fournissent pas un point d'appui assez ferme à l'utérus, et d'autre part, si le corps en se putréfiant prend un volume considérable par l'infiltration de gaz, et qu'en distendant la matrice à l'excès, il en amène la paralysie.

En médecine humaine, on pense que c'est à la dilatation de la portion inférieure de la matrice qui avoisine le col et qui se fait dans les derniers temps , qu'est dû le tiraillement des fibres du col et son ouverture. Les nerfs sensibles, du haut de la moëlle, se répandent surtout dans le col utérin ; or , lorsque le col s'évase, s'élargit, les nerfs du col sont alors tiraillés, distendus, comprimés ; de là les douleurs. Le corps de la matrice reçoit ses nerfs du système du grand sympathique qui est insensible pour l'utérus comme pour la vessie ; c'est au col que réside la sensibilité et c'est par suite des sensations qui y sont ressenties que la contractilité du reste de l'organe entre en exercice. Cette explication ne peut point convenir aux animaux chez lesquels il n'y a pour ainsi dire point de corps, mais seulement deux branches ou cornes.

Pour moi les deux causes principales sont les suivantes : il faut 1° que le tissu fibreux de l'utérus soit entièrement transformé en substance musculaire ; 2° que, sans doute, les vaisseaux du placenta et de l'utérus éprouvent quelques modifications, par suite desquelles le fœtus et ses membranes deviennent comme un corps étranger dont la présence fatigue l'utérus et excite ses contractions , absolument comme on voit se rétrécir le canal artériel et le trou de Botal ; ou par la même raison qu'un fruit tombe quand il arrive à sa maturité ; les vaisseaux tendant à s'oblitérer et les adérences à se rompre.

Contractions utérines. —Ce sont elles qui produisent l'expulsion du fœtus. Le col se raccourcit d'abord et se dilate légérement. Les contractions utérines commencent à s'opérer du fond de l'utérus vers ses bords; les eaux comprimées poussent les membranes qui vont s'engager à travers le col entr'ouvert.

Dans les matrices à cornes, chaque petit forme un renflement particulier; plusieurs petits sont placés les uns à la suite des autres; par conséquent on ne peut admettre que les contractions commencent par le bout d'une corne , car les derniers petits seraient ainsi refoulés sur les premiers, et tous sortiraient pêle-mêle, étouffés par la compression. Aussi faut-il se représenter chacun des renflements des cornes qui correspond à un petit, comme constituant une matrice indépendante, comme pouvant se contracter isolément. Chacune de ces petites matrices se contracte donc à son tour, les plus rapprochées de l'orifice utérin entrant les premières en action , tantôt du côté droit, tantôt du côté gauche ; de telle sorte que si le premier renflement de la corne droite se contracte le premier et expulse le fœtus , le premier de la corne gauche se contracte ensuite ; puis le second de la corne droite et le second de la corne gauche après lui , et ainsi de suite. Les autopsies le prouvent : si on ouvre une chienne morte après avoir mis bas de deux petits seulement , on trouve que chacun de ces deux petits appartient à une corne différente; en général il en manque toujours à chaque corne la moitié du nombre total de ceux qui ont été expulsés. Il arrive fort rarement dans les femelles où la gestation a lieu entièrement dans les cornes , que deux petits se présentent à la fois au dehors. Tout porte à croire que lorsqu'il en est ainsi, cela tient à ce que deux petits se trouvaient ensemble dans le même amnios ou au moins sous le même placenta.

Quoique nous n'ayons pas été à même de constater de doubles présentations dans la lapine, on comprend que cela pourrait peut-être arriver plus facilement, parce que les deux cornes s'ouvrent dans le vagin chacune par un orifice séparé.

Glaires. (Mouillures). — On nomme ainsi l'écoulement muqueux qui se fait par la vulve des femelles lorsque le travail du part commence. La ressemblance du mucus avec la glaire de l'œuf lui a fait donner ce nom qui a été conservé dans les traités d'accouchement. Il est le résultat de la sécrétion plus abondante de la muqueuse du vagin et de la vulve. Une vieille opinion faisait venir les glaires des eaux de l'amnios qui, comprimées par l'utérus, filtrent à travers les membranes; c'est une erreur abandonnée maintenant.

C'est un ou deux jours avant le part que commence l'écoulement des glaires. Chez la brebis c'est quelquefois un petit nombre d'heures seulement auparavant. Dans quelques cas, suivant Daubenton, on observe un semblable flux vingt à trente jours avant le part. Il est probable qu'alors il y a de l'irritation du côté de l'utérus, et qu'il se fait un écoulement catarrhal morbide.

Les glaires se colorent en rouge pendant le travail; cette coloration est plus prononcée quand il y a avortement, quand l'accouchement est très rapide. Cette couleur rouge est due au sang qui sort des petits vaisseaux du placenta ou de l'utérus déchirés avec les adhérences de ces parties.

Les glaires ont pour usage d'humecter le conduit vaginal, de faciliter le glissement des fœtus

Dilatation du col. — Le col déjà raccourci vers la fin de la gestation par suite de l'ampliation de l'utérus , s'amincit à mesure que les contractions de l'utérus dirigent le petit vers ce point ; il cède peu à peu , s'ouvre jusqu'à avoir la largeur de la tête et du corps du fœtus, et à ne faire qu'un tuyau de même diamètre que le vagin.

Le col est composé de fibres circulaires qui en se resserrant ferment l'orifice utérin et constituent un sphincter comme à tous les orifices des réservoirs de l'économie , et de fibres longitudinales qui par leur contraction tendent à écarter , à agrandir, à ouvrir l'orifice qui est fermé par les premières. La tête du fœtus et les pieds sont le point d'appui de ces fibres longitudinales , et la poche des eaux en s'insinuant à travers le col , contribue encore à le dilater.

Chaque point de l'orifice du col étant également sollicité par les fibres longitudinales , l'ouverture qui en résulte doit être circulaire ; or , c'est ce qu'on peut constater dans la vache et dans la chèvre , lorsque la matrice est descendue et que son orifice se présente à la vulve. Sa forme est , dit-on , changée , quand le corps du petit se présente en travers à l'ouverture.

On comprend que la rapidité de la dilatation est en rapport avec la force et la fréquence des contractions ; que lente dans le commencement du travail, elle devient beaucoup plus rapide à la fin ; aussi, dit-on, en médecine humaine, que le col met autant de temps pour acquérir la largeur d'une pièce de 5 fr. que pour aller de ce point jusqu'à la largeur de la tête du fœtus. Cette dilatation s'opère plus lentement chez les femelles primipares que chez celles qui ont déjà porté ; chez les femelles qui craignent la douleur, nerveuses, délicates, le col reste dur, tendu, rigide pendant plusieurs jours. La présentation du fœtus par la croupe, l'inclinaison trop prononcée du corps de la matrice en bas, lorsque le ventre est tombant, *avalé*, retardent aussi la dilatation, parce que le col est porté en haut contre la concavité du sacrum et non point dans l'axe du bassin ; que le fœtus est poussé au contraire dans le sens du passage, et par conséquent qu'il ne presse pas sur le col pour l'ouvrir.

Poche des eaux. — On nomme ainsi le sac formé par les enveloppes du fœtus et rempli d'eau, qui s'engage à travers le col utérin et vient faire saillie dans le vagin où il se présente sous la forme d'un boyau plus ou moins alongé, puis à la vulve même.

L'utérus en se resserrant force ainsi une partie des eaux de l'amnios de sortir de sa cavité en poussant devant elles leurs membranes : aussi la poche

des eaux est-elle tendue et plus volumineuse pendant les douleurs (c'est-à-dire les contractions utérines) , et se ramollit , diminue de volume , rentre
en partie pendant l'intervalle, où elles ne se font
pas sentir.

Le volume de cette poche est relatif à la taille des
femelles; ainsi, elle peut être grosse comme la vessie
d'un porc, dans la vache ; comme la vessie natatoire
d'une carpe, dans la chienne. Elle est allongée en
forme de boyau lorsque le col est peu dilaté ; ovoïde,
s'il l'est davantage ; sphérique et arrondi , s'il l'est
amplement.

Chez les grandes femelles on sent au toucher, on
distingue même à la vue quelqu'une des parties du poulain ou du veau.

Une saillie considérable formée par la poche est en
général de bonne augure lorsque le travail est avancé ;
mais n'annonce pourtant pas toujours une bonne présentation du fœtus et un part facile. J'ai vu bien souvent une ample poche se former, un ou deux membres y
être contenus, mais la tête se trouver retenue ensuite et
le part être fort difficile. Son volume est toujours remarquable s'il y a hydropisie de l'amnios ou de l'u-
térus, le fœtus étant pour l'ordinaire peu volumineux, faible et quelquefois mort. Chez la femme
même, l'existence d'une poche considérable annonce
une présentation autre que la tête ; parce que lorsque
cette dernière se présente, par sa pression elle ferme

l'ouverture du col à chaque contraction et empêche ainsi la poche des eaux de devenir bien considérable.

Il arrive quelquefois que le travail du part dure depuis un ou même plusieurs jours, sans que la poche se forme. Cette non apparition indique que le col reste fermé. Il convient donc d'introduire la main dans le vagin, pour aller reconnaître son état et la cause qui l'empêche de se dilater. D'autres fois, au contraire, la poche est des plus considérables et le travail languit : c'est ce qui s'observe dans le cas d'hydropisie de l'amnios, lorsque par suite d'une condition défavorable le fœtus ne s'engage pas dans le col, etc.

Hurtrel d'Arboval se trompe sans doute lorsqu'il dit qu'il a vu la poche des eaux se former un mois ou deux avant les douleurs du part. On ne peut guère comprendre son apparition alors que la matrice ne se contracte pas et que le col est fermé. Cet auteur aura pris pour la poche, soit une chute du vagin, soit une hernie de la vessie, qui se sera faite dans le vagin et descendra dans son canal. Cependant la réductibilité de ces tumeurs, leur disparition plus ou moins complète lorsque les femelles urinent ou rendent des fécès, etc., ne permettent pas à un vétérinaire attentif de se tromper.

Rupture des membranes. — Lorsque la dilatation de l'orifice est avancée, la poche, après s'être distendue autant que son extensibilité le lui a permis, s'amincit, s'éraille et enfin se rompt par une nouvelle contraction. Les eaux s'écoulent brusquement, avec un bruit particulier, non pas en entier, complètement ; il en reste une assez grande quantité qui s'écoule ensuite, peu à peu, pendant de nouvelles contractions. Le petit, s'il se présente, bouche l'ouverture et empêche ainsi les eaux de s'écouler tout à la fois ; elles s'échappent ensuite à chaque douleur, au moment où elle commence et vers sa fin. On comprend que pendant la violence de la contraction utérine le fœtus obstrue l'orifice et l'empêche de couler, et que pendant le repos cette eau n'est pas assez comprimée pour s'échapper au dehors.

Ces eaux ont pour usage évident de lubrifier le passage et de faciliter le glissement du corps du jeune animal pendant qu'il le parcourt.

Lorsqu'elles se sont écoulées, si le fœtus n'est pas engagé dans l'orifice utérin, celui-ci n'étant plus soutenu et dilaté, ses bords se resserrent, s'épaississent, tout en restant souples. Les accoucheurs disent alors que la matrice est retombée sur son centre ; peu à peu la matrice revient sur elle-même ; les contractions cessent quelque temps jusqu'à ce que ce resserrement soit complet et que les parois de l'organe soient appliquées, collées sur le corps du fœtus ; puis elles recommencent alors et expulsent le petit. Mais si le réveil des contractions se fait trop attendre, on ne doit pas laisser se prolonger cette interruption du travail, sans introduire la main. Cette opération, qui est presque toujours possible chez nos grandes femelles, apprendra ce qui s'oppose à la sortie du fœtus, en même temps qu'elle excitera le tissu musculaire de la matrice à entrer en action. On sait combien les irritants mécaniques, les titillations du col et du corps de cet organe ont d'influence sur ses mouvements.

Si les membranes se rompent au-dessus de l'orifice du col, les eaux ne s'écoulent que par une ouverture étroite, en partie bouchée par l'utérus, mettent beaucoup de temps à sortir, ne le font qu'en petite quantité; la matrice se fatigue de ses contractions trop longtemps continuées, et tombe dans cet état qu'on appelle l'inertie, c'est-à-dire, qu'elle est comme engourdie, comme paralysée. L'indication est alors de rompre les membranes au niveau du col pour laisser un écoulement libre.

Chez les petites femelles multipares, la poche des eaux ne se présente généralement qu'à l'occasion de la présentation du premier petit à l'orifice utérin. Les autres sont précédés ou suivis de leurs membranes déjà déchirées.

Sortie du fœtus. — Les détails les plus importants relativement à la sortie du fœtus se placeront à propos du mécanisme de l'accouchement.

La poche des eaux a commencé la dilatation du col utérin, puis quand elle est rompue, la partie du fœtus qui se présente, fait l'office d'un coin qui en s'engageant peu à peu achève d'opérer cette dilatation.

Lorsque la tête et les membres de devant sortent les premiers, comme c'est l'ordinaire, la forme de la tête, qui va en s'élargissant, imite la disposition du coin et favorise la dilatation progressive ; circonstance qui n'a pas lieu lorsque le part se fait par la croupe.

Chez toutes les femelles domestiques, les membranes se rompent avec assez de facilité ; aussi en général les eaux sont-elles en partie écoulées lorsque le vétérinaire est appelé à intervenir dans les accouchements qui présentent quelque difficulté. Il arrive pourtant chez la jument que le poulain se présente couvert de ses enveloppes ou même qu'il soit entièrement entouré par elles. Cette particularité tient à deux circonstances; 1° ou à ce que l'accouchement a été rapide, que les membranes n'ont pas été distendues longuement; comme cela arrive lorsque la femelle a le bassin plus large qu'à l'ordinaire, ou lorsque le fœtus est plus petit, moins volumineux qu'il ne doit l'être ; 2° ou bien à ce que les membranes sont plus résistantes, plus solides que d'habitude. Cette sortie des membranes en même temps que le fœtus, qui ne s'est peut-être jamais vue dans d'autres femelles que la jument, reconnaît aussi chez elle une cause prédisposante, la solidité plus grande du chorion et la facilité avec laquelle il se détache du placenta auquel il adhère par des houppes vasculaires nombreuses mais peu résistantes.

Il n'est pas rare de voir cette sortie du fœtus avec

ses membranes dans l'avortement d'un seul et même de deux fœtus renfermés dans un sac commun. Aussi faut-il s'empresser de déchirer les membranes dès que le poulain est sorti, afin d'empêcher l'asphyxie et la mort.

Position des femelles pendant le part. — En général la jument accouche debout, tandis que la vache se couche fréquemment; cependant les femelles unipares fortes, vigoureuses, chez lesquelles le travail ne dépasse pas une durée moyenne et n'est pas accompagné de trop vives douleurs, ne se couchent pas. Le décubitus indique donc chez elles ou un affaiblissement antérieur, soit naturel, soit venu à la suite de maladies, ou de vives douleurs, ou enfin un travail prolongé. Par conséquent aussi, on peut être assuré d'avance que le part sera plus difficile qu'à l'ordinaire chez toutes les femelles qui resteront couchées. Aussi dans ce cas, les gens de campagne, les bergers aident-ils à la sortie du fœtus en tirant sur les membres et sur la tête à mesure que les parties se présentent en ayant soin de tirer pendant que la mère fait des efforts.

La marche du travail est à peu près la même lorsque la femelle est placée sur un des côtés de son corps, appuyée sur le sternum et les coudes, et les membres inférieurs fléchis et allongés sur les côtés du ventre ; elle vousse son dos, comme on le fait lorsqu'on veut produire des efforts énergiques, se soulève un peu sur ses pieds de derrière, puis redresse sa croupe quand le petit va franchir le second détroit et la vulve.

Toutes les femelles multipares restent pendant le part couchées sur un côté du corps, la colonne épinière courbée en arc, de façon que la bouche soit rapprochée de l'ouverture par laquelle doivent sortir les petits. Cette position instinctive est en accord parfait avec la direction de l'excavation qui est légèrement courbée en bas de devant en arrière, et qui offre supérieurement une légère éminence sous l'articulation sacro-lombaire qui se trouve ainsi effacée. Cette position a en outre l'avantage d'empêcher les petits de tomber d'une certaine hauteur ; leur corps se pose sur le même plan que celui de la mère ; elle les lèche sans changer de place, les tourne avec le bout de son museau, et les approche de ses mamelles à mesure qu'ils naissent. Dans le part de la truie, le cochonnet est quelquefois lancé avec tant de force par l'utérus, qu'il fait un tour sur luimême.

Chez les grandes femelles, le petit tombe réellement ; aussi l'expression de mettre bas est-elle plus applicable à leur part, et celle d'accoucher, aux petites. Cette chute se fait sans secousse forte pour le fœtus qui glisse sur les jarrets de la mère, retenu qu'il est par les membranes et le cordon ombilical. Ce dernier se rompt le plus souvent.

Rupture du cordon. — Le cordon se rompt donc par

la chute du petit , si la femelle accouche debout ; si au contraire elle est couchée , la rupture a lieu lorsque la femelle se lève , ce qui a lieu presque immédiate-ment après le part. Suivant Huzard père , la jument mâche et déchire elle-même le cordon : Demoussy ajoute que c'est avec les dents incisives et que cette so-lution de continuité n'entraîne aucun écoulement de sang , parce que les membranes rompues restent collées les unes aux autres par l'effet de l'attri-tion qu'elles ont éprouvée. Une telle explication est peu satisfaisante. Voici ce qu'on peut dire plus physiologiquement : on sait que la torsion des ar-tères empêche l'hémorragie , que l'arrachement est dans le même cas ; or , les vaisseaux du cordon qui sont normalement tordus sur eux-mêmes , continuent à se tordre après l'arrachement , et de plus les fibres de la tunique celluleuse extérieure aux artères se res-serrant , forment une espéce de canal étroit en forme de tirebouchon qui ferme en partie l'orifice béant des vaisseaux et favorise la coagulation du sang. Le sang en se coagulant forme un tampon qui remplit le ca-libre de l'artére. On sait du reste avec quelle facilité les hémorragies les plus graves s'arrêtent spontané-ment chez les animaux.

Tous les vétérinaires s'accordent à dire que l'hé-morragie par le cordon n'est pas à redouter lorsqu'il y a rupture ou déchirure par les dents de la mère ; mais qu'il n'en est pas ainsi si l'on pratique la section nette avec un instrument tranchant. Bérenger de Carpi, cité par Brugnone , assure avoir vu périr des poulains et des ânons auxquels on avait fait la section du cordon sans avoir placé de ligature. De là l'indication d'imiter la nature en lacérant, en déchirant le cordon , ou, ce qui est plus simple , d'appliquer d'abord une ligature , puis de couper au-dessus. On la placera à deux ou trois travers de doigt de l'abdomen du fœtus , et on serrera fortement sans cependant entamer le tissu du cordon.

Il est un cas où on pourrait comprendre l'hémorragie par le cordon , c'est celui où le jeune animal est très-faible et a un sang peu coagulable, peu plastique, ou bien où la respiration est gênée. Dans ces deux cas, il s'écoulerait lentement sans pouvoir s'arrêter.

Un pareil cas est possible ; je dirai cependant que depuis 33 ans que j'ai commencé la médecine vétérinaire , je n'ai jamais observé ni par moi, ni par les nombreux élèves de notre école le moindre fait de ce genre, et je ne sache pas qu'on en ait cité chez le poulain et le veau , seuls animaux chez lesquels cette hémorragie ait paru à craindre.

Quoi qu'il en soit , la partie du cordon qui reste attachée à l'ombilic se dessèche , se flétrit et tombe deux ou trois jours après la naissance. L'autre bout reste le plus souvent pendant à la vulve de la mère jusqu'à sa délivrance, toujours plus prompte dans la jument que dans la vache , où l'arrière-faix reste souvent trois ou quatre jours avant de se détacher.

Fœtus enveloppé par les membranes. — J'ai déjà dit que le fœtus sort quelquefois entouré de ses membranes, au moins de l'amnios et du feuillet allantoïde qui le double ; la mère le dépouille en général elle-même de ces tissus qu'elle mange. On a vu des juments, soit par manque d'instinct, soit par quelque obstacle mécanique , ne point déchirer ces membranes et laisser périr leur poulain. Cette circonstance se présente bien rarement pour le veau , puisque l'arrière-faix ne sort généralement qu'un certain temps après le part. Il en est de même de l'agneau et du chevreau , encore plus des petits carnivores , attendu que la mère mange rapidement l'arrière-faix. Elle est impossible dans la truie , où tous les petits d'une même corne sont contenus dans le même placenta et les mêmes enveloppes. Il est évident qu'elles ne peuvent sortir qu'après ou avec le petit , et qu'elles sont alors nécessairement déchirées largement.

Part double. — La grossesse gémellaire a des signes souvent équivoques, ainsi que je l'ai dit : la saillie que les deux petits font, l'un d'un côté, l'autre de l'autre côté du ventre, la présence d'une double tumeur n'a pas lieu généralement. Ainsi dans la jument qui porte deux fœtus , l'un est logé dans le corps de l'utérus et a les pieds de derrière dans une des cornes ; l'autre se développe dans la corne libre , de façon que la double tumeur abdominale ne peut pas exister ; seulement un des côtés du ventre est plus volumineux que l'autre.

En admettant que deux poulains se développent dans le même placenta, renfermés tous deux dans le corps de la matrice, ils doivent ne faire qu'une masse et ne pas présenter cette apparence d'une double tumeur.

La double tumeur est plus marquée dans les ruminants à cause de la forme du corps de l'utérus qui est divisé en deux loges par une cloison longitudinale complète qui le rend en quelque sorte double ; de sorte que chaque petit se développe dans un des compartiments droit ou gauche de l'utérus.

Lorsque le part est triple, comme cela arrive quelquefois dans la chèvre, la brebis, la vache, deux petits peuvent occuper le corps et le troisième être logé dans une des cornes ; s'il est quadruple, chaque corne peut être occupée ainsi que le double compartiment du corps. Mais on comprend aussi que deux fœtus peuvent se trouver sous le même placenta dans chacun des compartiments de l'utérus, et si le part est quintuple, le cinquième petit seulement être logé dans une corne. Il est impossible au surplus de déterminer d'une manière précise la position du fœtus, qui, comme on le voit, offre beaucoup de variétés.

Dans toutes ces circonstances, bien que les saillies que fait le ventre de la mère puissent être un peu plus distinctes de chaque côté, ce signe n'a rien de bien certain ; seulement comme il a été dit, le ventre est plus volumineux que dans les grossesses ordinaires de la même femelle.

Le toucher rectal ne fournit pas de renseignements plus certains, puisqu'on ne peut distinguer suffisamment les petits l'un de l'autre. J'ai déjà exprimé le regret que les vétérinaires n'aient pas appliqué l'auscultation au diagnostic de la gestation des femelles.

Lorsque le travail du part est commencé, et que les contractions de la matrice s'opèrent, le toucher apprend quelquefois qu'il se forme deux poches des eaux. Généralement le travail est plus lent que dans le part unique, ne fût-ce que parce que la matrice plus distendue éprouve toujours un peu d'inertie. Si l'on introduit la main, on s'assure que le premier petit qui se présente offre peu de mobilité. Plusieurs membres, soit de devant, soit de derrière, peuvent sortir à la fois: j'ai indiqué, dans le chapitre des positions compliquées des membres, les règles à suivre pour établir le diagnostic. Généralement le premier petit a une position favorable ; quand le contraire a lieu, il y a danger de mort pour les deux sujets et même pour la mère, à cause de la lenteur qui en résulte pour le part, et parce qu'il n'est pas aussi facile de manœuvrer dans la matrice lorsqu'elle contient deux fœtus que lorsqu'elle n'en contient qu'un.

Les eaux qui s'écoulent pendant le part du premier
fœtus sont moins abondantes qu'à l'ordinaire, et lui-
même a moins de volume que les autres petits de son
espèce, surtout si on le compare au volume du ventre
de la mère. On croit généralement que le premier
petit a plus de volume que celui ou ceux qui le suivent, et on a expliqué cette opinion en disant que
c'est à raison de son volume plus considérable que la
matrice l'expulse le premier; mais il y a de très-
nombreuses exceptions à cette règle. Enfin, après la
sortie du premier fœtus, le ventre reste plus gros, dur
et inégal.

Si l'on saisit le cordon ombilical du placenta qui est
souvent unique, lorsque le placenta est encore contenu
dans la matrice, on y sent des pulsations, et comme
il est de règle que le placenta ne sorte que quelque
temps après le fœtus, s'il arrive qu'il soit expulsé en
même temps que le fœtus ou peu après, on s'aperçoit
cependant que la mère continue à être agitée, à piéti-
ner, à faire des efforts expulsifs, à rendre des matières
fécales, à agiter sa queue. Ces symptômes annoncent
qu'il reste encore un autre petit à expulser. Du reste,
tant que la matrice reste encore chargée d'un produit
de conception, la mère ne s'occupe pas de celui qui est
sorti, elle ne le lèche pas, absorbée qu'elle est par
ses douleurs.

L'introduction de la main dans l'utérus doit être
faite dans ce cas, comme dans tous ceux où l'on a lieu

de soupçonner quelque accident non ordinaire dans le part. Elle apprend s'il reste encore quelque chose. Cette exploration est cependant souvent sans résultats; j'en ai cité plusieurs observations dans la dystocie : il arrive qu'on trouve l'utérus vide, en partie revenu sur lui-même, et pourtant le ventre reste plus gros et les symptômes que j'ai indiqués dans l'alinéa précédent se montrent. C'est que les autres petits sont situés dans les cornes et qu'on n'a pu introduire la main assez profondément pour reconnaître leur présence.

Après un intervalle de temps qui varie depuis un quart d'heure jusqu'à plusieurs jours, de nouvelles douleurs plus vives se font sentir, et un nouveau part s'accomplit. Il est en général plus facile et plus rapide que le premier.

Il est commun de voir la gestation de deux, trois ou quatre petits ne pas arriver à terme et finir par un avortement ou un part prématuré. La femelle devient faible, perd l'appétit, prend de la fièvre et reste couchée sur sa litière jusqu'à ce que l'expulsion du fœtus ait lieu.

Les exemples de parts doubles sont communs dans la chèvre et la brebis. Les parts triples sont rares ; les quintuples encore plus. Il est peu commun de voir les petits venir pleins de vie; ils sont en général faibles, sans aplomb, avec des articulations peu solides. On trouvera tout ce qui concerne cette question traité dans un petit Mémoire que j'ai inséré dans le *Journal de l'école de Lyon*, mars 1845.

Je posséde nombre de faits de triple part chez la chèvre, deux de quatre chez la vache et un de cinq dans la brebis.

1er fait : **M. Magdinier**, exerçant à Bourganeuf (Creuse), m'a fait part d'un de ces faits qu'il a recueilli en 1844. Il s'agit d'une vache de race croisée limousine, de taille moyenne, de bonne constitution ; fecondée par un taureau âgé de trois ans, aussi de race croisée limousine ; appartenant à M. Dubois de Bouzogles. Cette vache fut trouvée le 17 avril au soir dans un excellent état de santé et mangeant de fort bon appétit. Cependant quelque temps après le même soir, M. Dubois étant revenu pour la voir la trouva souffrante et il vit bientôt, au trépignement de ses pieds de derrière et à ses efforts expulsifs, qu'elle allait mettre bas. En effet, au bout de quelques instants elle expulsa une petite génisse qu'il présenta à sa mère ; mais celle-ci la regarda à peine, soit indifférence, soit à cause des douleurs qu'elle éprouvait. De l'eau blanchie par la farine fut mise dans son baquet ; elle n'en voulut pas. Le sieur Dubois comprit alors que sa vache était sérieusement malade, et, au moment où il se disposait à envoyer chercher le vétérinaire, il s'aperçut qu'une seconde parturition allait se faire ; un second fœtus se présenta en effet, et comme la mère faisait de violents efforts pour s'en débarrasser, M. Dubois le saisit par la croupe qui venait la première (il ne dit pas dans quelle position se trouvaient les membres), et en fit facilement l'extraction. A peine l'eut-il présenté à sa mère que celle-ci fit de nouveaux efforts et expulsa, à sa grande surprise , une troisième génisse.

Croyant que tout était terminé , il arrangea les trois veaux de manière à les garantir des pieds de la vache et il attendit qu'elle fût couchée pour se retirer. Etant revenu demi-heure après , il fut fort étonné de trouver sur la litière derrière la mère , un quatrième veau femelle, qui périt deux heures après malgré le soin qu'on eut de l'essuyer et de le réchauffer.

Les quatre génisses étaient à terme, pesant chacune de dix à onze kilogrammes , et sans vices de conformation. A l'époque où M. Magdinier publiait son observation , les trois premières , quoique petites et faibles, tétaient fort bien leur mère, seulement on remarquait que leurs membres étaient faibles , leurs articulations peu solides.

2me fait : M. Bouchard père fut appelé, le 31 mai 1840 , par M. Renaud, meunier à Bucey (Haute-Saône), pour voir une vache qui venait de faire deux veaux morts, et qui pourtant éprouvait encore, depuis dix ou douze heures, les douleurs de la parturition. L'année précédente, elle avait déjà eu une portée double à l'âge de quatre ans. Il la trouva couchée, fort abattue, faisant des efforts violents et continuels ; elle avait, au rapport du meunier, rendu une partie seulement de l'arrière-faix, qui avait été jeté sur le fumier, et que M. Bouchard ne put retrouver pour s'assurer s'il était sorti tout entier. Du reste, aucun débris du délivre ne se montrait à la vulve. On ne put pas lui dire si de nouvelles eaux avaient été rendues après les deux premiers parts, de sorte que M. Bouchard était fort embarrassé de savoir la cause des efforts d'expulsion de la vache. Le ventre conservait bien du volume, mais ce signe est peu important quand on ne connaît pas le volume normal de cette cavité. Le palper des différentes régions de l'abdomen ne donna aucun renseignement sur l'existence d'autres fœtus. Il fallait donc introduire la main dans l'utérus ; l'orifice en était entr'ouvert, peu résistant ; de faibles efforts le dilatèrent assez pour que la main passât librement. La première chose qu'elle rencontra, ce furent deux membres qu'à leur forme et à leur voisinage de la tête, le vétérinaire reconnut pour être ceux de devant ; il les amena dans le vagin, puis la tête après eux ; quelques tractions de son côté, quelques efforts de la mère achevèrent le part. Ce troisième petit était mort. Les efforts expulsifs cessèrent, mais la bête restant extrêmement faible, il fallut la frictionner, l'essuyer, la couvrir chaudement. On lui présenta de l'eau farineuse tiède qu'elle but avec plaisir, et elle chercha ensuite à manger. Peu de temps après, elle parvint à se lever après quelques tentatives infructueuses ; et, au bout de deux heures environ, lui ayant vu rendre son arrière-faix, M. Bouchard crut pouvoir se retirer. Le lendemain, 1er juin, vers les neuf heures du matin, on vint de nouveau l'appeler pour cette vache qui continuait à souffrir comme la veille. Elle avait eu pourtant de l'appétit et pris quelques aliments. M. Bouchard la trouva de nouveau couchée, se livrant de temps en temps à des efforts courts et faibles. Comme rien n'apparaissait au dehors, qu'elle avait été complètement délivrée, qu'on ne soupçonnait pas la présence d'un quatrième fœtus, on ne savait à quoi attribuer les efforts auxquels cette malheureuse bête se livrait. Ce vétérinaire crut devoir, et avec raison, introduire de nouveau sa main pour s'assurer de la nature de la cause, pour voir s'il n'y avait point quelque lésion mécanique du vagin ou de l'utérus; mais son étonnement fut grand lorsqu'il eut reconnu que la matrice contenait un quatrième veau, en position normale, et dont l'absence de mouvement faisait présager la mort. Son extraction fut plus pénible que celle du troisième, sans doute à cause de la grande prostration des forces de la vache. Cinq jours après, cette femelle avait recouvré tout son appétit; ses forces revenaient de jour en jour, et elle se rétablit entièrement.

Ces quatre veaux morts-nés pesaient chacun de huit à neuf kilogrammes, et bien que la mère les eût portés pendant neuf mois, ils n'avaient pas encore acquis tout leur développement, puisqu'ils n'étaient couverts de poils que sur la tête, les épaules et la partie inférieure des membres. La mère avait été couverte, neuf mois auparavant, à huit jours d'intervalle, par deux taureaux.

Y a-t-il eu dans ce cas deux conceptions, ou la quadruple fécondation doit-elle être attribuée à un seul mâle? c'est ce qu'on ne peut savoir. M. Bouchard ne s'est pas occupé d'établir les ressemblances qui pouvaient exister entre les veaux et les deux taureaux qui avaient fécondé la mère. Il nous a laissé ignorer aussi le sexe de ces veaux. Outre l'intérêt que présente cette observation au point de vue du part multiple, même quand les fœtus ne succombent pas par suite des difficultés du part, elle servira encore à tenir les praticiens en garde dans des cas semblables. Ils devront avoir soin de faire l'exploration de l'utérus lorsque la persistance des efforts de l'accouchement semblera indiquer la présence d'autres fœtus, et ils devront se rappeler aussi que cette exploration pourrait, dans quelques càs, ne leur rien apprendre, si les derniers petits étaient encore situés dans les cornes où ils se sont développés.

« Le 11 avril 1843, m'écrit M. Estampes, vétérinaire, exerçant à Lezat (Arriége), le sieur Bucquier, fermier de la métairie dite Campourci, me fit appeler pour donner des soins à une brebis arrivée à son terme et en travail de parturition depuis plusieurs heures.

« Rendu sur les lieux, je vis, à mon grand étonnement, une brebis née dans la localité, de race indigène, âgée de trois ans, d'assez forte corpulence, qui avait jusque-là joui d'une bonne santé, entourée de cinq agneaux qu'elle avait mis au jour pendant l'espace de temps qui s'était écoulé depuis le départ du garçon de ferme qu'on avait envoyé auprès de moi, jusqu'à quelques moments avant mon arrivée.

« On m'apprit que cette brebis avait eu, l'année précédente, une double portée et fourni deux agneaux mâles, bien conformés, vigoureux, qui furent, à l'âge de neuf mois, vendus au prix de 32 francs chacun ; qu'à cette dernière parturition, la sortie du premier agneau, quoiqu'il fût en bonne position, avait donné lieu à de grands efforts, exigé un travail long et pénible ; que la sortie des quatre autres s'était ensuite opérée assez facilement. Sur ces cinq agneaux, il se trouvait quatre femelles et un mâle, né le cinquième. Le délivre du dernier agneau fut trouvé complet ; la brebis ne paraissait pas souffrante. Après lui avoir fait boire de l'eau blanche farineuse, mon premier soin fut de mettre les agneaux à ses mamelles, de deux à deux ; m'étant assuré qu'ils prenaient le lait avec vigueur, je les fis placer à part pour m'occuper du dernier né. Celui-ci, presque aussi gros que ses sœurs, était loin d'être aussi fort qu'elles et restait couché. Porté auprès de la mamelle, il ne put la prendre ni téter ; dès lors on s'occupa de traire la brebis pour donner à son agneau le lait avec une cuiller. On le fit boire ensuite en plongeant un nouet de linge dans le lait ; ses forces se développèrent, il put se lever, et on aurait probablement réussi à l'élever artificiellement ; mais le maître préféra le sacrifier.

« Cette femelle, bien nourrie avec de l'eau farineuse, du pain et du bon fourrage, a pu allaiter ses agneaux, leur donner l'état de chair et de graisse qu'ont pour l'ordinaire les agneaux de lait. »

« Quelques races ovines, dit M. Numan, celles de Frise et de Groningue, sont généralement multipares. Des brebis ont donné jusqu'à cinq ou six agneaux en une fois. M. Van der Poll, vétérinaire de première classe à Witmarson, province de Frise, l'aurait informé qu'en 1837 une brebis y accoucha de sept agneaux; trois étaient morts, trois moururent peu après la naissance, un seul fut élevé par la mère. Les exemples de parturition double sont communs dans la Flandre française (département du Nord), dans tous les pays abondants en pâturages, pendant les bonnes années, et généralement dans tous les endroits où l'on destine les agneaux à la boucherie et où l'on continue à traire les brebis lorsque les agneaux sont sevrés. »

Les gestations doubles sont communes dans la chèvre ; les gestations triples le sont beaucoup moins ; les gestations quadruples sont rares, je n'en connais pas même d'exemple.

Le part double s'opère le plus souvent avec bonheur, sans que l'accoucheur ait à s'en occuper ; mais il est rare que les chèvres soient assez fortes au moment du part pour chevroter sans le secours de l'homme dans le plus grand nombre des cas. Alors on constate fréquemment quelques fausses positions des chevreaux, qui rendent le part difficile et long.

La plupart des chèvres, assez nombreuses, comme on sait, dans le Mont-d'Or lyonnais, que les élèves de l'école vétérinaire de Lyon aident à chevroter chaque année, deviennent lourdes, marchent péniblement, s'affaiblissent, ne peuvent plus se tenir sur leurs jambes quand vient le moment du part ; leur faiblesse est des plus remarquables toutes les fois qu'elles portent trois chevreaux ; la plupart même ne les portent pas jusqu'au terme de la gestation ; il est rare que celles qui y parviennent mettent au monde leurs trois petits vivants. J'aurais nombre de faits de ce genre à fournir.

CONCEPTIONS EXTRA-UTÉRINES. — J'en possède deux observations authentiques et j'ai dit à l'article des grossesses extra-utérines que je pensais qu'il fallait considérer ainsi beaucoup de cas dans lesquels on a observé la sortie spontanée du fœtus à la suite d'abcès et d'ulcérations des parois abdominales.

Le premier cas que j'ai rapporté déjà appartient à M. Mollard de la Tour-du-Pin (Isère) ; le second à M. Drouard, de Montbard. Une brebis avait agnelé l'année précédente sans accident ; à sa deuxième gestation, elle fit d'inutiles efforts pour se débarrasser, sans que rien parût aux passages. Le col restait fermé et il ne s'écoula point d'eaux. Trois ou quatre jours se passèrent ainsi, après lesquels les douleurs se calmèrent et disparurent pendant un mois. Au bout de ce temps, l'appétit diminua, la rumination devint irrégulière, les forces musculaires perdirent de leur activité; la brebis était paresseuse et restait longtemps couchée. Pendant quinze jours elle resta ainsi, triste, les yeux enfoncés, la respiration fréquente, le pouls presque insensible. Un engorgement œdémateux se montra sous le ventre, la peau était froide et brunâtre; des scarifications qu'on y fit laissèrent écouler de la sérosité sanguinolente d'une odeur infecte, qui caractérisait la gangrène. Une ulcération s'établit, à travers laquelle on trouva un corps couvert de laine : c'était celui d'un agneau dont on fit l'extraction après avoir agrandi l'ouverture. La décomposition était avancée; la tête et les membres de devant étaient dirigés du côté du bassin, et la croupe vers le diaphragme. On le retira par le devant du corps; la suture enchevillée réunit les bords de la plaie que la gangrène avait pourtant gagnés, et on laissa une ouverture pour l'écoulement du pus. Bandage contentif pour soutenir la suture; frictions sur la peau avec le liniment ammoniacal, deux décilitres de vin chaud administrés à l'intérieur.

L'appétit ne se rétablit pas les huit premiers jours; on soutint les forces par des boissons toniques, nourrissantes. Vers le huitième, il se réveilla en même temps que le pus coula avec abondance. L'ouverture qu'on avait laissée s'agrandit et laissa sortir l'arriére-

faix et une portion d'épiploon d'une teinte rouge brunâtre qu'on réséqua. On rafraîchit aussi les bords de
la plaie que la gangrène avait altérés, et on fit une
nouvelle suture enchevillée qui rapprochait incomplètement les bords. Pansement avec de l'étoupe imbibée d'un mélange de teinture camphrée d'aloës et
de chlorure de chaux étendu d'eau ; soupe de pain,
lait , boissons féculentes ; cicatrisation complète au
quarante-cinquième jour ; retour de l'embonpoint complet au sixième mois. La brebis fut alors vendue au
boucher, sans que le vétérinaire ait pu assister à l'ouverture du corps, ce qui pourra peut-être laisser quelques doutes sur la question de savoir si la grossesse
était bien extra-utérine, quoique l'absence des symptômes du part du côté de l'utérus semble l'indiquer.

M. Drouard croit que si le fœtus était sorti par
une perforation de l'abdomen il se serait déclaré une
péritonite mortelle par suite de l'épanchement, dans
le ventre, du pus et de la sanie gangréneuse. Je ferai
remarquer que cette opinion n'est pas rigoureusement
vraie. Il arrive souvent que des adhérences inflammatoires se font tout autour de la partie par laquelle il
doit s'échapper quelque corps étranger, adhérences
qui empêchent tout épanchement. L'épanchement n'a
lieu que lorsque ces adhérences n'ont pas pu se faire,
comme cela arrive lorsque les animaux sont profondément débilités ou que l'ulcération se fait si rapide-

ment, que l'inflammation et la sécrétion de lymphe plastique n'ont pas eu le temps de s'établir dans les tissus voisins.

J'ai deux autres cas de ce genre que je ne ferai que mentionner (Voir l'appendice à la fin de l'ouvrage).

Fausses gestations. — Peut-être ce sujet aurait-il mieux trouvé sa place à propos du diagnostic de la grossesse. Je le traiterai ici en entier.

Les fausses gestations sont produites par le développement dans l'utérus de produits autres que celui de la conception normale et régulière. On peut les diviser en quatre espèces : les môles proprement dites, les corps fibreux, les hydatides, les polypes.

Les môles proprement dites, ou faux germes, c'est-à-dire les tumeurs qui résultent du développement irrégulier du germe, sont assez rares pour qu'aucun auteur vétérinaire n'en ait parlé , à l'exception de M. Demoussy. Ce dernier croit à la possibilité de ces fausses gestations dans la jument, mais il les croit moins rares chez la vache et la brebis, dont la nature molle et lymphatique les dispose, dit-il, à cet état. Il est à regretter que ce vétérinaire n'ait pas publié quelques-uns des faits que son long service dans l'administration des haras avait dû lui faire observer.

Ces faux germes sont, d'après lui, des masses charnues, sans organisation régulière qui se forment dans l'utérus lorsque le fœtus est privé de la vie par l'effet d'une violence extérieure ou d'une maladie. C'est ce que les médecins appellent môle charnue, germe dégénéré, et qu'ils considèrent comme une sorte d'hypertrophie du placenta. On y trouve quelquefois le fœtus en entier; mais le plus souvent quelques vestiges seulement du cordon ombilical ou quelques débris du corps.

Môles fibreuses.—On les rencontre pendant la gestation dans les cornes de l'utérus de la chienne, le plus souvent dans le dernier renflement de l'une d'elles, plus rarement des deux, et quelquefois entre deux des renflements qui contiennent des fœtus vivants. Elles sont sphéroïdales, molles, irrégulières, de la consistance de la chair musculaire, et rouges à l'extérieur. Leur section démontre qu'elles sont formées par des fibres distinctes, disposées en faisceaux, contournées en toutes sortes de sens, et entremêlées d'une manière inextricable; on dirait un muscle offrant un grand nombre d'intersections tendineuses.

Je les ai toujours trouvées dans un des renflements des cornes utérines, semblable, au volume près, à ceux dans lesquels sont des fœtus vivants; et il m'a semblé voir à la surface interne du renflement qu'elles occupaient, des traces de la zône placentaire utérine. Ces corps, d'un volume variable, qui ne dépasse guère cependant celui d'une grosse noix, ne m'ont jamais présenté de cavité intérieure. Je suis porté à les considérer, non comme des corps fibreux proprement dits, mais comme des dégénérescences du fœtus, une formation arrêtée par le développement d'une maladie.

Diagnostic des môles — M. Demoussy assure que la présence chez la jument d'une môle fœtale donne lieu aux mêmes phénomènes que la gestation d'un poulain, à l'ampliation du ventre, à l'affaissement de la croupe et des flancs, à la pesanteur de la marche de la femelle, à la gêne de la respiration. Ce qui marque et établit la différence entre la fausse et la vraie gestation, c'est la présence ou l'absence des mouvements du fœtus.

Des hydatides. —M. Demoussy les décrit aussi. Il ne donne aucun symptôme particulier auquel on puisse reconnaître ces corps. Dans notre espèce, lorsque cela a lieu, la malade rend de temps en temps des hydatides par les voies génitales.

Je noterai qu'un vétérinaire du midi de la France, M. Dorfeuille père, a fait mention d'hydatides trouvées dans l'utérus d'une vache (Fromage, correspondance). Il ne les a pas vues hors de la grossesse et les considère comme pouvant produire l'avortement et non pas de fausses gestations.

Les médecins considèrent les hydatides comme une maladie du placenta ; elles se développent entre lui et le chorion, dans le tissu cellulaire qui sert à unir ces deux tissus.

M. Demoussy signale encore comme pouvant simuler la plénitude des cavales, les collections séreuses, gazeuses ou sanguines. Je ne dirai rien de ces deux dernières dont je ne connais aucun exemple dans notre science. Je n'en connais même pas d'hydromètre ou hydropisie de l'utérus , c'est-à-dire de collection de sérosité. Mais il est une affection que l'on confond avec elle dans la pratique ; ce sont les collections mucoso-purulentes qui sont produites par des inflammations chroniques de la matrice. J'en ai observé plusieurs cas et d'autres praticiens aussi.

Lorsque cette collection se forme , le ventre grossit peu à peu comme dans la gestation ordinaire ; la femelle conserve les apparences de la santé ; cet état se distingue peu de la grossesse avant le second tiers ou même la deuxième moitié de la gestation. Il est rare que ces collections persistent plus de cinq à six mois sans être évacuées ; encore n'est-ce que pour la première fois qu'elles se forment : car lorqu'elles ont été évacuées une première fois, il est ordinaire de voir cette évacuation se reproduire tous les mois ou tous les deux ou trois mois au plus. Le liquide qui forme cette collection est grisâtre , un peu grumeleux , souvent fétide ; sa quantité est quelquefois celle d'un seau ordinaire. Lorsqu'elle est très abondante , la matrice se vide complètement ; si elle l'est moins , la femelle en rend de temps en temps de petites quantités en faisant des efforts de tirage , en évacuant les urines ou les fécès , ou même en toussant. On ne peut guère confondre cet état avec la plénitude , parce que le ventre, bien que volumineux habituellement, ne va pas cependant jusqu'au volume de la plénitude avancée ; que dans l'intervalle la vulve est plus ou moins salie par le liquide ; qu'elles se voient à peu près constamment chez des juments âgées et dont on ne tire plus race ; qu'il survient de la maigreur, de la paresse, du dégoût pour le mouvement.

Polypes. — Je ne connais qu'un fait de polypes ayant simulé la plénitude. C'est à l'époque du part qu'on reconnaît leur existence à cause des obstacles qu'ils causent (voir la dystocie).

Ce fait est de M. Rodet d'Alfort, alors vétérinaire des hussards de la garde impériale : « Le général G... me fit appeler pour donner des soins à une belle jument de voiture, âgée de 7 ans, qui offrait depuis la veille des symptômes que l'on croyait être ceux du part. Elle avait joui d'une bonne santé, et manifesté des signes de chaleur un certain nombre de mois auparavant. On crut qu'elle avait été saillie par un cheval entier qui habitait la même écurie qu'elle. Son embonpoint, le volume de son ventre, le gonflement de ses mamelles faisait croire qu'elle était pleine. Mais on était dans l'incertitude sur l'époque de sa plénitude. Cette bête était couchée sur sa litière, se plaignait beaucoup, se livrait à des efforts expulsifs tout-à-fait semblables à ceux du part : elle rendait par la vulve une matière grisâtre, grumeleuse, fétide, d'apparence purulente ; ce qui fit préjuger la mort du fœtus et sa décomposition , ou l'ouverure de quelque abcès dans la matrice.

Le travail n'avançant pas , la poche des eaux ni le poulain ne se montrant pas , il fallut s'assurer de ce que l'on avait à l'intérieur. En touchant par le rectum on ne reconnut pas les formes d'un poulain ; par le vagin et après dilatation du col, la main introduite dans l'utérus reconnut plusieurs excroissances flottantes à large base, qui occupaient tout l'intérieur du viscère et dont le toucher était douloureux pour la femelle. L'extirpation de ces produits étant reconnue impossible, on se décida à faire parvenir à l'utérus des injections faites avec des décoctions mucilagineuses légèrement vinaigrées, avec addition d'huile fortement camphrée. Les douleurs utérines se calmèrent pendant la durée de ce traitement qui dura trois mois. Depuis , M. Rodet a perdu la jument de vue.

Présentations et positions.

Avant d'aborder ces questions si intéressantes, il est bon de rappeler l'attitude et la position que le fœtus occupe dans la matrice pendant la vie intra-utérine. Elle n'est pas la même aux diverses époques de cette vie. Pendant la plus grande partie de la grossesse il a une position qu'il change vers la fin pour prendre celle qu'il aura au moment du part. J'ai déjà indiqué cela ailleurs , je n'en dirai que quelques mots ici.

Chez les femelles unipares, la jument en particulier, le fœtus est renversé ; les pieds en haut, les membres repliés sur eux-mêmes, le dos en bas reposant sur la paroi inférieure de la matrice; la tête du côté de l'orifice utérin et les membres postérieurs dirigés en arrière et logés le plus souvent dans une des cornes. Il en est à peu près de même de la vache, où l'on voit quelquefois le fœtus couché aussi sur un des côtés du corps ; le plus souvent fort avant dans l'une des cornes. Dans les femelles multipares les petits sont placés l'un à la suite de l'autre dans les cornes , dans l'attitude de l'animal qui dort , la tête généralement tournée vers l'orifice, quelquefois, pourtant, du côté opposé; assez souvent ils sont , dans la même corne , dirigés alternativement en sens opposé.

Dans la portée double de la jument, l'un des petits est dans le corps de l'utérus, l'autre dans la corne, qui ne contient pas les pieds du poulain. Dans la vache, les deux petits sont logés dans la matrice, chacun dans un de ses compartiments; si le part est triple, un des petits est logé dans une corne, et s'il est quadruple, les deux cornes et les deux compartiments du corps sont occupés. Il peut arriver, pourtant, dans le part simple, que le veau se soit développé dans une des cornes, et, dans le part double, que l'un occupe le corps et l'autre une des cornes, comme dans la jument.

Cette situation change ensuite vers la fin de la grossesse. Le fœtus se présente le plus souvent à l'entrée du bassin, dans la position qu'il a pendant la vie extra-utérine , c'est-à-dire , la tête au-dessus des membres antérieurs et l'échine correspondant au sacrum de la mère. On est embarrassé pour assigner l'époque de la gestation à laquelle ce changement s'opére ; on conjecture que c'est aux approches du part ou même pendant les premières douleurs; alors le petit animal ayant acquis plus de forces musculaires, change ainsi par suite d'une détermination instinctive. Un accoucheur distingué a émis la même opinion pour le changement de position du fœtus de l'homme , par lequel la tête, de supérieure qu'elle était, devient inférieure. D'autres avaient pensé qu'à mesure que la tête prenait plus de volume et de poids, par rapport au reste du corps, elle tombait en bas par sa propre pesanteur. Il est certain que pour les animaux on ne peut admettre un effet de pesanteur, puisque la tête, qui est la partie la plus lourde, se trouve devenir ainsi supérieure aux membres qui sont bien plus légers.

Mais cette situation, qui est la plus ordinaire, n'est pas toujours celle que l'on trouve au moment du part, lorsque le fœtus va s'engager dans l'excavation pelvienne. Ce n'est pas toujours la tête qui sort la première avec les membres de devant; ce peut être aussi la croupe avec les membres de derrière , ou bien le tronc dont une des régions peut s'offrir à l'entrée du bassin, au détroit antérieur. Il faut donc étudier avec soin les différentes manières dont ce fœtus peut être placé lorsqu'il arrive pour franchir le passage.

PRÉSENTATIONS. — On appelle présentation, en termes d'accouchement, cette attitude dans laquelle la main de l'accoucheur rencontre le jeune animal qui est sur le point d'être chassé au dehors. Ainsi on dira : il se présente par la tête, par les pieds de devant ou de derrière, par la croupe, le dos, le ventre, un des côtés du corps, etc. Ce qu'on nomme position du fœtus doit être bien distingué de la présentation. Ainsi, lorsqu'il se présente par la tête, cette tête peut avoir le front tourné en haut vers le sacrum de la mère, en bas vers son pubis, sur les côtés vers les cavités cotyloïdes, ou plus ou moins obliquement. Voilà des positions différentes, quoique ce soit toujours la même présentation, celle de la tête. De même pour la croupe : la base de la queue regardera en haut, en bas ou sur les côtés, et sera ainsi dans autant de positions différentes, quoiqu'on ait toujours à faire à la même présentation, celle de la croupe.

Ainsi, la présentation, c'est la première partie du fœtus qui sort ; la position, c'est le rapport que cette partie a avec telle ou telle région du bassin de la mère. Les auteurs vétérinaires ne me paraissent pas avoir jusqu'à ce jour suffisamment distingué ces deux choses, si distinctes pourtant. On peut s'en assurer en lisant leurs classifications.

Desplas (*Cours complet d'Agriculture* en 13 volumes, art. Part, p. 431) admet trois présentations naturelles

(on appelle naturelles, celles qui permettent à l'accouchement de se terminer spontanément, c'est-à-dire
qui par elles-mêmes n'offrent pas d'obstacles à la terminaison régulière du part) : 1° la tête en même temps
que les jambes de devant ; 2° la tête seule ; 3° les jambes de derrière ensemble. Desplas a raison : ce sont
bien là de véritables présentations ; il n'a point confondu avec elles les positions ; mais sa classification est
incomplète, même à son point de vue. La croupe peut
se présenter seule, les membres de derrière étant repliés sous le ventre, et cependant le part s'effectuer
normalement. Il aurait donc dû en admettre une qua
trième.

Fromage ne reconnaît qu'une présentation naturelle,
celle où le petit apparaît par la tête et les pieds simultanément. C'est une erreur ; le part est possible dans
les trois autres présentations de Desplas. Mais Fromage
voulait dire sans doute que la présentation qu'il signale
est la plus commune ; celle qui est en quelque sorte
normale par sa fréquence.

M. Delwart distingue quatre présentations naturelles : 1° la tête et les membres de devant, la tête en
haut vers le sacrum de la mère et les pieds en bas ;
2° la même, le corps étant renversé, la tête appuyant
sur le pubis et les pieds regardant le sacrum ; 3° la
partie postérieure du corps, la tête étant supérieure et
les pieds inférieurs ; 4° la même, le corps placé en sens
inverse. M. Delwart n'a-t-il pas commis la faute que

j'indiquais, et confondu les présentations et les positions. Dans les deux premiers cas, n'est-ce pas toujours une présentation de la tête et des membres de devant, puisque ce sont eux que la main du vétérinaire rencontre dans le bassin? mais ces parties ne se trouvent-elles pas dans deux positions différentes, l'une étant en rapport tantôt avec un point du bassin de la mère, tantôt avec un autre? N'en est-il pas de même de ses deux présentations postérieures? En résumé, M. Delwart ne fait que deux présentations : la première, celle de Fromage ; les deux secondes, qui correspondent à la troisième de Desplas. On peut donc lui faire le reproche d'avoir méconnu la deuxième présentation signalée par Desplas, dans laquelle la tête seule s'engage ; et d'avoir oublié aussi, comme ce vétérinaire, la présentation de la croupe seule sans les membres.

Ainsi, aucune de ces trois classifications ne peut être admise définitivement dans la science. Recherchons s'il serait possible d'en donner une meilleure.

Je ferai remarquer d'abord que la première chose à faire pour établir une bonne classification, c'est d'avoir une règle fixe pour en établir les diverses parties. Quand on classe les plantes, on cherche des caractères qui aient quelque fixité, qui se retrouvent toujours. Voilà pourquoi on part d'abord des organes sexuels, comme l'a fait Linnée pour les plantes. Ces organes se trouvent dans tout le règne végétal.

Or, si nous cherchons un point fixe de classification

dans les diverses présentations que peut offrir le fœtus
qui sort, je ne crois pas que nous puissions le prendre
dans les membres et la tête : il y aurait là trop de variétés. La tête seule peut sortir, ou les deux membres
seuls, ou la tête avec les deux membres, ou avec un
membre seul. De même pour la croupe et les jambes
de derrière. Je crois donc qu'il faut s'adresser ail.
leurs.

Le tronc me paraît offrir quelque chose de plus fixe,
et qui réunit toutes les conditions d'une bonne classification. Le fœtus recouvert de ses enveloppes ressemble à un ovoïde, à une olive qu'il s'agirait de faire
passer par le goulot d'une bouteille ; il peut se présenter de trois façons : par un des deux bouts, ou par le
milieu. Or quels sont les véritables bouts de l'ovoïde
représenté par le fœtus ? c'est la partie antérieure de
sa poitrine en avant, la croupe en arrière. De plus,
la poitrine ou la croupe sont les seules parties qui
par leur volume apportent quelque obstacle au part
naturel ; la tête et les membres n'en offrent que lorsqu'ils sont dans une mauvaise position. Il est donc évident qu'il fallait prendre pour base de la classification
des présentations précisément les parties qui, par leur
volume et leur situation fixe, avaient ce double caractère : 1° de jouer un rôle important dans le part
normal, régulier ; 2° de n'être pas susceptibles de variations, de changements de situation. Voilà donc ce
que j'appellerai les véritables présentations, et j'en dis'

tinguerai trois : 1° celle de la partie antérieure du
tronc; 2° celle de la partie postérieure; 3° celle d'une
des régions du tronc lui-même. Je considère la tête et
les membres de devant comme autant d'appendices qui
peuvent offrir une foule de situations différentes, sans
que pour cela le devant cesse de se présenter ; les
membres de derrière et la queue qui correspond à la
tête, en arrière, sont dans le même cas pour la croupe.
Le tronc n'offre pas d'appendices particuliers.

Je n'admets donc que trois présentations générales,
mais je les subdivise ensuite en beaucoup de variétés
différentes : 1° Présentation antérieure. Elle comprend
autant d'espèces différentes que la tête et les membres
peuvent avoir de situations diverses. 2° Présentation
postérieure. Mêmes espèces, tirées de la situation relative des membres de derrière. 3° Présentation du
tronc. Ici les variétés sont tirées des diverses régions
du tronc qui peuvent s'offrir à l'entrée du bassin, au
détroit antérieur.

Si nous examinons ces diverses présentations au
point de vue de la terminaison du part, nous verrons
qu'on peut les distinguer en celles qui sont naturelles,
c'est-à-dire dans lesquelles l'expulsion du fœtus se fait
sans obstacles, par les seules forces de la mère , et en
celles qui sont vicieuses, compliquées, qui apportent
des difficultés plus ou moins grandes à l'accouchement
et méritent d'être traitées à part, dans un chapitre de
ce qu'on appelle la dystocie, c'est-à-dire l'accouche-

ment laborieux, difficile. A ce point de vue, nous ferons une deuxième classification. — A. Présentations naturelles : 1° antérieures, la tête et les membres de devant sont étendus et sortent les premiers et simultanément ; 2° postérieures, les membres de derrière sortent étendus les premiers. — B. Présentations dystociques : 1° antérieures, la tête et les membres étant diversement repliés ; 2° postérieures, les membres de derrière étant aussi en des situations autres que celle indiquée plus haut ; 3° présentations du tronc ; celles-là sont toujours impossibles naturellement, puisque le corps du fœtus est trop gros et trop peu flexible pour pouvoir se plier en deux et traverser ainsi le bassin en double. Je n'ai dans ce chapitre à m'occuper que des deux premières.

Positions. — Soit que la partie antérieure du fœtus ou la postérieure se présente la première à l'entrée du bassin, il est évident que chacune d'elles peut affecter une situation différente par rapport au contour de cette cavité. De là résultent autant de positions. Comment classerons-nous ces positions? Il faut suivre ici la même règle que pour les présentations et chercher des points fixes.

Si l'on prend l'extrémité antérieure du tronc, la poitrine, on trouve que son point le plus saillant, c'est le garrot formé par les premières vertèbres dorsales. Si l'on prend la partie postérieure du corps, c'est la croupe, la continuation de la région lombaire. Voilà

deux points fixes, les vertèbres du garrot pour le devant, les lombes pour le derrière. Quant au bassin, il
nous offre quatre points principaux : en haut, la région sacrée ; en bas, la région pubienne ; sur les côtés,
les régions iliaques droite et gauche. Les vertèbres du
garrot et des lombes peuvent regarder chacun de ces
quatre points du bassin ; de là quatre positions différentes pour chaque présentation :

A. PRÉSENTATION ANTÉRIEURE. —1° *Position vertébro-
sacrée.* Les vertèbres du garrot correspondant au sacrum
de la mère ; la tête est supérieure, les membres inférieurs ;
la base de la poitrine du fœtus répond au pubis de la mère.
On peut l'appeler première position, parce qu'elle est de
toutes la plus fréquente ; c'est celle qui est en quelque
sorte normale. C'est la seule que Fromage admette
comme régulière. Elle n'est pas cependant constante,
on observe aussi les autres, nous ignorons dans quelles
proportions ; il faut faire un appel aux praticiens pour
qu'ils donnent à la science quelques statistiques positives au sujet de ces présentations et positions. 2° *Vertébro-pubienne.* Le garrot du fœtus touche le pubis de
la mère ; le sternum est appliqué contre le sacrum ; la
tête est inférieure, les membres supérieurs. 3° *Vertébro-iliaque droite.* Le fœtus est couché sur un des côtés
du corps, le garrot correspond au côté droit du bassin,
le sternum au gauche ; la tête, entrée dans l'excavation, est aussi à droite, les membres à gauche ; l'épaule
gauche regarde en haut vers le sacrum, la droite en

bas vers le pubis. 4° *Vertébro-iliaque gauche.* Même position en sens inverse.

On comprend bien que ces deux dernières positions ne sont pas naturelles , c'est-à-dire que le part est rendu impossible. Le grand diamètre du bassin est de haut en bas, son petit est de droite à gauche ; le fœtus au contraire , lorsqu'il est couché sur le côté , a son grand diamètre , celui qui va du garrot au sternum , placé transversalement. Ainsi le plus grand diamètre du fœtus se trouve placé dans le même sens que le plus petit diamètre du bassin. Le part ne peut se faire. Il faut donc, pour que le part se fasse , que cette situation change et que le fœtus reprenne la position verticale , de façon à ce que son diamètre qui va du garrot au sternum , soit dans le même sens que celui du bassin qui va du sacrum au pubis. J'ai eu occasion d'observer quelquefois de ces positions transversales du fœtus , dans les premiers temps du travail de l'accouchement ; elles se changent d'elles-mêmes par les efforts de contraction de la matrice , en une des deux verticales que j'ai indiquées , la position vertébro-sacrée ou vertébro-pubienne. Si cette mutation spontanée n'a pas lieu , je dirai tout à l'heure ce qu'il faut faire.

B. Présentation postérieure. — Nous appliquerons les mêmes réflexions : 1° *Position lombo-sacrée.* Le sacrum du fœtus correspond à celui de la mère , les deux régions pubiennes se touchent , la queue est en haut , les membres en bas ; la hanche droite regarde le côté droit du bassin , et la gauche, le côté gauche ; c'est la première position , la plus commune de la présentation postérieure. 2° *Lombo - pubienne*. Les rapports sont inverses , le sacrum du fœtus correspond au pubis de la mère , son pubis au sacrum , la queue est en bas , les membres en haut. 3° *Lombo-iliaque droite* , sacrum et queue du fœtus vers la région iliaque droite du bassin , pubis vers la gauche ; hanche droite regardant en bas , hanche gauche en haut. 4° *Lombo-iliaque gauche* , même position en sens inverse. Les réflexions que j'ai faites précédemment à propos des positions transversales de l'extrémité antérieure s'appliquent entièrement ici : ou bien le part est impossible , ou bien elles se réduisent d'elles-mêmes en une des deux premières.

Pour tout ce qui concerne les autres variétés de présentations je renvoie à la dystocie ; seulement je dirai ici par avance que ces variétés-là se divisent toujours chacune en quatre positions , de même que les présentations naturelles.

Mécanisme du part.

Ces points étant bien établis , étudions le mécanisme du part. Ici nous serons frappés par les réflexions suivantes : 1° Le fœtus a un trajet à peu près rectiligne à parcourir ; 2° il se présente au détroit postérieur du bassin et à la vulve, dans la même position qu'il était au détroit antérieur : l'étude du mécanisme assez simple du part se réduit donc à la question de savoir comment chaque diamètre du fœtus s'accommode aux diamètres correspondants de l'excavation pelvienne.

Il n'y a guère en réalité qu'un seul détroit, c'est l'entrée du bassin, qui ne forme pas un canal, mais en quelque sorte un simple anneau. Si on veut le considérer comme un canal, il faudra se rappeler qu'il n'a qu'une paroi supérieure complète, deux latérales incomplètes et que l'inférieure manque complètement, ce qui ressemble assez, comme on le voit, au bec d'une plume que l'on aurait coupé de manière à ne laisser qu'un anneau entier à un bout du bec.

Supposons la première position de l'extrémité antérieure, la vertébro-sacrée. Le dos est au-dessus et répond aux dernières vertèbres lombaires et au sacrum de la mère; le sternum est en bas et correspond aux parois abdominales et un peu au pubis ; les épaules et les côtés du thorax touchent aux parois latérales de l'abdomen et du bassin; la tête est en avant appuyée sur les membres antérieurs réunis. Le grand diamètre, sacro-pubien du bassin, est dans le même sens que le grand diamètre du fœtus, qui partant du garrot va tomber sur la partie moyenne du sternum; c'est-à-dire, que la hauteur de la poitrine correspond à la hauteur du bassin ; de même que la largeur de la poitrine correspond à la largeur du bassin. Or, la hauteur de

la poitrine du fœtus est plus grande que la hauteur
du bassin de la mère ; ainsi il faut qu'une partie passe
par une ouverture plus étroite qu'elle. Là est la difficulté. Voici comment Lafosse l'explique :

1° Les vertèbres qui constituent le garrot s'infléchis-
sent l'une sur l'autre ; leurs apophyses épineuses sont
dirigées en arrière ; de là abaissement de la partie
saillante du dos ;

2° Le bord supérieur des scapulums se rapproche
du cou ;

3° Les ligaments sacro-ischiatiques et les parties
charnues qui les recouvrent s'allongent et élargissent
ainsi le diamètre latéral du bassin.— Lafosse (*Observations et découvertes d'hippiatrique*. Paris, an IX) affirme
que le poulain a quatre fois le volume du bassin et cependant il passe par son excavation. C'est que, dit-il, les
épaules qui sont plus hautes que le garrot se portent
par leur partie supérieure au devant du cou, ce qui
forme une demi-gouttière sur laquelle l'os sacrum de
la mère paraît glisser. Les apophyses épineuses qui sont
dans leur plus grande partie cartilagineuses se re-
plient les unes sur les autres en se déversant de droite
à gauche, et empêchent la compression trop sensible
de la poitrine. En un mot, suivant lui, la poitrine du
poulain se module en passant dans le bassin de manière que par son poitrail il a la forme de la carène
d'un vaisseau glissant sur son chantier.

Lafosse avance sans preuve que la poitrine du fœtus est quatre fois plus volumineuse que le bassin à travers lequel elle passe. J'ai entrepris au sujet des mesures de la poitrine et de la croupe du fœtus quelques recherches qui, n'étant pas encore complètes, seront publiées plus tard dans une petite note que je ferai insérer dans les journaux vétérinaires. Je dirai seulement ici que d'après quelques mesures que je possède, le diamètre de la poitrine des veaux serait de 26 à 28 centimètres, pour celui qui s'étend du garrot au sternum; de 16 à 18 centimètres pour le transversal d'un côté à l'autre de la poitrine. Or, si on consulte les dimensions du bassin d'une vache de taille moyenne, on trouvera, pour le diamètre supéro-inférieur, 22 centimètres, et 18 pour le transversal. L'opinion de Lafosse est donc bien loin d'être juste et les résultats que je publierai plus tard prouveront encore mieux qu'il n'y a pas une si énorme différence qu'il le pensait, entre le bassin de la mère et la poitrine du fœtus.

4° Le relâchement des symphyses sacro-iliaques du bassin non seulement agrandit ainsi le diamètre vertical du bassin, mais en permettant le déplacement des os iliaques sur le sacrum, facilite le glissement du fœtus.

Je ne crois pas que Lafosse ait parfaitement rendu compte de cette difficulté. Etudions les conditions du part qui se présentent du côté du fœtus et du côté de la mère.

Du côté du fœtus. 1° J'admets avec lui l'abaissement avec inclinaison en arrière des apophyses épineuses du garrot ; voilà bien certainement une première cause qui diminue le diamètre vertébro-sternal ou perpendiculaire de la poitrine du fœtus ; 2° quant à ce qu'il dit que le bord supérieur des scapulums se rapproche du cou, cela ne me paraît pas admissible, car dans la position que nous supposons, ou bien les membres sont repliés sous le ventre, ou bien ils sont en avant et se présentent les premiers avec la tête. Or , dans le premier cas, les épaules en arrivant vers l'entrée du bassin rencontrent le côté des os iliaques, sont repoussées un peu en arrière et dégagent la partie antérieure de la poitrine dont le diamètre transverse se trouve diminué, puisque les épaules ne le recouvrent plus. Dans le deuxième cas les membres étant en avant, les épaules sont repoussées en arrière, mais avec moins de facilité, et les membres antérieurs qui sont appliqués sur le côté de la poitrine du fœtus les remplacent en partie, de sorte que dans le deuxième cas la diminution du diamètre transverse de la poitrine n'est pas aussi considérable.

Il me semble qu'il y a en outre plusieurs autres phénomènes qui n'ont pas été signalés par Lafosse :

1° La poitrine, composée de parties molles et d'os mobiles les uns sur les autres, souples, renfermant dans sa cavité des organes parenchymateux, peut trèsbien éprouver et éprouve en effet une compression qui la resserre en totalité et diminue tous ses diamètres. La plus simple expérience permet de constater sur les jeunes animaux, la facilité avec laquelle le thorax se laisse réduire par une compression un peu forte.

2° Le garrot s'engage le premier sous le sacrum de la mère dans la position vertébro-sacrée ; le sternum en bas est repoussé par le bord antérieur des pubis et la poitrine subit ainsi une espèce d'allongement, tel que le diamètre vertical de la poitrine est notablement diminué. Pour bien comprendre ce déplacement, on peut se représenter un corps de forme carrée qu'on voudrait faire passer à travers une ouverture plus étroite; le carré étant placé de champ, supposons qu'on tire sur l'angle supérieur, qui se portera en avant, et que l'angle inférieure se porte en arrière, on aura ainsi transformé son carré en un losange de même grandeur, mais qui par sa forme nouvelle offrira plus de longueur et bien moins de hauteur; or, c'est, ce me semble, ce qui arrive au thorax du fœtus.

3° Les épaules ne s'engagent pas toutes les deux à la fois; une d'elles s'engage d'abord la première, et l'autre un peu après, ce qui produit une diminution du diamètre transverse.

Du côté de la mère; voyons les conditions nécessaires pour faciliter ce passage. Ici nous n'avons rien à ajouter à ce que nous avons dit plus haut avec Lafosse:

1° Les diamètres vertical et surtout transverse s'agrandissent un peu par le relâchement des articulations sacro-iliaques et le relâchement des ligaments sacro-ischiatiques;

2° Ces articulations et les ligaments permettant une certaine mobilité de chaque côté du bassin facilitent le glissement, l'engagement de chaque épaule.

Une fois que le thorax a franchi l'entrée du bassin il n'a plus à suivre qu'un canal extensible très légèrement courbé de haut en bas et d'avant en arrière; là il trouve plus de largeur ; les ligaments sacro-sciatiques qui complètent le canal sur les côtés, sont relâchés ; le coccyx s'élève et en s'élevant tire les ligaments sacro-sciatiques et les allonge. Là il n'y a donc plus de difficulté et le reste du passage est franchi avec facilité. Aussi pour faciliter au fœtus le passage de cette dernière partie, Lafosse conseille de faire soulever, par deux ou trois aides forts, la queue de la jument et par conséquent le bout du sacrum auquel elle est attachée. C'est un moyen d'agrandir le diamètre supéro-inférieur de la partie postérieure de ce canal. On peut se dispenser de ce soin dans la vache, attendu que son sacrum est plus mobile et son bassin plus court.

Examinons maintenant le rôle de la partie postérieure du corps, puis celui de la tête et des membres de devant.

La croupe n'éprouve quelque peine à franchir le

passage qu'autant qu'elle est chez le poulain relativement très volumineuse. Ce qu'il y a à faire quand
ce cas se présente, est d'aider à la jument, en portant
le corps du jeune animal en partie sorti, alternativement d'un côté à l'autre pour engager les hanches
l'une après l'autre. Quant au sommet de la croupe,
l'abaissement du corps du poulain par son propre
poids lui permet de glisser le long du sacrum.

La tête n'oppose pas de difficultés au part tant
qu'elle n'a que son volume normal et le bassin des dimensions ordinaires ; elle peut être considérée comme
servant à dilater le col utérin ; à raison de la forme
et de la longueur des machoires, elle ressemble à un
coin dont le sommet est tourné en arrière vers le col
utérin dans lequel il s'engage avec les membres antérieurs et qu'il contribue à agrandir.

De tout ce que nous venons de dire, on peut tirer
quelques applications pratiques : 1° que lorsqu'il s'agit
d'aider la mère dans cette première position, il faut
exercer de légères tractions de haut en bas, suivant la
courbure légère du canal, afin d'engager le garrot qui
est la partie la plus saillante du dos ; 2° qu'il faut tirer
aussi latéralement en inclinant la tête et les membres
tantôt à droite, tantôt à gauche, afin d'engager alternativement une épaule après l'autre, et faire progresser
ainsi le fœtus, de manière à ce que tout son corps ne
s'avance pas à la fois, mais partie par partie, le garrot
d'abord , puis chaque épaule et alternativement ;

3° que la tête étant portée sur un cou très-long chez les animaux, doit être suivie, après qu'elle a franchi le col et le détroit antérieur, la main étant appuyée sur la nuque, de manière à l'empêcher de se replier, à la porter en bas ; de la sorte, on remplit en même temps la première indication, de faire engager le garrot le premier, et la troisième qui est celle d'empêcher que la tête, se repliant, reste en arrière pendant les tractions qu'on opère sur les pieds. Cette règle doit être suivie surtout chez les sujets faibles.

Deuxième position vertébro-pubienne. — Le garrot du fœtus est contre le pubis de la mère, le sternum contre le bord antérieur du sacrum, les membres en haut, la tête en bas ; les épaules étant toujours sur les bords de l'os des îles.

Comment se fait l'engagement du diamètre vertébro-sternal du fœtus? Le mécanisme n'est pas tout-à-fait le même que dans le cas précédent. Le garrot est retenu d'abord immobile par le pubis contre lequel il s'arc-boute ; le sternum s'engage le premier en glissant le long de la courbure du sacrum ; l'allongement de la poitrine se fait en sens inverse de ce qui a lieu dans la première position : c'était le garrot qui entrait le premier dans le bassin et glissait sous la face inférieure du sacrum qui est très-peu concave chez les animaux, c'est maintenant le sternum.

Toutes les autres causes par l'action desquelles la poitrine du fœtus, qui est plus volumineuse que l'entrée du bassin , s'accommode à cette entrée et la traverse, sont les mêmes dans cette deuxième position.

Je ferai seulement remarquer que, dans quelques cas, il pourrait bien se faire que ce fût le garrot qui s'engageât le premier en glissant sur le pubis, après que les apophyses épineuses ont été déprimées, inclinées en arrière, et alors l'allongement de la poitrine se ferait dans le même sens qué pour la première position.

Comme applications pratiques, je noterai ici le sens dans lequel il faut tirer :

1° Si dans la première position il convient en aidant à la femelle pour accoucher de tirer le petit à soi, et un peu de haut en bas, suivant l'inclinaison du bassin, dans la seconde, au contraire, il est bon de soulever la tête et les membres de devant en même temps que le devant du corps, pour permettre au garrot de franchir le bord pubien de l'excavation. Le reste du travail est à peu près le même.

2° On engagera les épaules de la même manière, en inclinant tantôt à droite, tantôt à gauche, pour les faire entrer l'une après l'autre.

3° La tête sera soutenue pour l'empêcher de se replier avant qu'elle ne soit arrivée à l'extérieur.

4° Un point très-important, relatif à cette position vertébro-pubienne , se tire de la position des pieds. Pendant qu'ils traversent le passage, ils ont de la tendance à s'accrocher d'abord à l'entrée du bassin, vers le sacrum, ou bien en arrière contre le périnée. Dans ces deux cas, ils sont arc-boutés, opposent un obstacle puissant au part, ou peuvent produire des déchirures des parties molles, du périnée. La main de l'accoucheur devra donc aller à leur recherche, les diriger vers le centre de l'excavation et les engager dans l'orifice extérieur.

Positions transversales ; vertébro - iliaque droite et gauche. — Lecoq de Bayeux est à ma connaissance le seul vétérinaire qui ait mentionné cette position que du reste il n'a jamais vue et qu'il indique comme possible *à priori*. Je l'ai admise aussi pour l'avoir quelquefois rencontrée.

Le fœtus est couché sur un des côtés du corps , le garrot est en rapport avec un point de la face latérale de l'os des îles. Une des faces de la poitrine du fœtus repose en bas sur les parois de l'abdomen , l'autre face est en rapport en haut avec le corps des vertèbres lombaires.

L'accouchement spontané est impossible dans une position semblable , parce que la poitrine présente son grand diamétre ou vertical au plus petit diamétre du bassin de la mère , le transversal ou bis-iliaque. Il faut de toute nécessité qu'elle se convertisse en une des deux premières positions , vertébro-sacrée ou vertébro-pubienne ; ou bien , si le fœtus sortait ainsi transversalement , il faudrait qu'il n'eût qu'un volume très faible , que ce fût un avorton ; ce que l'on n'a sans doute point vu.

Lorsqu'un vétérinaire rencontrera cette position , qu'il diagnostiquera facilement en allant à la recherche du garrot , en sentant les deux faces du cou , dont une est supérieure , l'autre inférieure , et les deux faces de la poitrine qui sont placées de même , son premier soin devra être de transformer cette position en première position du garrot ou vertébro-sacrée ; et cela avant que les eaux se soient entièrement écoulées ; autrement l'utérus, serrant étroitement le fœtus de toutes parts , empêcherait la mutation : le fœtus , s'il est vivant , tend à se placer de lui-même en première position.

Si le petit était déjà engagé dans le bassin , on le repousserait avec la main ou avec un instrument approprié , le repoussoir (voyez dans les planches) ; si la rétropulsion , le recul du petit, ne pouvait se faire, on lierait solidement l'un à l'autre les deux membres déjà sortis , on passerait un levier entre ces membres , de telle sorte que ce levier soit placé entre la ligature et le corps du fœtus ; puis en agissant sur les bouts du levier, on opérerait sur le fœtus un mouvement de rotation qui ramènerait ses membres en bas et son dos en haut , c'est-à-dire en position vertébro-sacrée ; ou, si on éprouvait trop de peine à opérer cette manœuvre, en deuxième position , ou vertébro-pubienne , le dos en bas et les membres en haut. Ce levier s'emploie avec avantage pour opérer la version du corps ; mais il a l'inconvénient de causer des excoriations dans les membres, de les fracturer même si on n'agit pas avec ménagement, ou si le fœtus est enclavé et qu'on trouve trop de peine à le faire mouvoir.

PRÉSENTATION DE L'EXTRÉMITÉ POSTÉRIEURE. — Lorsque l'extrémité postérieure du corps est la première à l'entrée du col, elle peut s'offrir en quatre positions dont deux seules méritent une description spéciale : 1° Position lombo-sacrée ; 2° lombo-pubienne. La première est la plus commune des deux et peut par conséquent porter le nom de première position des fesses.

POSITION LOMBO-SACRÉE. — La croupe du fœtus est en rapport avec le sacrum de la mère, les hanches avec les côtés du bassin, et les membres abdominaux avec le pubis. Nous avons à expliquer 1° l'engagement et le passage de la croupe ; 2° celui de la poitrine. Ce dernier ne présente aucune différence avec ce que j'ai décrit pour les positions correspondantes de l'extrémité antérieure. Je n'y reviendrai pas.

Engagement de la croupe. — Les pieds et les jambes de derrière pénétrent, en général, les premières à travers le col qu'elles contribuent à dilater à la manière d'un coin, comme nous avons vu que la tête le faisait pour l'extrémité antérieure. D'autres fois les membres étant repliés sous le ventre, ce sont les fesses seules qui forcent la dilatation du col ; dans ce cas-là cette dilatation est beaucoup plus longue à s'opérer ; c'est déjà une condition qui rend l'accouchement plus long et plus difficile.

L'extrémité postérieure du corps est moins volumineuse que la poitrine , ce qui devrait rendre son passage plus facile à travers le bassin ; mais aussi elle est plus ronde et ne présente pas un grand diamètre vertical qui puisse correspondre au grand diamètre sacro-pubien du bassin de la mère ; et un diamètre transverse plus petit pour s'accommoder au rétrécissement latéral du bassin ; de plus , les membres postérieurs appuyés sur le pubis élèvent la croupe et la font arc-bouter contre le sacrum.

Les membres postérieurs sont les premiers qui arrivent dans le bassin s'ils sont étendus en arrière ; après eux la croupe s'engage en s'abaissant un peu pour passer sous le sacrum ; puis chaque fesse l'une après l'autre par un mécanisme analogue à celui que nous avons décrit pour les épaules.

Ici il y a quelques particularités à signaler : 1° La queue peut devenir un obstacle , si elle se replie en arrière ; elle forme alors une saillie qui s'oppose au glissement du corps. De là le conseil d'aller à sa recherche, de la dégager en passant le doigt par-dessous et de la diriger en avant : de la sorte on évite un obstacle , et de plus , on a un point d'appui fort utile lorsqu'il devient nécessaire de tirer pour aider à la sortie du petit.

2° Le poil qui recouvre les animaux étant dirigé

d'avant en arrière, on comprend qu'il doit se rebrousser lorsque le fœtus est chassé par les fesses, ce qui constitue un nouvel obstacle au part.

3° L'engagement des fesses étant un des obstacles de cette position, il est encore plus important que pour les positions de l'extrémité antérieure de faire des tractions latérales, tirant tantôt sur la fesse droite, tantôt sur la gauche, pour les engager l'une après l'autre.

4° Il faudra aussi tirer de haut en bas et d'avant en arrière, dans le sens de la courbure légère du bassin.

5° L'accoucheur fera bien d'appuyer une main sur le sommet de la croupe pour l'abaisser ; de la sorte il agira de haut en bas comme je viens de dire qu'il faut le faire ; en outre il diminuera le frottement de la croupe et facilitera son glissement.

La tête qui sort la dernière dans cette présentation est rarement un obstacle au part ; toutefois quelques praticiens assurent l'avoir vu s'enclaver chez le veau mâle et causer de l'embarras pour son extraction. Ici encore, il faut engager cette partie par une des apophyses frontales d'abord, et par l'autre après, en tirant le corps de droite à gauche et vice-versa.

J'ai vu chez de petites chiennes qui avaient été couvertes par des mâles de la famille des bull-dogues, la tête du petit avoir de la peine à franchir le passage. Au lieu de s'obstiner à opérer des tractions sur le corps pour obtenir la tête dans quelque sens que ce soit, il est préférable d'avoir recours au bain et d'attendre les effets de l'émolliation, et sur les parties de la mère, et sur celles du fœtus qui périt toujours en pareil cas, pour peu que le travail ait duré. Dans tous les autres cas la sortie de la tête est facile.

Position lombo-pubienne — La croupe repose sur les parois abdominales , et touche au pubis ; le ventre et les pieds sont en haut. Cette deuxième position n'offre rien de bien particulier dans son mécanisme, si ce n'est qu'il est plus important encore de dégager la queue qui pourrait arc-bouter contre le bord saillant du pubis ; et qu'il faut reproduire à propos des pieds les mêmes considérations que j'ai présentées pour la deuxième position ou vertébro-pubienne de l'extrémité antérieure. De plus la croupe présentant une saillie qui fait obstacle à son engagement dans le bassin , il faut , pour qu'elle franchisse ce bord, la soulever pour empêcher que ces deux parties ne se fassent obstacle. Pour cela il faut tirer en soulevant de bas en haut , en se servant de la queue et des membres , et ce n'est qu'après avoir ainsi dégagé la croupe qu'on fera le deuxième mouvement , c'est-à-dire qu'on tirera de haut en bas pour suivre la courbure légère du canal.

Positions transversales. — Les considérations qui s'y appliquent sont analogues à celles de la présentation antérieure.

CHAPITRE X.

DE LA DÉLIVRANCE.

On appelle ainsi ce dernier temps du part pendant lequel le placenta et les enveloppes du fœtus sont rendus à l'extérieur. Le placenta et les enveloppes sont appelés délivre, arrière-faix, secondines en termes d'accouchement. La délivrance peut être distinguée en naturelle, celle qui se fait spontanément, et en artificielle, celle qui exige l'intervention de l'accoucheur.

DÉLIVRANCE NATURELLE. — C'est la plus ordinaire. Chez les femelles multipares, chaque délivre suit la sortie du petit auquel il appartient ; il n'en saurait être autrement, puisque les contractions de l'utérus qui expulsent le deuxième, le troisième ou le quatrième fœtus contenus dans une corne, poussent nécessairement devant lui le placenta et les membranes du petit qui était placé en avant. Le retard de la délivrance chez ces femelles ne peut donc provenir que du retard des petits qui vont naître. Mais les derniers délivres après lesquels il n'y a plus de fœtus, ceux-là n'étant pas chassés par d'autres petits, peuvent séjourner plus longtemps. Dans la truie, la disposition des houppes filamenteuses qui vont du chorion s'implanter dans l'utérus, est la même que chez la chienne. Bien que cette enveloppe dépasse de beaucoup le fœtus qu'elle entoure et qu'elle s'accole à l'enveloppe des fœtus voisins, comme si on avait affaire à un chorion unique pour tous les petits, elle ne s'en détache pas moins aussi facilement que dans la chienne.

Il n'en est pas de même des grandes femelles pour l'ordinaire unipares, chez lesquelles le placenta est assez fortement uni à l'utérus, ainsi que je l'ai dit dans l'anatomie. Chez la jument, c'est par des houppes vasculaires multipliées, mais très-fines, qui vont du placenta s'insérer par faisceaux dans des enfoncements correspondants de l'utérus. Ces adhérences se rompent assez facilement ; aussi, est-il rare qu'on soit obligé d'intervenir dans la délivrance de cette femelle à moins d'avortement ou de circonstances particulières.

Dans les ruminants, la brebis, la vache et la chèvre, l'union du placenta, ou plutôt de leurs nombreux placentas, se faisant avec l'utérus au moyen de cotylédons engaînant ou engaînés dans ceux du viscère, les adhérences qui les unissent sont solides et résistantes. Aussi, est-ce chez ces femelles et principalement chez la vache que l'expulsion de l'arrière-faix est le plus longtemps à s'opérer. Il est commun de voir ce corps séjourner depuis trois ou quatre jours jusqu'à six ou huit.

Il peut être retenu en entier ou seulement par portions. Dans le premier cas, les symptômes qui annoncent sa présence sont faciles à percevoir. Pour l'ordinaire, le cordon ombilical pend par la vulve, et descend même quelquefois jusqu'aux jarrets de la vache. Dans d'autres cas, il n'apparaît au dehors que quand la vache se couche sur son ventre, que la matrice soulevée est refoulée en arrière et que le col se montre vers la vulve, soit qu'alors le cordon ait été rupturé par les efforts de traction qu'on aura faits pour opérer la délivrance ou par le poids du fœtus pendant le travail du part et que la portion restante ait été entraînée par le vagin. La rupture de la partie du cordon restée sur la mère, sa rentrée surtout, qui devient souvent un sujet d'inquiétudes pour les gens de campagne, ne changent rien à la sortie du délivre. Ce cas n'a rien d'inquiétant pour l'accoucheur qui connaît les symptômes par lesquels on constate que le placenta est détaché de ses adhérences et qu'il convient de l'extraire.

Lorsque le cordon resté au dehors a une certaine longueur, Chabert conseille d'y appendre un poids modéré, après le deuxième ou le troisième jour, afin qu'il exerce une traction continue sur les points adhérents du placenta et hâtent ainsi leur séparation. Les gens de campagne suspendent ainsi un sabot, un vieux soulier. Si le bout du cordon a moins d'étendue, on le saisit quand la femelle est couchée, on y attache un lien auquel on suspend le corps.

S'il a été fait des tentatives d'extraction sans succès, que le cordon se soit rupturé, et qu'il n'apparaisse que des lambeaux de l'arrière-faix, il convient de suivre le conseil de Favre, de Genève, qui veut qu'on réunisse ces lambeaux le plus près possible de la vulve, au moyen d'une ficelle qu'on noue fortement et dont on laisse pendre les bouts sur les jarrets, ensuite à inciser toute la portion de ces parties qui dépasse la ligature. Au moyen de cette ligature, on exerce de temps en temps de légères tractions de manière à ne pas séparer ces lambeaux que le contact de l'air ramollit et rend moins résistants; à mesure que ces lambeaux sortent, on reporte plus haut la ligature, jusqu'à ce que la femelle ait expulsé le tout. Favre fixe à 750 grammes le poids du corps qu'il est permis d'attacher au cordon ombilical ou aux lambeaux du délivre. Il fait remarquer aussi que quand la portion sortante du placenta est volumineuse, elle peut, lorsque la bête est levée, appuyer sur le méat urinaire et empêcher la sortie de l'urine. On remédie à cet inconvénient en coupant le placenta au-dessus du méat, après avoir eu soin de lier avec une ficelle la portion qu'on laisse dans le vagin.

Le vagin, pendant les jours qui suivent le part, lorsque le délivre y séjourne, est toujours plus ou moins rouge, les lèvres de la vulve tuméfiées, ce qui indique

un peu d'irritation et fait présumer que la matrice est
dans le même état; le travail du part et la présence
du délivre l'expliquent suffisamment. Il se fait par la
vulve un écoulement de mucus grisâtre, brunâtre ou
plus ou moins mêlé de sang rougeâtre. Ce cas de rétention du placenta dans la matrice est presque le seul
où l'on voit, comme chez les femmes, des espèces de
lochies persister. Ces lochies ne sont qu'une sécrétion
morbide de l'utérus enflammé par le séjour du délivre
qui se décompose à l'air. Quand l'utérus s'est complètement vidé, il suffit d'un jour ou deux pour que tout
écoulement cesse.

Chez les femelles bien portantes, et pas trop âgées,
il est rare que l'arrière-faix séjourne au-delà de quatre
à cinq jours. Le plus souvent, elles se délivrent en
moins de temps. Pendant qu'il reste dans l'utérus, il
ne se montre aucun signe de maladie; l'appétit est
bon, les mamelles se gonflent par le travail de la nouvelle sécrétion de lait; les bêtes se couchent et dor-
ment tranquillement. Il est bien de leur conserver
cette tranquillité en écartant d'elles tout ce qui pourrait la troubler; on leur ménage les aliments et on
les choisit de facile digestion (Voir le chap. suivant).

Les choses ne se passent pas aussi bien si la vache
est âgée, maigre, affaiblie soit par le travail auquel on l'avait soumise, soit par une alimentation
insuffisante ou mauvaise, par l'influence d'une mauvaise saison, le règne des brouillards, de la pluie,

par une maladie chronique, un part long et douloureux ; dans tous ces cas les vaches comme les chèvres
ont de la peine à se délivrer spontanément de leur placenta. Il faut que l'art intervienne. L'arrière-faix reste
enfermé sept, huit, dix jours même ; il se putréfie, la
matière de l'écoulement est couleur de chair lavée, ou
brune ; les mamelles restent flétries, la sécrétion dont
elles sont chargées tout à fait inactive, l'appétit faible ou
mauvais, le pouls fébrile, la respiration pressée; le regard annonce l'abattement, des plaintes se font entendre; si cet état de rétention dure, les forces s'affaiblissent, la résorption des matières putrides contenues dans l'utérus produit une infection lente qui
amène la mort, avec la fièvre et le marasme.

Il faut donc extraire le placenta lorsque les femelles sont placées dans les circonstances que je viens
d'indiquer; on est même obligé de commencer par relever les forces afin de mettre les femelles en état de
réagir pendant que l'art interviendra. Aliments féculents, boissons salées, bouillies faites avec le vin,
la bierre ou le cidre, le pain grillé avec ces boissons,
des tisanes de tilleul, d'absinthe, des décoctions de
baies de genièvre, dans lesquelles on fait entrer la rue,
la sabine ou même l'ergot de seigle, afin d'exciter
en même temps la contractilité de l'utérus. Cette
dernière substance a été poussée en Belgique, suivant M. Delwart, jusqu'à trente-deux grammes dans
un demi-litre d'eau; mais mon expérience m'a ap-

pris qu'une pareille dose était dangereuse, qu'elle produisait la métrite, et je conseille de ne pas dé passer dix-huit grammes pour la vache et la jument, huit grammes pour la chèvre.

C'est dans les cas dont je m'occupe qu'il faut, dans le traitement, tenir le milieu entre une médecine trop active et une expectation trop lente. On doit compter sur les efforts de la vie, mais éviter de trop les exciter. La matrice étant déjà le siége d'une inflammation plus ou moins étendue et profonde par suite de la présence d'un corps putride ; s'il faut d'un côté soutenir les forces, il faut aussi de l'autre éviter de trop surexciter ce viscère.

Quant à l'époque où le vétérinaire doit intervenir pour extraire lui-même le placenta, elle varie suivant la force, la santé, l'âge de la femelle. En général, il ne faut guère le faire avant le deuxième ou le troisième jour, temps en quelque sorte normal pour la rétention du délivre ; on ne doit pas cependant attendre jusqu'au septième ou au huitième jour ; du quatrième au sixième jour, voilà la limite la plus sage et la plus convenable. En opérant trop tôt on s'expose à trouver le placenta trop adhérent, et les efforts auxquels on sera obligé de se livrer, pourront amener le renversement de l'utérus ; en attendant trop longtemps, on doit redouter le développement de la métrite et l'infection putride.

Lorsque le part se fait à terme et sans accident, la

vache se délivre spontanément au bout de douze à quinze heures. Il en est de même lorsque le travail de la parturition a été long, parce que les contractions prolongées de l'utérus ont préparé le décollement du placenta. Lorsqu'il est rapide, au contraire, il n'a pas eu le temps de se détacher et il séjourne plus longtemps dans l'utérus.

Lorsque le placenta a été décollé, sa présence excite quelques contractions utérines, lentes d'abord, faibles, mais qui augmentent peu à peu jusqu'à ce que le col se soit dilaté au point de permettre sa sortie; il s'engage successivement dans l'orifice, le dilate et finit enfin par tomber dans le vagin d'où il est chassé par la contractilité du plan charnu.

La délivrance n'est pas accompagnée d'une hémorragie, comme chez la femme. Nous n'avons point à craindre chez nos femelles cet accident si commun chez elle. Nous n'en observons guère qu'après l'expulsion violente du placenta à l'occasion de l'avortement et plus particulièrement à la suite de l'extraction forcée de cet organe, lorsque l'opérateur procédant trop brusquement déchire les vaisseaux qui unissent les cotylédons du placenta à ceux de l'utérus, et surtout lorsqu'il arrache quelques-uns des cotylédons de l'utérus. Dans ce cas même l'écoulement de sang n'est jamais abondant et jamais durable; il s'arrête le plus souvent de lui-même. Je ne connais pas d'exemple de mort à la suite d'une pareille hémorragie.

Lorsque le placenta est sorti ou a été extrait, les médecins prennent soin de s'assurer s'il est entier, s'il n'en est point resté dans l'utérus, non plus que quelques débris des membranes. Les vétérinaires négligent trop cette précaution, qui leur donnerait la certitude que la femelle est bien délivrée. Il résulte quelquefois de cette négligence que des portions de placenta, séjournant dans la matrice, deviennent l'occasion de métrites, de résorptions putrides, de suppurations à odeur infecte ; accidents d'autant plus dangereux qu'on en ignore la cause. Un autre inconvénient de ce défaut d'examen, c'est que le praticien, ignorant s'il est complètement sorti, se voit quelquefois dans la nécessité de mettre la main dans l'utérus pour s'en assurer, lorsque l'écoulement par la vulve persiste ; et cette manœuvre augmente les douleurs de la mère.

Ainsi la nécessité de l'examen du délivre étant reconnue, il faut l'étendre sur une table ou à terre sur de la paille et l'examiner convenablement. Chabert a eu soin de nous faire connaître sa forme dans la vache : « C'est une grande vessie représentant la forme de la matrice, contournée en fer à cheval, offrant deux branches et un corps. Celui-ci est plus large et correspond à la pince du fer. C'est précisément cet endroit que le fœtus déchire au moment de la sortie. Ce déchirement s'opérant sans perte de substances, il est facile de s'assurer si cette vessie est entière en rapprochant les parties divisées. »

Extraction de l'arrière-faix. — Lorsqu'on a reconnu l'indication d'extraire le placenta on se comporte de la manière suivante : on commence par s'assurer de l'état du rectum, suivant le conseil de Chabert, on le vide avec la main ou par des lavements, suivant le cas, et puis on introduit la main dans le vagin après avoir enduit sa surface dorsale avec de l'huile. Les doigts sont rapprochés les uns des autres à leurs extrémités surtout qui se réunissent de manière à former le sommet d'un cône. Les ongles ne doivent pas être coupés ras, quoiqu'on en dise, parce qu'il peut devenir nécessaire d'avoir recours à eux pour racler, pour diviser.

Quand le cône formé par les doigts est arrivé à l'orifice utérin, on cherche à l'y engager par des mouvements de glissement, de rotation, en même temps qu'on pousse légèrement la matrice en avant; pour que le vagin ne soit pas trop tiraillé par ce mouvement, on aura soin de faire tenir la matrice soulevée et repoussée en arrière par les mains de deux aides. Si le col est étroit, on introduit un doigt d'abord, on l'agrandit par les mouvements que j'ai indiqués; puis on introduit successivement les autres doigts les uns après les autres.

La main étant parvenue à franchir le col, on la glisse entre le chorion et la face interne de l'utérus, de telle sorte que sa face dorsale touche à la surface utérine interne et que sa surface palmaire réponde au chorion et au placenta, on la glisse ainsi toujours devant soi détachant successivement avec le bout des doigts qui sont juxta-posés et non plus en cône et avec le bord cubital de la main ; on procède dans ce décollement du col vers le fond de l'utérus. Arrivé aux cotylédons, on les saisit vers leur sommet avec les trois premiers doigts, et on détruit par la pression les adhérences qui unissent chaque cotylédon fœtal à celui de la mère qui lui correspond. La pression est préférable à l'arrachement qui en déchirant brusquement les vaisseaux cause une hémorragie peu à craindre par elle-même, mais plus dangereuse comme pouvant produire la métrite et peut-être la résorption purulente.

Pendant que l'opérateur a la main engagée dans la matrice, un aide est chargé de tendre et d'attirer au dehors le cordon ombilical et les parties du placenta qui sont détachées. Cela permet au vétérinaire de mieux saisir les parties encore adhérentes en le débarrassant de toutes celles qui sont détachées. C'est surtout lorsqu'on arrive au pourtour de la corne dans laquelle le veau avait les membres postérieurs engagés, que ce soin est utile, parce que la traction rapproche de la main cette région qui est profondément située.

Si le décollement du placenta est long et les contractions de l'utérus fortes, le bras de l'opérateur est lassé, engourdi par la compression que le col exerce sur lui. Il doit s'arrêter , prendre du repos et recommencer après et même changer le bras qui opère. Du reste , dans toutes les opérations de ce genre à pratiquer dans l'utérus, il faut choisir pour agir le moment où l'organe ne se contracte pas.

Quand on a détaché de tous côtés l'arrière-faix , on l'extrait tout entier en le saisissant à pleine main ; on est aidé dans ce mouvement par les efforts de la femelle. On peut exciter ces efforts expulsifs par le bouchonnement, les frictions ; mais lorsque le placenta est depuis longtemps retenu , qu'il s'est décomposé et ramolli , on ne peut plus l'enlever ainsi en entier ; une partie a été entraînée spontanément et le reste ne s'obtient que par lambeaux et avec beaucoup de peine.

Après on fait quelques injections émollientes acidulées ou alcoolisées dans le vagin ou même l'utérus , et on combat les complications qui peuvent se présenter. Ces mêmes injections à froid conviennent s'il survient quelque hémorragie. On surveillera attentivement les femelles après cette opération. On juge qu'elle se terminera bien si l'écoulement vaginal diminue et cesse bientôt, que les mamelles s'emplissent et que le lait coule, que l'appétit est bon et que la mère s'occupe affectueusement de son petit.— On redoutera au contraire une métrite, une métro-péritonite, si les mamelles restent flétries et avec peu de lait, que l'écoulement vaginal se supprime tout-à-coup , et que le ventre soit tendu , douloureux , ballonné. On combattra cette inflammation par les boissons délayantes, les fomentations et les embrocations calmantes sur le ventre et les lombes, les fumigations sous le ventre, les cataplasmes , les injections émollientes et narcotiques dans le vagin ; puis la saignée et tous les moyens dont on trouvera le détail à l'article métrite. C'est plus particulièrement après l'avortement qu'on doit redouter ces accidents et les combattre aussitôt qu'ils débutent.

CHAPITRE XI.

HYGIÈNE DES FEMELLES ET DE LEURS PETITS APRÈS LE PART.

Chez la Jument. — Lorsque la jument a achevé le part, couchée, elle reste quelque temps dans cette position. Le poulain, s'il est bien portant, se lève le premier et s'approche de la tête de sa mère qui s'occupe de le lécher, de le réchauffer de son haleine. Les léchements débarrassent sa peau de l'enduit sébacé qui s'est amassé à sa surface et lui donnent plus de vigueur ; aussi se dirige-t-il après vers les mamelles, et la mère, se levant, mange assez souvent son arrière-faix. Si la femelle accouche debout, elle se tourne pour lécher son petit qui va téter après.

Mais il est des juments, les primipares surtout, qui s'éloignent de leur poulain avec une sorte d'indifférence ; d'autres qui paraissent en être effrayées et qui s'en éloignent en faisant entendre un ronflement d'effroi ; d'autres, au lieu de se laisser téter, cherchent à mordre ou à frapper du pied leur nourrisson dès qu'elles le sentent près des mamelles. Dans ces cas il faut que l'homme supplée à la mère pour les premiers soins ; on se sert d'une poignée de foin ou de paille douce pour frotter la peau avec ménagement ; puis comme il est privé de la chaleur de sa mère qui ne peut le souffrir à côté d'elle , on l'entoure d'une couche de paille ou de foin , ou d'une couverture légère , et on lui fait une litière abondante pour qu'il s'y couche.

Pour engager la femelle à se laisser téter , il faut rechercher la cause qui s'y oppose. Cela peut tenir à un état de souffrance ; on le combattra par le repos , les boissons calmantes tièdes ; si c'est au séjour prolongé du placenta , on attend qu'elle soit délivrée spontanément ou par l'effet de l'art; si c'est à de l'affaiblissement causé par un part pénible , on pourra lui donner la rôtie au vin , rôtie qui du reste n'est pas du goût de toutes les femelles , ou quelques excitants associés à des substances féculentes. Lorsque l'indifférence de la mère ne tient à aucune des causes précédentes , qu'il y a répugnance , on peut la vaincre en saupoudrant la peau du fœtus avec de la farine ou du son mêlés d'un peu de sel de cuisine. Pendant tout le temps que la femelle ne se laisse pas téter, on nourrit le petit avec du lait de vache ou de chèvre coupé d'eau d'orge ou de tilleul.

On calme la frayeur des femelles en les faisant approcher et caresser par l'homme qui a l'habitude de leur donner des soins , en même temps qu'on leur présente leur petit qu'on a eu soin de nettoyer. On le porte ensuite aux mamelles en surveillant les mouvements de la mère. Si elle menace de le frapper , on l'attache avec un trousse-pied. M. Demoussy a vu souvent des juments du haras de Pompadour qu'on a été obligé de surveiller pendant cinq à six jours et qu'on a fini par rendre bonnes mères , à force de patience et de persévérance. Il attribue l'éloignement de ces femelles pour leur progéniture au souvenir des souffrances qu'elles ont endurées. Ce sont les juments fines qui l'offrent le plus souvent ; et Brugnone fait remarquer qu'elles sont d'autant plus disposées à maltraiter leur poulain qu'il est plus faible ; qu'à mesure qu'il devient plus fort et plus grand , la mère l'aime et s'y attache davantage.

Du côté de la mère , les douleurs et les fatigues du part lui ont donné un peu de fièvre , des sueurs , de la soif ; il faut donc lui procurer du repos et de la tranquillité , et si l'on peut un demi-jour ou même l'obscurité. Cette dernière condition est d'autant plus nécessaire que l'on se trouve dans une saison ou une localité plus chaude , où des insectes nombreux tourmentent la mère et son nourrisson. Si le temps est froid , on donnera à l'écurie une température douce.

On essuiera avec le plus grand soin la femelle pour débarrasser sa peau de la transpiration qui s'y fait habituellement ; on la frictionnera si elle a froid et on la couvrira d'une couverture chaude. On donnera des boissons blanchies avec la farine ou le son. Les boissons seront tièdes ; celles qui sont froides ont l'inconvénient de déterminer des congestions des viscères, notamment de l'utérus, et de produire des coryza ou des bronchites chez les nourrissons. Ceci s'applique aux femelles élevées à l'écurie ; car pour celles qui vivent dans un état demi-sauvage, elles boivent froid sans danger. Pour la nourriture, on fournira quelques poignées de foin ou de paille, si la faim est trop vive.

Les femelles ont toutes plus ou moins de propension à manger leur arrière-faix, les herbivores comme les carnivores. Quoiqu'on n'ait pas remarqué chez les premières de trouble notable de la digestion de cet aliment insolite, on recommande pourtant de le soustraire à leur voracité. On a cherché à se rendre compte de cet instinct qui les pousse à manger le placenta, et on a pensé que la nature, en le leur donnant, avait eu pour but de satisfaire aux circonstances suivantes : les préserver de la mauvaise odeur qu'il répandrait en se putréfiant près du gîte de la femelle, et de les soustraire à l'infection qui en résulterait ; puis de dérober leur présence aux grands animaux carnassiers qui pourraient être attirés par cette odeur. Mais quoi qu'il en soit de ces motifs, il est certain que l'état de domesticité n'a pas modifié cette détermination instinctive nécessaire dans la vie sauvage seulement.

Après la délivrance le besoin des aliments se fait d'autant mieux sentir que le travail du part a été plus long et la femelle plus affaiblie par les douleurs et la diète. Mais on ne satisfera que modérément à ce besoin, au moins jusqu'à ce que la sécrétion du lait soit bien établie. Encore qu'il n'y ait pas chez elles de fièvre de lait , comme chez la femme , il ne faut pas moins laisser s'établir ce travail nouveau sans le troubler. Une surcharge d'aliments pourrait amener une indigestion grave.

La jument sera tenue douze à quinze jours à l'écurie, dans une stalle ou une pièce séparée; ce que les Anglais appellent box; afin qu'elle jouisse de la tranquillité dont elle a besoin et qu'elle ni son poulain ne soient pas exposés à être blessés par les autres animaux qui habitent la même écurie. Cette prescription n'est guère applicable aux juments communes qui vont habituellement au pâturage, ou travaillent dans les fermes, et surtout si le temps est doux et l'herbe abondante. Deux ou trois jours de stabulation leur suffisent. Les écuries seront du reste tenues proprement, la litière abondante et changée deux fois par jour, le pansage fait régulièrement en insistant sur le frictionnement de la peau. Un peu d'exercice est utile ; aussi du troisième au quatrième jour faut-il conduire les juments de race qu'on tient à l'écurie plus longtemps que les autres, à quelque pâturage peu éloigné , pourvu que la température soit douce. Cet exercice sera purement hygiénique; et les femelles qu'on livre habituellement aux travaux agricoles auront besoin d'un repos de quinze jours, pour reprendre leurs forces. Cette précaution est d'autant plus importante qu'il est de ces juments que l'on conduit à l'étalon cinq à six jours après le part, pour obtenir d'elles un poulain tous les ans. On comprend qu'ayant à fournir à la nutrition du fœtus qu'elles portent et de celui qu'elles allaitent, elles ont besoin d'une nourriture saine et abondante, et d'un repos qui leur ait permis de reprendre leurs forces.

Les aliments qui conviennent sont le foin de bonne qualité, les farines de froment, d'orge, de seigle, le son farineux dans de l'eau; les grains concassés et délayés dans de l'eau tiède, deux fois par jour, tels que l'orge mondée, l'avoine, les fèveroles, le froment, les pois concassés. On y ajoute souvent, dans les premiers jours, 100 à 120 grammes de miel par jour. On sait que le sucre joue un grand rôle dans l'alimentation aussi bien que le sel. MM. Dumas et Boussingault ont prouvé que le sucre est nécessaire à l'hématose, c'est-à-dire, que c'est lui surtout qui joue le principal rôle dans les phénomènes qui se passent dans le sang qui a reçu le contact de l'air atmosphérique; aussi ont-ils été conduits à distinguer les aliments en deux classes: 1° ceux de la respiration, le sucre et la gomme; 2° ceux qui servent à la nutrition des organes, l'albumine, la fibrine, etc. La soude est aussi un des principes les plus importants du sang, de là l'importance du sel dans l'alimentation ; et on en mêlera aux aliments après avoir fait usage de miel pendant quelques jours. Le miel a l'inconvénient de relâcher, de purger ; aussi ne peut-on le continuer trop longtemps ; le sel n'a pas ce défaut et de plus il excite l'estomac et facilite la digestion.

Les règles d'hygiène que je viens de tracer ne sont pas suivies partout avec la même rigueur. On peut en modifier quelques-unes suivant les localités, les races et la température. Après le terme de quinze jours on cesse de les suivre et la femelle reprend ses premières habitudes et vit au pâturage.

Du poulain. — J'ai dit que la première chose qu'il fait après que la mère l'a léché, est d'aller prendre le mamelon ; quelquefois il est trop faible pour cela; on est obligé de le mettre sur ses jambes, de le soutenir, de le placer sous la mamelle, et même de mettre le mamelon dans sa bouche et d'y faire couler du lait. Au bout d'une fois ou deux , il tette de lui-même.

Les femelles unipares n'ayant que des mamelles inguinales, restent debout pour laisser têter leur nourrisson dont la taille dès la naissance est proportionnée à la hauteur des mamelles. Les femelles multipares ont des mamelles non seulement sous les aînes, mais sous le ventre et la poitrine, et comme leurs petits ne peuvent se tenir debout dans les premiers temps, elles se tiennent couchées sur un côté du corps pour mettre leurs mamelles à la portée de leurs petits. Elles changent de côté de temps en temps, se mettent alternativement sur le côté gauche et sur le côté droit, pour qu'ils puissent saisir les mamelons les plus élevés et prendre ainsi tantôt ceux de droite, tantôt ceux de gauche.

Disons quelques mots du mécanisme suivant lequel s'exécute la succion du lait. Le jeune animal avance sa langue sur la gencive ou sur les dents de devant de la mâchoire inférieure, suivant qu'elle est ou non pourvue de dents; elle se creuse en gouttière et s'applique sur le bout du mamelon ; les lèvres du jeune animal embrassent la base de ce même mamelon. Le lait est appelé dans la bouche par un double mécanisme : 1° par l'excitation exercée par les lèvres, la langue et les coups de tête du nourrisson , excitation qui fait contracter plus énergiquement les parois des conduits galactophores , et leur fait projeter le lait à l'extérieur , comme on le voit lorsqu'on sort brusquement le petit de la mamelle ; le lait est souvent projeté au dehors par plusieurs jets saccadés. 2° Par le mécanisme de la pompe aspirante. La bouche est vidée de l'air qu'elle contient ; une inspiration a lieu pendant que la bouche est fermée en avant , l'air est attiré dans la poitrine ; la pression atmosphérique pèse sur les muscles alvéolo-labiaux et les déprime du côté de la bouche , en même temps qu'elle pèse sur le pis et en chasse le lait. La bouche étant remplie de ce liquide, les mâchoires se rapprochent , les joues se renflent et la déglutition s'opère. Pendant qu'elle a lieu, l'orifice supérieur de la glotte se ferme , la respiration se suspend momentanément ; autrement le lait pénétrerait avec l'air dans le larynx. C'est ce qui arrive quelquefois lorsque le lait vient avec trop d'abondance, remplit continuellement la bouche du nourrisson et le force à faire des mouvements trop répétés de déglutition ; la respiration ne pouvant pas rester suspendue trop longtemps, elle s'exécute en même temps que le lait passe ; une partie de ce liquide pénètre dans les voies respiratoires , produit de la toux et oblige l'animal à quitter le mamelon.

Dans les premiers temps il n'a pas encore l'habitude de téter , ses organes ne sont pas assez forts , il s'arrête souvent et y revient fréquemment aussi. Devenu plus fort , il ne s'interrompt plus , et même pour entretenir et rendre plus active la sécrétion du lait , il excite la mamelle en la secouant et en la frappant avec la tête.

La femelle de son côté éprouve de temps en temps le besoin de se débarrasser du produit de la sécrétion de ses glandes mammaires. La plénitude , le gonflement des mamelles le lui font sentir. On voit la jument qui vit au pâturage se diriger vers l'écurie où son petit est renfermé ; ou , s'il la suit, elle l'appelle par un certain murmure de tendresse et elle se laisse téter avec une sorte de volupté. Cela n'a lieu surtout que pour les femelles qui ont abondamment du lait. Il est évident que les autres dont les mamelles fournissent moins de lait éprouvent aussi moins le besoin de s'en débarrasser. On reconnaît ces dernières à ce que leurs mamelles sont peu développées, que le nourrisson vient fréquemment les téter, qu'il les frappe souvent de la tête. Elles ont généralement peu d'embonpoint ; leur poil est sec ; leurs poulains sont tristes , faibles et maigres.

Les propriétaires devront faire attention à cet état et faire constater par un vétérinaire la cause à laquelle on doit attribuer ce peu d'activité de la sécrétion du lait. Est-ce à l'imperforation des mamelons , à leur inflammation , à des crevasses , des érythèmes ? Est-ce à l'inflammation de quelque organe intérieur, du tube digestif, de l'utérus ? Est-ce à un travail trop actif, accompagné d'une alimentation trop stimulante, comme l'avoine en grande quantité, ou, au contraire , d'une nourriture insuffisante ou de mauvaise qualité ? Est-ce à un part laborieux , à des souffrances antérieures ? Le vétérinaire devra tenir compte de toutes ces circonstances et prescrire un traitement approprié.

Il peut se faire que le lait étant assez abondant, ce soit le poulain qui manque de force ou d'adresse pour téter. C'est peut-être une des raisons qui font croire qu'il y a des femelles qui retiennent leur lait. Si réellement le lait est trop peu abondant pour lui, on lui fournira du lait de chèvre ou de vache. S'il est de mauvaise qualité, le poulain maigrit quoique ni lui ni la mère ne présentent aucune maladie notable; il faut le changer de nourrice ou l'élever artificiellement.

Ici se présente la question de savoir s'il y a des agents tirés, soit de l'hygiéne, soit de la matière médicale, qui jouissent de la propriété d'exciter spécialement, directement, la production du lait, comme il y a des diurétiques et des purgatifs. Les anciens l'ont pensé; les modernes ne sont pas de leur avis. Il n'y a rien de déraisonnable dans l'opinion des anciens; car puisqu'il y a des médicaments qui diminuent l'activité des glandes comme l'iode, pourquoi n'y en aurait-il pas qui l'augmenteraient? Mais les expériences à ce sujet ne sont pas encore assez concluantes pour qu'on puisse se prononcer avec une certitude absolue. Après tout, les meilleurs excitants connus sont la bonne santé de la femelle, entretenue par toutes les précautions que j'ai indiquées et une alimentation suffisante et de bonne qualité.

Le lait varie de qualités aux diverses époques de la lactation. Le premier fourni est clair, séreux; on l'appelle colostrum. Dans quelque pays on empêche les nourrissons de le prendre; c'est bien à tort, ainsi que je l'ai dit. Le colostrum purge et débarrasse l'intestin du méconium qui le remplit.

RÉGIME DU POULAIN. — Il gardera l'écurie avec sa mère pendant les douze ou quinze premiers jours. Après ce temps, il peut la suivre au pâturage. Il pourrait même le faire plus tôt et sans danger, si la saison était belle. On voit bien dans les régiments de cavalerie de jeunes poulains suivre leur mère après le temps que j'ai indiqué et faire avec elles de longues routes. Pour les pâturages, on préférera les pâturages secs à ceux qui sont humides, parce que les herbes de ces derniers sont moins nourrissantes, parce que l'humidité est la cause du plus grand nombre des maladies. Le poulain, en se couchant dans un lieu humide, contracte des maladies dont je traiterai à la fin de cet ouvrage.

A l'âge d'un mois ou même avant, s'il est de race distinguée, on peut lui donner des grains concassés, comme j'ai dit qu'il fallait le faire pour la mère. Il faut empêcher la mère de manger la ration de son nourrisson, ce qu'on fait en entourant sa mangeoire d'une barrière assez large pour que le petit puisse y passer la tête, pas assez pour que la mère puisse y introduire la sienne. L'avoine convient au poulain, comme Brugnone l'a démontré; et l'opinion des éleveurs qui croient que cet aliment expose à la fluxion périodique, est dénuée de fondement. L'avoine et les autres grains ont l'avantage de le nourrir sous un petit volume et d'exciter son estomac; elle l'empêche de prendre gros ventre, comme le font les animaux qui ne vivent que d'herbe, et l'habitue en outre à supporter plus facilement le sevrage.

Je dirai ici, à propos de la mère, qu'il est bien de lui donner du fourrage et des grains, le soir, quand elle rentre du pâturage; elle a besoin d'être bien nourrie pour fournir à l'allaitement et en même temps aussi à la nutrition du fœtus qu'elle porte.

Allaitement artificiel. — Il peut se faire que la mère ne puisse nourrir ses petits, et cela par plusieurs raisons que je vais indiquer. Dans ce cas, on a recours ou à l'allaitement artificiel ou bien au nourrissage par une femelle de la même espèce. Les raisons qui empêchent l'allaitement par la mère sont les suivantes : 1° l'existence de maladies des mamelles qui suppriment ou altèrent le lait, ou empêchent que la succion ne puisse s'exercer à cause du surcroît de douleur et d'inflammation qui en résulterait; 2° l'existence de maladies d'autres parties du corps, qui produisent les mêmes résultats du côté de la sécrétion du lait; la présence de deux petits, dans le cas de part double, et surtout la mort de la femelle, lorsque celle-ci arrive pendant la parturition ou peu après.

Relativement à la présence de deux poulains à la fois, je ferai remarquer que ce n'est pas une nécessité absolue que l'allaitement artificiel, puisque la jument a deux mamelles. Il n'y a donc pas impossibilité pour cette femelle à nourrir deux poulains; dans le cas où on voudrait l'essayer, il faudrait nourrir abondamment la mère, et, outre l'herbe qu'elle trouve au pâturage, lui fournir du foin et de l'avoine, la nuit et aux heures trop chaudes de la journée, pendant lesquelles on les retire; mais il faudrait aussi fournir aux poulains une alimentation accessoire.

Quand on fait l'allaitement artificiel, on habitue petit à petit le poulain à boire un lait étranger à celui de sa mère; c'est celui de chèvre dont on se sert surtout. Quoiqu'il soit reconnu que le lait de vache, comme plus caséeux, se digère plus difficilement, on peut le faire servir à cet usage en le mêlant, soit avec l'eau d'orge, soit avec une infusion légère de tilleul, suivant l'état du poulain. On l'habitue peu à peu à prendre ce lait en lui mettant dans la bouche le doigt ou un petit goupillon de linge usé, trempés dans le lait. Il commence par sucer, boit ensuite, et finit par prendre le lait dans un vase quelconque. Il faut le lui donner tout récemment tiré, bourru, comme on dit, ou bien le faire chauffer. Vivant séparé de sa mère, le poulain qu'on élève artificiellement a besoin de chaleur; c'est pourquoi il faut aussi le préserver du froid et le tenir dans une écurie chaude.

A mesure qu'il avance en âge, on ajoute à son lait quelque substance nourrissante, de la farine, des pommes de terre cuites et écrasées, auxquelles on ajoute, dans les premiers temps, du miel ou du sucre; et après, du sel de cuisine pour exciter légèrement son estomac.

On finit par lui donner des grains concassés et l'herbe des pâturages. J'ai vu de ces jeunes chevaux dans les ménages de la campagne, se rendre familiers, venir au milieu de la cuisine boire leur lait, prendre leur nourriture et recevoir les caresses des enfants. Les poulains élevés artificiellement sont en général chétifs, ventrus, et ne prennent de la taille et de la force que plus tard, en fréquentant les pâturages.

Faire adopter un poulain par une mère étrangère. — On peut essayer de faire adopter les poulains à une mère étrangère dans tous les cas où la mère n'en peut faire l'allaitement. Seulement, on comprendra combien il est difficile de pouvoir rencontrer des circonstances assez heureuses pour cela. Il faudra que tandis que l'une des mères ne peut allaiter son nourrisson, l'autre soit privée du sien et puisse adopter un étranger.

Voici les précautions à prendre : on bouche les yeux de la nourrice à qui on veut confier le nourrisson étranger ; le petit étant amené auprès d'elle, on la caresse ou on la menace, suivant son caractère, et on recommence ainsi avec patience jusqu'à ce qu'on soit parvenu à familiariser la mère avec son nouveau petit. On a vu ces tentatives réussir, mais elles ont échoué plus souvent. La jument, qui s'était laissé téter par force, ne peut s'habituer à ce nourrisson qu'elle ne reconnaît pas pour le sien ; elle le repousse et le maltraite.

Il peut être nécessaire aussi de faire adopter un poulain à une mère qui en a déjà un, lorsque ce poulain ne peut être allaité par sa mère. Brugnone conseille alors le moyen suivant, qu'il a vu réussir. On enlève à une jument son poulain au moment même où il vient de naître, et on lui substitue celui qu'on veut lui faire adopter, en ayant soin de le couvrir des enveloppes du premier, pour tromper la mère par l'odeur. La mère alors s'imagine en avoir fait deux, les reconnaît pour lui appartenir et les nourrit tous deux.

Sevrage. — C'est vers cinq ou six mois que l'allaitement naturel est achevé et que le poulain peut se passer du lait de sa mère. Il est alors assez fort, ses organes de mastication assez développés, et son estomac assez préparé pour qu'il puisse se nourrir de foin et de grains comme le cheval adulte. Les choses se passent ainsi dans l'état de nature, puisque dans le premier mois qui suit le part la femelle reçoit le mâle et qu'une nouvelle gestation commence. Il en est souvent de même dans l'état de domesticité, lorsqu'on fait pouliner la jument tous les ans. Lorsqu'on veut ménager sa santé, ses forces, la durée de sa vie, et en tirer tout le parti possible, on ne la fait pouliner que tous les deux ans ; alors le lait peut être fourni plus longtemps ; c'est aussi ce qui a lieu, dans l'état de nature, lorsque la femelle n'a pas conçu après avoir reçu le mâle.

Dans ces deux derniers cas, la durée de l'allaitement

est naturellement plus longue ; il n'y a pas de raison pour se presser de sevrer le poulain domestique à cinq ou six mois. Aussi, les poulains continueraient-ils à téter leur mère jusqu'à dix ou douze mois, si on le leur permettait. Ici se présente la question de savoir si la prolongation de l'allaitement est avantageuse au poulain, au point de vue de sa santé, du développement de ses forces et de l'accroissement de sa taille. Les anciens naturalistes, Aristote, Varron, Pline, étaient d'avis de laisser téter le plus longtemps possible le poulain, dans le but de fortifier sa constitution. Depuis, les opinions se sont partagées : les uns veulent qu'un allaitement de trois ou quatre mois soit suffisant, et qu'une durée plus longue nuise au progrès des animaux plutôt qu'elle ne leur est utile ; d'après les autres, les poulains seraient d'autant plus forts et plus développés qu'ils téteraient plus longtemps. Brugnone, qui a étudié avec soin les preuves sur lesquelles ces deux opinions se fondent, se range à la seconde. Il croit que les partisans du sevrage précoce se sont trompés ; pour lui, il est d'observation constante que les poulains sevrés de bonne heure et nourris au sec et à l'herbe, acquièrent un ventre de vache, sont rarement forts, et qu'ils végètent longtemps. Il pose en règle qu'il faut prolonger l'allaitement le plus qu'on pourra ; que si la femelle ne pouline que tous les deux ans, il faut faire téter le poulain neuf ou dix mois, ce qui est pour lui la condition la plus avantageuse ;

que si on la fait couvrir tous les ans, on est obligé de diminuer cette durée, mais qu'il faut au moins la prolonger jusqu'à six ou sept mois.

Relativement à la saison de l'année où il convient de sevrer, Brugnone fait remarquer qu'il faut choisir le printemps ou le commencement de l'été, époque où les herbes sont abondantes, fraîches, pas trop dures; que si au contraire on sèvre le poulain à l'entrée de l'hiver, obligé, comme on l'est, de le nourrir avec des aliments secs et durs, peu appropriés à l'état de sa bouche et de ses organes digestifs, on le voit maigrir, s'affaiblir et se refaire plus difficilement ensuite que s'il avait été sevré aux époques que j'ai indiquées.

Cette manière de voir est aussi celle de M. Demoussy. Il veut qu'on sèvre le poulain à l'âge de six mois, si la jument est saillie chaque année; et que ce ne soit qu'à l'âge d'un an, si la jument n'est livrée à l'étalon que tous les deux ans. On ne doit pas dépasser six mois, lorsque la mère est assujettie au travail; un terme plus long ne pourrait que l'affaiblir. Du reste, lorsque la mère a conçu elle sèvre elle-même son poulain, après deux ou trois mois de gestation.

Il est des précautions à prendre, lors du sevrage, dans l'intérêt de la santé de la mère, comme de celui du petit. Car cette séparation est pénible pour tous les deux; il s'agit de rompre un lien naturel et de briser des habitudes d'affection qui sont assez vives. Aussi, est-il convenable, dès après le part, de séparer le poulain d'avec sa mère, de manière à ce qu'elle ne le voie que lorsqu'elle lui donne à téter. Ce mode d'élevage a l'avantage en outre de tenir les poulains ensemble, de les soumettre au même régime et de leur donner les mêmes soins.

Lorsqu'on a laissé le petit en commerce continuel avec sa mère, la séparation est plus difficile, plus douloureuse. On doit la préparer. Du côté de la mère, on diminuera la nourriture pour rendre la sécrétion lactée moins abondante; du côté du poulain, qu'on a fait rentrer à l'écurie, on le laissera téter la nuit pendant laquelle il reste encore avec sa mère, et le jour on ne le lui permettra que deux ou trois fois, puis on l'en empêchera tout-à-fait. A mesure que le petit prend moins de lait, il convient de lui donner plus de nourriture solide, de farine, de grains concassés, de pommes de terre, aliments auxquels il est déjà habitué. Sous ce rapport, le sevrage devient peu pénible pour le poulain. On aura soin de lui fournir des boissons farineuses en abondance pour étancher la soif que fait naître l'usage d'aliments secs, et pour prévenir la constipation. C'est surtout pour ceux qu'on vient de retirer du pâturage que ces boissons sont nécessaires.

Le sevrage des poulains élevés artificiellement est moins pénible pour le jeune animal que pour celui qu'on prive du lait de sa mère et de laquelle on le sépare. Il suffit de lui diminuer peu à peu la quantité de lait qu'il buvait, de lui en donner moins souvent, puis de le remplacer par de l'eau avec de la farine ou du son, ou par des buvandes composées de racines ou de grains cuits et écrasés.

Enfin il faut tenir les poulains qu'on sèvre assez éloignés de leur mère pour que les cris du petit ne parviennent point jusqu'à la mère et ceux de la mère au petit; la souffrance qui résulte de leur séparation est ainsi plus tôt affaiblie et cesse plus vite.

Quant à la jument que l'on sépare de son poulain après cinq ou six mois d'allaitement, malgré qu'on ait diminué sa nourriture, elle est exposée à l'engorgement laiteux de ses mamelles, si elle est bonne nourrice. Il faut prévenir cet état en la trayant, si elle est docile, en faisant sur les mamelles des onctions avec de l'huile chaude, en ajoutant à ses boissons du nitrate de potasse ou du bicarbonate de soude, et surtout en lui procurant de l'exercice. (Voir l'art. engorgement laiteux.) On n'a pas à redouter cet état quand la jument a nourri longtemps, de dix à douze mois, ou lorsqu'on la fait travailler; dans ce dernier cas, l'activité musculaire, un surcroît de perspiration cutanée, sont un préservatif efficace contre l'engorgement laiteux.

Soins à donner à l'ânesse après le part.

Ce qui vient d'être dit de la jument est applicable presque en tous points à l'ânesse. Dans cette espèce,

la femelle est peu soignée parce qu'elle a infiniment moins de valeur que le mâle qu'on emploie
à saillir les juments, à la procréation des mulets
qui sont une branche importante de commerce dans
certaines localités. — Le point par lequel l'ânesse se
recommande le plus à l'industrie autour des villes,
c'est par son lait qui est si utile dans une foule de maladies et de suites de maladies.

Le part de l'ânesse se fait du onzième au douzième
mois. Comme la jument et plus souvent qu'elle, elle
met bas debout et recherche son arrière-faix pour le
dévorer. On donnera les mêmes soins primitifs à l'ânon
qu'au poulain et on empêchera la mère de manger
le placenta.

L'ânon, comme sa mère, est d'une constitution
plus robuste que le poulain et la jument ; aussi deux
ou trois jours après sa naissance lui permettra-t-on
de la suivre au pâturage. On aura toutefois grand
soin de les préserver de l'humidité, de la pluie, des
brouillards, du froid ; de ne les laisser sortir pour
pâturer qu'après que la rosée est dissipée et les herbes
séchées; et de les rentrer le soir de bonne heure, pour
les soustraire à l'humidité.

A l'écurie on ne lui donne ordinairement que du
foin ; on y ajoute, si elle est faible, des racines
cuites, de la farine ou du son qu'on délaie dans l'eau;
mais l'âne, si peu délicat sur tous les points, ne l'est
guère que sur celui-là seul, la pureté de l'eau. Aussi

préfère-t-il l'eau pure à celle qui est mélangée des substances précédentes. Du reste , pour sa nourriture l'ânesse mange de tous les produits du règne végétal ; elle vit des épluchures de la cuisine , etc.

On sèvre l'ânon à six ou huit mois, ou plutôt la mère le sèvre quand il est parvenu à cet âge , attendu qu'on ne le sépare pas de sa mère lorsqu'elle est destinée à fournir son lait comme remède. Il suffit qu'il cesse un ou deux jours de téter pour que la sécrétion des mamelles se supprime et cela sans qu'on ait à craindre l'engorgement laiteux, ce qui est bien rare.

Lorsque la mère est destinée à fournir son lait, l'ânon n'en tette qu'une petite quantité dans la journée et la soirée. La nuit on le tient éloigné de sa mère afin que les mamelles se remplissent et fournissent le matin deux ou trois traites qu'on va faire à domicile à la porte des malades. Il faut donc que la femelle soit bien nourrie pour fournir du lait à son petit et à l'usage qu'on en fait ; il faut aussi que le petit soit nourri de substances alimentaires féculentes pour remplacer le lait que la traite lui enlève.

Il est important que l'ânon continue à téter sa mère dans la journée lorsqu'on la conserve comme laitière , à cause du danger de la voir tarir très-rapidement si on cesse l'allaitement. L'ânon doit être considéré comme l'agent nécessaire, indispensable , de la sécrétion des mamelles.

Le lait d'ânesse est celui de toutes les femelles domestiques qui se rapproche le plus par sa composition de celui de la femme. Il en a la consistance, l'odeur et la saveur. Il ne contient qu'une petite quantité de crême peu épaisse, et ne fournit, lorsqu'on l'agite pendant longtemps, que du beurre blanc, peu consistant et fade ; son caséum est mou, peu abondant et se sépare facilement du sérum.

Quoiqu'on ait reconnu qu'il varie moins par ses qualités que celui de la femme, nul doute que les conditions plus ou moins bonnes de stabulation, de pansage et de nourriture, ne le modifient en bien comme en mal. On tiendra l'ânesse dans une écurie où il n'y ait aucune mauvaise odeur, et pour cela on y renouvellera l'air de temps en temps ; on changera la litière au moins tous les jours, et on entretiendra une température moyenne. On aura bien soin d'entretenir la propreté de la peau par un bon pansage; car, outre que la malpropreté de la peau du corps et des mamelles est de nature à inspirer du dégoût aux personnes qui boivent le lait, on a remarqué, et Ramazini l'avait déjà dit, que les ânesses dont la peau est crasseuse fournissent du lait qui a une odeur d'écurie. La température de la peau sera maintenue aussi au moyen d'une bonne couverture de laine, qu'on mettra à la femelle lorsqu'elle sera obligée de parcourir les rues des villes, par les matinées froides, humides, pluvieuses. On préviendra ainsi les œdèmes, les hydropisies auxquelles ces femelles sont exposées , et on empêchera leur lait de devenir aqueux, insipide , défauts qui dégoûtent les personnes auxquelles on en fait boire , et lui font perdre ses propriétés salutaires.

Les aliments ont une assez grande influence sur les qualités du lait. En aucune saison de l'année il n'est aussi agréable et aussi abondant qu'au printemps, à cause de la qualité des pâturages ; en hiver il est loin de posséder ces qualités. Les feuilles de choux lui communiquent leur odeur , et l'orge fermentée qu'on achète dans les brasseries, son acidité. A défaut des herbes printannières on donnera des matières végétales féculentes , des grains , des racines cuites.

On doit refuser le lait des ânesses affectées de maladies de la peau , de gerçures accompagnées de suintements aux jambes et connues sous le nom vulgaire de mal d'âne.

Soins à donner à la vache et au veau après le vêlage.

La plupart des soins prescrits pour la jument et le poulain conviennent aussi à la vache et au veau. Comme la première , la vache accouche quelquefois debout , mais le plus souvent couchée ; le cordon se rompt quand elle se relève , ou bien elle le coupe en le mâchant , sinon les gens qui l'assistent sont obligés de le couper eux-mêmes : très rarement s'occupe-t-on de le lier. Quant à l'arrière-faix , nous avons vu qu'il ne sort qu'au bout de quelque temps , assez souvent deux ou trois jours ; la vache le mange comme la jument , à moins qu'il n'ait séjourné dans l'utérus le temps que je viens de dire , cas dans lequel les parties exposées à l'air ont éprouvé un commencement de décomposition et offrent une mauvaise odeur. On ignore si l'ingestion du placenta est nuisible à la femelle ou à la sécrétion du lait , dans les premiers jours.

On frictionne le corps de la vache , si les douleurs du travail l'ont mise en transpiration ; et on le couvre d'une couverture pour la préserver de l'impression de l'air , s'il est frais ou froid. Dans une foule de localités on lui donne une soupe au vin , à la bière ou au cidre , du pain trempé dans ces liquides ou une rôtie de pain imbibée de même , ailleurs des tranches de pain arrosées d'huile. Bragard qui a trouvé ce dernier usage établi dans les environs de Grenoble , lui attribue même en partie le développement de certaines maladies avec tendance à la putridité auxquelles les vaches sont sujettes après le part dans cette localité.

On peut bien se passer de faire prendre à la vache ces substances excitantes et les remplacer simplement par de l'eau farineuse tiède. Cette dernière boisson convient surtout dans le cas où les douleurs du part ont été longues et violentes ; on peut même la remplacer, si la bête reste souffrante , par des boissons émollientes et narcotiques. Si au contraire la femelle est bien , on lui donne à manger à mesure que le calme revient et que l'appétit se réveille. Il importe de choisir la qualité de la nourriture et d'en régler la quantité. Relativement à la qualité, on fera usage d'aliments cuits, de soupes de pois, de purées composées de pommes de terre, de carottes, de raves, de choux, etc., dont la digestion est plus prompte et plus facile que celle des fourrages et des grains. La quantité sera réglée suivant l'appétit. Outre qu'une alimentation copieuse peut être la cause d'une surcharge des estomacs, l'occasion d'un trouble de la digestion, il s'ensuit toujours un travail trop actif du côté des mamelles, principalement chez les vaches qui normalement fournissent beaucoup de lait et sont dites *bonnes laitières*, un engorgement laiteux en est souvent le résultat. Ce n'est que deux ou trois jours après le part, lorsque la congestion des mamelles qui survient à cette époque, est calmée, qu'on peut sans inconvénient satisfaire complètement l'appétit de la femelle.

Ce régime est plus nécessaire encore à la vache qu'aux autres femelles ; parce qu'elle fournit souvent du lait jusqu'à huit ou quinze jours avant le vêlage.

En ce qui concerne le logement, on se conduira comme il a été dit pour la jument ; on lui ménagera l'espace pour qu'elle ne puisse pas blesser son veau, s'il reste auprès d'elle, ce qui n'a pas lieu le plus souvent. On les sépare dans la même étable et on ne laisse le petit se rapprocher de sa mère qu'à certaines époques.

Dans beaucoup de pays où on élève les vaches à l'étable, on les envoie au pâturage quelque temps après le part ; le veau n'y suit pas sa mère. On les rentre pour le faire téter ou bien on le leur amène. On doit avoir soin en ce cas de préserver les vaches fraîches vêlées de la pluie , du froid , des vents froids et humides , surtout si les lieux sont élevés et découverts , et de ne les laisser sortir que quand le temps est beau ; on évitera qu'elles se couchent dans les pâturages , pour peu qu'ils soient humides ; on aura soin aussi de les empêcher de traverser des ruisseaux et des cours d'eaux pour se rendre au pâturage. C'est par la négligence de ces soins qu'elles contractent des rhumatismes, notamment celui des lombes , le lombago ; des affections de la moëlle épinière suivies de paralysie , de phlegmasies gastro-intestinales , de péritonites , de métrites , de maladies des mamelles. Dans les étables même on les préservera des courants d'air qui sont des causes plus fréquentes qu'on ne pense de maladies de la matrice ou des mamelles.

On comprend que la plupart de ces soins ne peuvent être donnés aux vaches qui vivent toute l'année dans les pâturages. C'est tout au plus si , à l'époque du vêlage , on les met à l'abri dans l'habitation , d'où on les sort au bout de cinq à six jours. Cependant il serait important d'avoir des abris pour les préserver elles et leurs veaux pendant les premières semaines au moins, des intempéries de l'air et de l'inclémence des saisons.

Dans les campagnes où les vaches vivent presque à l'état sauvage et se nourrissent dans les marais, l'époque du part arrivant, la bête s'éloigne autant qu'elle le peut de ses compagnes pour faire son veau ; elle le place sur un espace de terrain que les eaux ont abandonné, ou sur un petit tertre. Le gardien qui s'aperçoit de la diminution de son ventre, va à la recherche du veau, le charge sur ses épaules pour le transporter près de sa cabane, où il l'attache à un fort piquet planté en terre, au moyen d'un lien de paille qui entoure son cou. Le plus souvent, les cris du petit attirant la mère, elle s'élance à la course vers l'endroit d'où partent ces cris, et au moment où, en fureur, elle va fondre sur le ravisseur, celui-ci se détourne et lui présente la tête de son veau. Alors elle s'arrête, s'approche de lui avec précaution, le lèche et se calme ; et le vacher peut ainsi emporter le jeune animal jusqu'à sa cabane où il l'attache et où la mère vient plusieurs fois par jour lui donner à téter, à mesure que ses mamelles se remplissent.

Dès que le veau est né la mère le lèche et nettoie tout son corps avec sa langue ; elle coupe elle-même le cordon ombilical s'il est entier. Enfin elle se comporte comme la jument. Lorsque la vache vêle sous les yeux de l'homme, celui-ci lui donnera les soins que j'ai déjà indiqués pour le poulain. Il devra ne pas per-

dre la mère de vue pendant qu'elle lèche son veau.
Il serait arrivé, dit M. Magne dans son savant Traité
d'hygiène appliquée, tome II, page 243, qu'elle a
rongé la queue ou les oreilles, et tellement raccourci
la portion du cordon ombilical qui reste pendant au
ventre, qu'elle aurait exposé le jeune animal à l'hémorragie du cordon et à la hernie ombilicale. Ceux
qui savent combien la langue des ruminants est
rude comprendront facilement ces cas.

Si le veau est faible, on conseille de lui faire
boire un peu de vin chaud sucré, mais on préfère
généralement le lait de la mère qui est plus approprié à ses besoins. Le plus souvent après qu'il a avalé
un peu de lait, il se lève et va téter lui-même sa
mère.

Allaitement naturel. — On trouve encore, dans
quelques pays de France, le préjugé que le premier lait de la mère est nuisible au petit ; j'ai dit à
propos du poulain que cette croyance est absurde et
que ce lait qu'on appelle colostrum et qui ne contient que peu de beurre et de caséum, est destiné
par la nature, à raison de sa qualité laxative, à
débarrasser l'intestin du méconium qu'il contient.

En beaucoup de pays, en France, on élève les
veaux avec le lait de leur mère ; on recommande
même très expressément cet allaitement naturel pour
ceux qui doivent devenir des taureaux reproduc-
teurs ; ils en deviennent plus vigoureux. Le plus

souvent on ne donne aux veaux qu'une partie du lait de leur mère ; mais le mode d'allaitement varie. En certains lieux, dit Grognier, où les vaches sont nourries au pâturage, on a soin de leur tirer à peu près la moitié de leur lait avant qu'elles n'arrivent auprès de leur veau ; c'est le lait le plus épais et le plus crémeux que celui-ci tette, puisque le plus clair est celui qui sort le premier des mamelles. Ailleurs au contraire on lui laisse téter le premier lait et on l'arrête pour en traire le reste. En d'autres endroits enfin, on laisse téter le veau d'un côté des mamelles, pendant qu'on trait de l'autre côté. Lorsque la vache est nourrie au pâturage, le veau reste à l'étable ; il ne tette alors que le matin et le soir et rarement une fois dans la nuit. Il faut autant que possible que l'allaitement journalier se fasse aux mêmes heures ; cette habitude prise, ni la mère ni le petit ne témoignent de l'impatience pendant leur séparation.

Dans les pays où les vaches sont nourries à l'étable, comme dans les environs de Lyon, où on ne les exploite que pour leur lait, le veau placé à quelque distance de sa mère dans la même étable, lui est amené d'abord quatre ou cinq fois ; puis trois fois par jour ; on le laisse téter à discrétion, puis on tire tout le lait qu'il laisse dans les mamelles. Dans les premiers temps, alors que le veau est encore faible et n'a pas l'habitude de téter, la femme qui en a soin, l'approche de sa mère, soutenant le derrière du corps qui est appuyé sur ses jambes à elle; une de ses mains lui soutient la tête et au besoin même, l'un des doigts de cette main, placé sur la commissure des lèvres, force le jeune animal à écarter les mâchoires, pendant que l'autre main saisit le trayon et le lui place dans la bouche. Pour soutenir le devant de son corps, quelquefois on prend un lien fait de torsets de paille, qu'on passe autour de la base de l'encolure et avec lequel on tient le veau soulevé.

Allaitement artificiel. — Il est, dit-on, aussi facile à pratiquer qu'économique. Mais comme je l'ai dit à propos du poulain, l'expérience des gens de campagne qui se livrent à l'élève du bétail, a prouvé qu'il est infiniment moins avantageux que l'allaitement naturel pour le développement des forces et du corps, et qu'il doit être repoussé pour les animaux que l'on destine à la reproduction. Il est cependant des cas où il devient indispensable, lorsque à la suite d'un mauvais accouchement la vache a été privée de son lait, que ses mamelles sont devenues malades; lorsqu'elle est faible, malade, et surtout lorsqu'elle a succombé pendant ou après le part.

Lorsqu'on veut élever le veau artificiellement, tantôt on le dérobe à sa mère, dès qu'il est né, en lui donnant tous les soins qu'elle lui prodigue d'habitude; elle ne paraît pas trop s'affecter de cette séparation. Tantôt on laisse la mère lui donner elle-même ces premiers soins et on l'enlève après , mais sans le laisser téter ; on le place ensuite dans une habitation séparée et assez éloignée pour que la voix et les cris de l'un n'arrivent pas jusqu'à l'autre. On leur évite ainsi ce malaise et cette sollicitude inquiète qui nuit dans les premiers temps à leur santé.

La séparation étant opérée, on trait la vache et on fait boire son lait au veau , avec le soin de le lui donner encore chaud. Le veau qui n'a jamais tété boit facilement le lait qu'on lui présente. S'il est faible ou n'a pas assez d'instinct pour commencer ainsi à prendre sa première nourriture , on suit les mêmes précautions que pour le poulain. Si , comme l'a observé Parmentier , il se trouve quelque veau qui refuse de boire le lait , de quelque manière qu'on s'y prenne , on en est quitte pour le rendre à sa mère ou pour le faire adopter à une autre vache.

Les veaux qu'on destine à la boucherie ne tettent que pendant quinze jours , trois semaines , un mois au plus. Pour leur donner plus rapidement de la chair et de l'embonpoint on ajoute à leur nourriture du lait écrémé , des œufs , de la farine , des soupes , en ayant soin de délayer ces dernières substances dans de l'eau à la température du lait de la mère. Les Américains font usage , dit-on , de la décoction de foin avec laquelle ils délaient les substances précédentes pour les veaux de 50 à 60 jours auxquels ils suppriment le lait.

A l'âge de deux ou trois mois on commence à habituer les veaux qu'on nourrit à l'étable , à manger des fourrages tendres. Ceux qui vont au pâturage avec leur mère mangent de l'herbe de meilleure heure. C'est vers l'âge de six mois qu'on sèvre les premiers ; la mère se charge de ce soin, quant aux derniers, en les repoussant de la tête et en les effrayant lorsqu'ils viennent téter. Il est cependant mieux de les séparer pour éviter à la première les tourments que le petit lui fait endurer, et à celui-ci des coups que l'impatience de sa mère lui attire.

La vache après le sevrage est , moins que la jument, sujette aux engorgements laiteux , parce qu'on la trait régulièrement pour se servir de son lait. Le veau est exposé à plusieurs maladies , en particulier à ce que les praticiens nomment indigestion laiteuse , et à la constipation , à l'époque où il se nourrit de fourrages secs.

De la brebis et de son petit.

La brebis , après le part , a besoin de tranquillité et de quelques soins. Lorsqu'elle passe le jour au pâturage et la nuit à la bergerie , on ne doit pas la conduire à des pâturages éloignés , afin de pouvoir la rentrer à la bergerie sans qu'elle éprouve trop de fatigues. Si elle agnelle sans accident au pâturage et par une température douce , elle peut se passer des soins de l'homme ; dans le cas contraire , on la rentre à la bergerie avec son agneau et on la place pendant quelques jours dans un compartiment séparé. On donne à boire à la mère de l'eau farineuse tiéde , de l'eau avec du son , puis des grains écrasés , etc.

Dans les grands troupeaux qui parquent la nuit au milieu des pâturages , comme cela se pratique dans le midi de la France et dans quelques pays du nord , la mère et le petit seront abrités , si on le peut , pour les préserver des vents froids. Dans la Crau, d'Arles, ils n'ont d'autre abri que de grandes claies fourrées que l'on place de manière à les protéger contre les vents froids.

Si le troupeau est en marche , le berger se charge de l'agneau et la mère le suit. Si c'est pendant la transhumance et que la route à parcourir soit longue, l'agneau est placé, les deux premiers jours , sur un des ânes chargés du transport des effets et des approvisionnements de la caravane. On comprend du reste que ce que je dis ici ne s'applique qu'aux agneaux venus tardivement et qu'on appelle tardifs ou tardons. Car généralement le départ des troupeaux pour la transhumance n'a lieu qu'en mai, tandis que l'agnelage se fait en janvier et en février.

Pour les troupeaux qui passent la nuit dans des bergeries , on y laisse deux ou trois jours la mère et le petit. Mais si le temps est doux , on lui permet de sortir et d'aller à un pâturage peu éloigné. Si le temps est humide , pluvieux , froid , on la nourrit à l'étable avec des choux , des raves ,des pommes de terre , des grains concassés qui favorisent la sécrétion du lait.

La brebis peut nourrir deux petits si on lui fournit en abondance des aliments convenables. Il est bien de mélanger quelque peu de sel à ses aliments, afin d'exciter la digestion et l'appétit. Si la mère maigrit, on lui donne quelques poignées de grains écrasés, avoine , fèverolles , pois cuits.

Comme les autres femelles , la brebis lèche son petit immédiatement après le part , à moins qu'elle ne soit faible, souffrante , ou qu'elle n'éprouve les douleurs d'un deuxième ou d'un troisième part. On la supplée alors dans le soin d'essuyer et de réchauffer le nouveau-né. Au bout de quelques heures, si elle ne s'occupe pas de son petit , on le rapproche d'elle pour le faire téter. Si elle a encore un deuxième ou un troisième petit à faire, on tient le premier chaudement et on lui fait boire du lait de chèvre ou de vache coupé avec de l'eau , jusqu'à ce que la mère soit délivrée et qu'elle puisse allaiter. Elle peut en nourrir deux à la fois. Cela n'est pas rare ; mais il serait dangereux de lui en laisser trois ; le troisième sera adopté par une autre mère , soit brebis , soit chèvre , ou bien on l'élève artificiellement. Il ne faudrait même pas lui en laisser nourrir deux si elle était faible et qu'on ne pût pas la nourrir convenablement. J'ai dit ailleurs que pendant les hivers froids où il tombe beaucoup de neige , pendant lesquels les troupeaux qui vivent en plein air au pâturage , manquent d'herbe , les bergers sacrifient quelquefois les agneaux qui naissent , afin de conserver les mères qui sont trop affaiblies par un long jeûne pour pouvoir nourrir.

Quant à l'adoption de l'agneau par une mère étrangère, je ferai remarquer que cela est difficile à obtenir d'une autre brebis; tandis que c'est le contraire pour la chèvre ; pourvu que l'agneau l'ait tétée une fois, elle lui présente ensuite la mamelle sans qu'on ait à s'en occuper.

Pour vaincre la répugnance d'une brebis à accepter un agneau étranger, si elle a perdu le sien, on trompe son instinct, en frottant l'agneau étranger avec la peau de l'agneau mort, qui lui transmet l'odeur de ses émanations ; ou bien on le place la nuit auprès d'elle, ou bien on les met tous deux dans un endroit obscur et on enferme avec eux un chien dont la brebis craigne l'approche, le sentiment de la maternité se réveille en elle et elle protège l'agneau qu'elle a adopté.

Pendant une ou deux semaines, les agneaux vivent avec leur mère et tettent à volonté. Les agneaux qu'on destine à la boucherie, tettent plus longtemps, quatre ou cinq semaines au moins; on leur laisse prendre tout le lait de la mère et aussi souvent que possible, on leur fait même téter deux ou plusieurs brebis pour hâter leur accroissement. On laisse les autres à la bergerie, enfermés dans de grands es-

paces entourés de claies et qu'on appelle *triquets* ou
cas, dans le midi de la France. Les mères ne leur
donnent plus à téter que toutes les deux heures
d'abord, puis quatre fois par jour, puis trois fois,
deux fois et enfin la nuit seulement. On comprend
qu'alors on doit suppléer au lait par de la nourriture, de l'herbe, du regain tendre, des racines ou
des grains cuits, et quelquefois par des feuillards.
Dans les premiers temps, on les conduira sur des pâturages peu éloignés de la bergerie, soit pour ne
pas les fatiguer, soit surtout pour les rentrer rapidement s'il survenait des averses, des orages ; car les
jeunes agneaux sont toujours fâcheusement influencés
par l'humidité.

Lorsqu'on ne peut les mener au pâturage, on les
nourrit à l'écurie avec les aliments que j'ai indiqués, et dont le meilleur, en fait de racines, est la
betterave champêtre. A l'âge de quatre ou cinq mois,
époque du sevrage, ils sont assez forts pour suivre
le troupeau dans ses pâturages ordinaires.

Le sevrage se fera avec des précautions analogues
à celles que j'ai prescrites pour les trois espèces précédentes et dont l'isolement, la séparation est la plus
importante ; il faut que l'éloignement soit assez grand
pour que les bêlements reciproques ne soient pas en-
tendus.

Allaitement artificiel. — C'est généralement le lait
de vache qu'on donne dans ce cas, mais coupé d'eau,

de décoction d'orge ou d'infusion de tilleul; le lait de chèvre conviendrait encore mieux. Dans le midi de la France, où l'on trait les brebis après la vente des agneaux de lait et après le sevrage des autres, on se sert de lait de brebis quand on en a à sa disposition. L'allaitement artificiel surtout avec les deux premiers laits cause souvent aux agneaux des coliques et de la diarrhée. Aussi, pour corriger les mauvais effets, conseille-t-on de faire boire aux jeunes animaux de la décoction de tormentille, à la dose de trente grammes de la plante par jour; les feuilles de ronces pourraient servir au même usage.

En cas d'insuffisance ou de manque de lait, on peut essayer de conserver les agneaux en les nourrissant avec des décoctions un peu chargées d'orge, de froment, dans lesquelles on délaye en outre de la fécule de pommes de terre; ou bien avec un bouillon de carottes écrasées et cuites pendant longtemps; il est important de leur donner de temps en temps un peu de lait, si cela est possible, et surtout d'entretenir dans l'étable une température convenable.

Soins à donner à la chèvre.

La chèvre commune est la vache du cultivateur pauvre et surtout de celui qui habite les montagnes. Les villages qui couvrent le Mont-d'Or, montagne située près de Lyon, en élèvent de grandes quantités. C'est avec leur lait qu'on fait un fromage fort estimé

et qu'on appelle le fromage de chèvre du Mont-d'Or.
Quelque utiles que soient ces animaux, ils sont en général fort mal soignés, grâce à l'incurie des gens de
campagne. Renfermées une partie de l'année dans des
habitations étroites, sombres, mal aérées, dont on ne
sort que rarement le fumier, les chèvres sont par suite
exposées à des maladies, à l'avortement, aux parts laborieux ; leur caractère pétulant, irritable, les y expose
encore (Varron dit qu'elles sont toujours en fièvre),
comme aussi la mauvaise nourriture ; on leur donne
les sarclures des jardins, des épluchures et des herbes
de toute espèce, ramassées dans les champs et parmi
lesquelles il y en a souvent de vénéneuses, comme j'ai
été à même de m'en assurer.

On devrait les faire remplir à deux ans et les réformer à sept ; mais le désir d'en obtenir beaucoup de produits fait qu'elles deviennent mères trop
jeunes, à un an, neuf mois, et qu'on les conserve jusqu'à neuf ans. Les portées sont souvent doubles et
quelquefois triples, et c'est là une cause de parts laborieux. La chèvre entre en chaleur vers la fin de l'été ;
cet état peut se prolonger jusqu'en octobre, novembre ; mais comme elle entre facilement en chaleur,
pour peu qu'elle soit rapprochée du mâle, il n'y a
pas, à la rigueur, d'époque bien fixe pour le part de
cette femelle.

Il faut la bien nourrir pendant la gestation, lui
fournir des boissons abondantes ou au moins des ali-

ments aqueux, cuits ou crus et en lavaille ; on y ajoute un peu de sel ou de nitre, sans dépasser douze grammes par semaine de cette dernière substance.

Leur part est assez fréquemment laborieux. On est dans l'usage dans les campagnes de leur donner à boire du vin avec un peu de pain émietté, lorsque le travail est long ; mais, comme cette longueur tient souvent à de fausses positions, à des obstacles mécaniques, on ne fait qu'exciter en pure perte des douleurs pénibles qui épuisent les forces.

La chèvre mange son délivre, comme les autres femelles ; on le lui soustraira quand on le pourra. A moins qu'elle ne soit très souffrante, très affaiblie ou qu'elle n'ait un deuxième chevreau à faire, elle lèche son petit avec une sollicitude plus vive que la brebis. Lorsque la mère ne peut se charger de ce soin , la femme qui l'aide l'essuie, le place près du foyer en hiver, le couvre en toute saison et le range sur de la litière propre, dans un endroit chaud. Le chevreau naissant est très frileux. Après le part, on donne à la mère une soupe avec des poireaux et de l'huile de noix, qu'on refait le lendemain. Cet aliment peut très bien se remplacer et avec avantage par tous ceux que nous avons vu donner à la brebis. Sa boisson se compose, pendant les trois ou quatre premiers jours, d'eau tiède, dans laquelle on étend du son ou de la farine, quelquefois de petit lait. Après les premiers jours, elle reprend son régime ordinaire, et on lui donne de l'herbe fraîche en abondance, du foin, des feuillards, des pommes de terre cuites et écrasées, des feuilles de vigne, des choux, l'orge qui a servi à la confection de la bière.

La chèvre a besoin de chaleur après le part, comme toutes les femelles ; mais on lui en donne généralement trop, renfermée qu'elle est dans des loges étroites et fermées de tous côtés. La gêne de la respiration qui en résulte la tient dans un état de faiblesse dont elle périt quelquefois. S'il faut lui éviter un excès de chaleur, il faut bien aussi lui épargner les courants d'air et l'humidité du sol, dont on la séparera par une bonne litière sèche.

Le petit qui reste auprès de sa mère, pendant la bonne saison, se lève au bout de quelque temps et s'attache à sa mamelle. Par les temps froids, comme on le tient près du foyer, on le lui apporte pour le faire téter. La chèvre est très bonne mère, ne le refuse jamais et s'y attache beaucoup ; on a plutôt à craindre d'abuser de sa bonne volonté, en lui laissant des nourrissons que ses forces ne lui permettraient pas de nourrir, surtout avant sa troisième année (*Maison rustique*). Elle adopte facilement un nourrisson étranger, même un agneau; se laisse téter par l'homme, s'habitue à l'enfant dont elle devient la nourrice, et se présente d'elle-même pour lui fournir son lait dès qu'elle y est habituée.

L'allaitement du chevreau varie suivant les localités. En certains endroits, il ne tette jamais entièrement le lait de sa mère, avec laquelle on ne le laisse pas même, si ce n'est deux ou trois fois par jour. On vend le reste du lait en nature ou converti en beurre ou en fromage; car une bonne chèvre fournit de deux à trois litres de lait. Au Mont-d'Or lyonnais, le chevreau absorbe tout le lait de sa mère pendant les quinze ou vingt premiers jours. On le vend ensuite au boucher.

Quoique la chèvre puisse donner une bonne quantité de lait pendant quatre ou cinq mois, on sèvre les chevreaux au bout de six à huit semaines pour la petite espèce, de quatre ou cinq pour la grosse, lorsqu'on veut les élever. Lorsqu'on commence à sevrer, on habitue le chevreau à une autre nourriture à mesure qu'on diminue son lait, à des bourgeons d'orme, de cytise, de lierre, aux sommités de lentisque, aux feuilles vertes, à la bonne herbe, au foin choisi et tendre. Lorsqu'on veut sevrer de bonne heure, on donne au petit du petit lait mêlé de farine d'orge ou de froment, puis des soupes, des racines, des tubercules, etc.

L'engorgement par le lait des mamelles de la chèvre n'est guère à redouter après le sevrage, attendu qu'on épuise ses mamelles plusieurs fois par jour en la trayant.

Soins à donner à la truie et à ses petits.

De toutes les femelles domestiques, la truie est celle dont le naturel est le plus farouche et exige le plus de ménagements quand elle fait ses petits ; c'est aussi celle qui montre le plus de faiblesse et d'affaissement après le part. Plus que les femelles précédentes, elle a de la tendance à manger son arrière-faix et même ses petits. Aussi recommande-t-on de la surveiller attentivement, sans toutefois lui occasionner de la gêne, de la contrainte, ce qui l'exciterait, au contraire, à les dévorer, et de la confier seulement aux gens auxquels elle est habituée. En la nourrissant abondamment après le part, on diminuera encore sa voracité instinctive. Les jeunes, après le premier part, ont plus de tendance que les autres à dévorer leurs petits ; à mesure que l'instinct maternel se développe, il y a moins à craindre. Enfin, en lui arrachant son arrière-faix, on enlèvera une nouvelle cause qui excite en elle les instincts carnassiers.

Crud propose, pour combattre cette voracité après le part, de purger la femelle avec quarante-cinq ou soixante grammes de manne (Voir le *Traité d'Agriculture* de M. Magne). L'inconvénient de cette méthode est d'augmenter la faiblesse toujours assez marquée dans la truie, d'irriter la matrice ou les intestins, et de retarder la sécrétion du lait.

Un agriculteur qui s'occupe de l'éducation du porc

(**M**. Louis Gossin) dit s'être assuré que la plupart des truies bien nourries ne touchent point à leur arrière-faix; il est fort porté à croire que la voracité de ces bêtes tient à la faim, à la gêne occasionnée par la présence de leurs surveillants, à la longue captivité qu'on leur fait éprouver dans leur loge, qui est malpropre et incommode (*Moniteur de la Propriété*, année 1844, page 187).

On combat la faiblesse qui suit ordinairement le part, chez la truie, en lui donnant des grains moulus ou macérés, ou une soupe, du petit lait, des racines cuites, des pommes de terre écrasées, et mélangées avec de la farine; ou, si elle a beaucoup souffert, du pain trempé dans du vin et des décoctions excitantes pendant les premiers jours.

Mêmes aliments pour la truie que pour toutes les femelles précédentes; ils lui seront donnés à des heures réglées, en quantité proportionnée à la taille, à la force, à l'activité de son appétit; mieux vaut en administrer plus souvent que plus rarement et en trop grande quantité à la fois. C'est ainsi que l'on prévient les indigestions et les diarrhées qui s'ensuivent. Viborg a observé que le petit lait aigri, donné chaud, cause ces accidents chez le porc; on l'évitera à la femelle. L'abondance de la nourriture cause aussi des accidents aux petits, comme la teigne, la diarrhée, etc. La qualité agit de même; ainsi, les aliments trop azotés l'échauffent trop.

Il est important que la truie puisse sortir de temps en temps de sa loge pour respirer l'air. Dans les toits bien tenus, il y a un petit enclos communiquant avec la loge, dans lequel la femelle peut se promener en liberté.

Les petits pourceaux prennent chacun un mamelon qu'ils ne quittent plus, au moins de leur plein gré : par conséquent si la mère accouche de plus de petits qu'elle n'a de mamelons, les derniers venus mourraient de faim, si les personnes qui en ont soin n'avaient pas l'attention de retirer de temps en temps un certain nombre des plus forts pour mettre les derniers venus à leur place. On les vend comme cochons de lait au bout d'une quinzaine de jours. La persistance des porcelets à rester attachés au même mamelon fait que si l'un d'eux succombe ou reste longtemps malade, ne pouvant téter, sa mamelle cesse de sécréter et s'atrophie : de même lorsque la truie ne fait pas autant de petits qu'elle a de mamelles, celles qui ne sont pas occupées ne fournissent pas de lait.

On croit avoir remarqué que les mamelles pectorales sont plus grosses et plus actives que les autres ; aussi les éleveurs y mettent-ils les petits les plus faibles pour qu'ils acquièrent plus rapidement des forces. Lorsque le temps est froid, qu'on craint de les voir dévorer, on enlève les petits après qu'ils se sont repus, on les met dans un panier ou dans une caisse avec une bonne litière et on les porte près du foyer.

On les rapporte de temps en temps pour les faire téter.

On cite des exemples de truies qui ont élevé jusqu'à 12 porcelets, mais lorsqu'elles maigrissent pendant l'allaitement, il faut élever artificiellement une partie des petits ou les vendre comme cochons de lait. En général, on ne doit pas laisser plus de 10 porcelets à la truie, quelque forte qu'elle soit ; on s'expose à voir la mère s'épuiser et les petits rester chétifs.

On ne les laisse qu'une quinzaine de jours à l'usage exclusif du lait. Après ce temps on commence à leur faire boire un peu de lait étranger, auquel on ajoute ensuite de la farine d'orge ; puis on leur donne de petites quantités des aliments que j'ai indiqués plus haut pour la mère, et vers six ou huit semaines on les sèvre complétement, après les avoir séparés progressivement de leur mère. L'allaitement prolongé donne plus de force aux animaux. On a remarqué aussi que les jeunes porcs souffrent beaucoup lorsqu'ils sont séparés de leur mère et privés de son lait. La pluie, le froid et la malpropreté leur étant fort nuisibles devront être évités avec soin à cette époque.

Pour prévenir l'engorgement laiteux chez cette femelle qu'on ne trait pas après que les petits ont cessé de téter, il faut sevrer progressivement et à la fin diminuer pendant quelques jours la nourriture de la femelle.

Soins à donner à la chienne et à ses petits.

Le part est en général facile dans la chienne, si la gestation n'a pas été mauvaise, si on l'a préservée des influences fâcheuses des saisons, si elle n'a pas été maltraitée, ou bien si ses petits ne sont pas trop gros comme cela arrive lorsqu'elle s'est accouplée avec un mâle d'une taille beaucoup plus élevée, ou si elle porte moins de trois ou quatre petits; on sait que les petits sont d'autant plus gros qu'ils sont moins nombreux, et que par conséquent un ou deux petits sont un obstacle au part.

Comme les autres femelles, la chienne mange les arrière-faix, quelquefois même ses petits, comme la truie. On croit qu'il en est ainsi lorsqu'elle fait des petits provenant d'un mâle d'une race différente de la sienne; par exemple, si c'est une levrette qui fasse des demi-barbets ou une barbette des chiens loups. (*Cours d'Agricult.* en 13 vol. Art. Chien, p. 34.) Cette voracité de la mère ne s'exerce qu'au moment où elle vient de faire ses petits; pour l'ordinaire, elle les lèche avec le plus grand soin et les dirige ensuite avec sa bouche vers ses mamelles dont ils saisissent les mamelons. Ils ne font pas comme les porcelets qui en adoptent un pour toute la durée de l'allaitement, ils tettent à tous suivant la place où ils sont. Cependant on aura soin des derniers faits, qui sont en général plus faibles ; si la mère n'en prend pas un soin particulier, on écartera de temps en temps les jeunes chiens les plus forts des mamelles les plus abondamment fournies pour les y placer.

Quelque forte que soit une chienne, on ne doit guère lui laisser plus de trois ou quatre petits ; un plus grand nombre l'épuiserait quelle que fût l'abondance de la nourriture; et même lorsqu'on veut avoir des chiens de forte stature , il convient de ne lui en laisser qu'un ou deux. Dans le choix de ceux qu'on lui soustrait, il faut naturellement comprendre les plus faibles ou ceux qui ont quelques défauts.

Les chiens naissent les yeux fermés et ne les ouvrent que le neuvième jour après la naissance. Le sens de l'ouïe est nul aussi dans le commencement; l'odorat est un peu plus développé, les sens du goût et du toucher sont les seuls qui aient un développement convenable. Le système musculaire est très faible; aussi rampent-ils plutôt qu'ils ne marchent, et la mère est obligée de se coucher sur un des côtés du corps pour mettre ses mamelles à leur portée. Ils sont très impressionnables au froid et on les voit se blottir sous le ventre et entre les pattes de la mère pour s'échauffer.

La pression exercée par la bouche des petits sur le mamelon de la mère n'est pas douloureuse, quelle que soit la force de leurs mâchoires, au moins dans les premiers temps de l'allaitement, attendu que leurs dents incisives n'ont pas encore poussé. C'est aussi à cette époque qu'on se sert des petits chiens pour dégager le sein des femmes. Lorsque l'indication s'en présente, lorsque les dents incisives qui sont très pointues ont paru, elles deviennent une cause de douleurs pour la mère et la déterminent à sevrer ses petits.

Pendant les premiers jours de l'allaitement, la chienne montre un attachement si vif pour ses petits, qu'elle méconnait jusqu'à son maître ; elle est alors fort à craindre pour les gens qui s'en approchent et sur_tout pour les enfants qui veulent toucher ses petits. Elle souffre la faim, la soif et le besoin de la défécation plutôt que de les déranger ; elle ne s'en sépare qu'à regret et accourt auprès d'eux au moindre cri. La constipation qui en résulte pour elle sera prévenue par du bouillon fait avec des boyaux de poulet, par le lait étendu d'eau, avec addition de deux cents ou de deux cent cinquante grammes de manne. Il faut donc prévenir les besoins de la mère, la nourrir bien, avec du lait, du pain, de la soupe grasse, l'attirer hors du lit de ses petits pour lui faire faire quelque exercice, et rendre ses excréments. On augmente sa nourriture à mesure que les petits grossissent et on les habitue eux-mêmes à boire dans un vase du lait sucré d'abord, puis à manger des soupes claires pour qu'ils tettent moins.

Il est difficile de faire adopter à une chienne des

petits étrangers. On y parvient cependant par les mêmes moyens que pour la brebis, en trompant son instinct et en s'adressant à l'odorat ; il faut évidemment que les petits soient de la même race ou au moins de la même famille. Le moyen que l'on emploie pour y parvenir consiste à arroser le jeune chien avec le lait de la femelle à laquelle on veut le faire adopter. On cite cependant des cas de chiennes qui ont adopté sans répugnance de jeunes chiens d'une autre race que la leur, et même des chats, et qui ont été pleines de sollicitude pour eux.

On peut aussi élever artificiellement le jeune chien au moyen d'un lait étranger.

Le sevrage s'opère le troisième mois. Le jeune animal, outre ses molaires qu'il apporte en naissant, a alors ses incisives, et elles ont assez de développement pour qu'il puisse commencer à s'en servir pour saisir les aliments qui ont quelque consistance. On peut donc lui donner de la pâtée très divisée. La mère supplée alors quelquefois à son lait lorsqu'elle peut se procurer de la viande en l'apportant à sa bouche ou même en la vomissant après qu'elle l'a avalée. Le sevrage est facilement supporté par le chien s'il coïncide avec le printemps ou le commencement de l'été, s'il habite un lieu sain et propre, qu'il ait la liberté de courir en plein air : de là vient que les chiens élevés à la campagne réussissent mieux que dans les villes populeuses, dans les lieux où l'humidité règne, dans les chenils où on renferme beaucoup de ces animaux. Très rarement avons-nous pu élever des chiens dans le chenil de notre école , sans qu'ils aient été emportés par cette maladie qu'on désigne sous le nom de maladie des chiens.

Soins à donner à la chatte.

La chatte , lorsqu'elle va faire ses petits , cherche un lieu écarté où elle puisse les tenir à l'abri des recherches et des attaques. Elle fait ordinairement deux portées par an , quelquefois trois et même quatre ; le nombre de ses petits n'est guère au-delà de quatre , cinq ou six. Elle se met sur un des côtés du corps pour accoucher , mange les arrière-faix à mesure qu'ils sortent, quelquefois même les petits , surtout s'ils naissent privés de la vie. On accuse le chat mâle de dévorer les nouveau-nés en l'absence de la femelle ; comme on croit aussi que le lapin mâle les tue. Buffon attribue à la crainte du mâle le soin que met la chatte à chercher un abri pour ses petits ; mais cela est plutôt dû à l'instinct qui pousse toutes les femelles à rechercher les lieux solitaires et cachés.

La chatte est fort attachée à ses nourrissons qu'elle défend avec acharnement , avec furie contre tous les dangers. Si on surprend ses petits , qu'on les touche, elle les transporte l'un après l'autre dans un lieu plus secret.

Pendant qu'elle nourrit, il faut lui fournir des boissons en abondance, de l'eau, du lait, de l'hydrogalle; on la fera manger davantage; sa nourriture se compose de lait avec du pain émietté, de soupes grasses avec quelques débris de viandes, des hachis de viandes ou de poissons avec du pain. Si on lui fait souffrir la faim, on développe son instinct pour la rapine et elle s'attaque à tout.

Le chat, comme le petit chien, naît avec les yeux fermés, et ne les ouvre que vers le sixième ou le septième jour; sa manière de téter est à peu près la même. Comme lui il prend avec délicatesse le mamelon de la mère, l'allonge de temps en temps pour y faire affluer le lait, et lorsque ce produit devient moins abondant, il se sert de ses pattes qu'il appuie sur la mamelle.

L'allaitement dure de deux à trois semaines, lorsque la femelle nourrit plusieurs petits; lorsqu'elle n'en a qu'un seul, elle le laisse téter plus longtemps, comme trois ou quatre semaines. Pour les sevrer, elle s'éloigne du lit où sont ses petits sans pour cela les perdre de vue. S'ils approchent, elle les fuit; s'ils sont opiniâtres, elle les gronde par une sorte de miaulement particulier, ou même les châtie d'un coup de patte. Mais alors aussi elle les habitue à se nourrir d'aliments solides; elle va à la chasse pour eux, elle leur rapporte des rats, des souris, de petits oiseaux ou des aliments qu'elle dérobe à la cuisine de son maître.

On élève difficilement les jeunes chats par un allaitement artificiel, au moins dès la naissance. On le fait mieux un peu plus tard lorsqu'ils ont les yeux ouverts, qu'ils sont plus forts ; on leur donne alors du lait de chèvre, de vache, dans lequel on met du pain émietté, puis de la soupe et de la pàtée.

La chatte n'adopte pas facilement les petits d'une autre chatte ; on peut tenter cette adoption en répandant sur le corps des petits du lait de la mère. On cite même une chatte qui aurait nourri des petits chiens avec une tendre sollicitude.

Soins à donner à la lapine.

Elle porte un mois, et entre immédiatement après en chaleur ; elle fait six portées par an lorsqu'elle est en liberté ; en domesticité et lorsqu'elle est bien nourrie, elle en fait presque tous les mois.

La propreté, la sécheresse, l'aération du clapier sont nécessaires aux femelles pleines surtout. On les sépare des mâles parce que leur présence les fait entrer en chaleur. On leur évite le bruit ; on sait que ces animaux le craignent beaucoup.

Au moment d'accoucher, elles font à leurs petits, avec leur litière, un nid qu'elles garnissent en dedans de poils arrachés de leur poitrail ; parce que les petits naissent nus. Ils ont aussi les yeux fermés, comme les jeunes chiens et les jeunes chats. Les arrière-faix sont mangés par la mère, comme le font toutes les autres femelles.

La lapine est attachée à ses petits, et dans les premiers temps de l'allaitement elle s'en sépare à peine pour aller satisfaire à ses besoins. Quelques-unes cependant les font périr, dit-on, ou même les dévorent. On attribue cette perversion de l'instinct maternel à l'exiguité du local ou au manque de nourriture ; on y remédie en leur fournissant en abondance les aliments qui leur sont le plus agréables ; des grains écrasés des farines délayées dans l'eau, des carottes, des pommes de terre ; les mauves, les laiterons, le seneçon, le geniévre, le persil, la pimprenelle sont leurs plantes de prédilection. En général, le lapin boit fort peu lorsqu'on le nourrit de végétaux verts ; mais il lui faut souvent de l'eau quand il se nourrit de son ; sinon il meurt d'indigestion, avec engouement de l'estomac.

Le petit lapin ne vit que du lait de sa mère, pendant les quinze ou vingt premiers jours ; puis il commence à brouter les végétaux tendres. L'allaitement dure environ un mois ; après quoi il faut séparer les petits de la mère pour ne pas la troubler dans sa nouvelle gestation : comme on a aussi tenu les mâles éloignés des femelles pendant la gestation et dans les premiers jours qui suivent le part. Quelques éleveurs ne remettent les mâles avec les femelles qu'au bout d'un mois, lorsque le sevrage des lapereaux est achevé ; d'autres n'attendent que sept à huit jours. Après une nuit passée avec le mâle, loin de ses petits, on l'y ramène et elle continue à les allaiter pendant quatre ou cinq semaines.

Il n'y a lieu ici ni à élever artificiellement les lapereaux, ni à les confier à des mères étrangères.

CHAPITRE XII.

DE LA DYSTOCIE.

Le part, qui se fait en général de lui-même, avec facilité, devient quelquefois un travail pénible, long, qui réclame les soins du vétérinaire, ou qui même devient impossible sans l'emploi d'instruments et d'opérations.

Aristote dit que de toutes les femelles domestiques la jument est celle qui accouche avec le plus de facilité : « *Equa facillimè omnium quadrupedum parit.* » Je dirai, par contre, que la vache est de toutes les femelles celle qui présente le plus souvent des accouchements laborieux, c'est-à-dire des cas de dystocie. Du reste, les cas de dystocie, qui sont assez rares dans les femelles qui vivent à l'état sauvage, sont beaucoup plus fréquents chez celles qui vivent dans l'état de domesticité.

Remarquons d'abord, à propos des parts difficiles, que le vétérinaire n'est jamais appelé qu'à une époque avancée, quand le travail dure depuis longtemps, que le propriétaire, les domestiques, les guérisseurs ont essayé sans succès d'extraire le fœtus. C'est une condition désavantageuse que d'être ainsi appelé trop tard, lorsque, au commencement, on aurait pu terminer avec facilité.

Quoi qu'il en soit, le vétérinaire une fois en présence de la femelle, voici la conduite qu'il doit suivre :

1° Il examine l'état général de ses forces ; quelle est sa constitution, si elle est bonne ou mauvaise ; s'il y a de la maigreur ou de l'embonpoint ; si c'est à une primipare que l'on a affaire, ou si la bête a déjà porté ; comment se sont passés ses parts antérieurs ; si elle a fait des petits vivants ou morts ; si ses parts sont habituellement doubles.

2° On observera les différentes parties du corps : s'il n'y a pas quelque vice de conformation dans les os des hanches, sur la croupe, à la base de la queue ; si le bassin n'est pas trop étroit dans sa région ischiale ; s'il n'y a pas eu quelque luxation du sacrum, ou bien quelque fracture de l'os des îles, de la branche montante de l'ilium, des exostoses sur le sacrum, à la base de la queue ; s'il existe une hernie du flanc, du côté de la mamelle ou du côté des lèvres de la vulve ; s'il y a eu une descente du vagin dans les derniers temps de la gestation, etc.

3° Pour compléter le diagnostic, il faudra introduire la main dans le vagin, jusqu'à l'utérus, après avoir eu soin de la graisser ou de l'huiler pour faciliter son glissement. On choisira les moments de calme entre deux douleurs, après avoir préalablement vidé le rectum ou la vessie, si cela est nécessaire. L'évacuation du rectum se fait avec la main ou à l'aide de lavements. On doit se rappeler qu'elle est plus souvent indiquée chez la jument et la chienne, dont les matières fécales sont habituellement dures, que chez la vache, où les matières sont molles et peu sujettes à se durcir et à s'accumuler.

La rétention de l'urine dans la vessie exige le cathétérisme qui présente quelques difficultés chez la vache, à cause d'une sorte de valvule qui est placée au commencement de l'urètre. L'utérus étant plus ou moins fortement porté dans l'excavation du bassin, lorsque le travail est commencé, on ne doit pas s'attendre à avoir pour cette opération la même facilité que dans l'état de vacuité. On y parvient cependant en portant l'utérus en avant, vers le diaphragme, en l'éloignant du bassin; ce qui fait que le méat urinaire devient plus libre, parce que le col utérin ne presse pas sur lui. Le doigt seul que l'on fait pénétrer dans l'urètre de la femelle, suffit souvent à faire couler les urines.

L'exploration apprend dans quel état se trouvent la poche des eaux, le col et le vagin; s'il y a une descente de la matrice ou du vagin, etc. On se rappellera que la dilatation du col est en rapport avec le volume et la largeur de la poche des eaux.

Lorsqu'on est appelé, les gens de campagne, les guérisseurs ont fait de vaines tentatives pour extraire le petit; les eaux se sont en partie écoulées, la matrice, exactement appliquée sur le fœtus, qui ne peut plus se déplacer, est dans un état d'inertie; les forces générales sont en même temps brisées.

On trouve souvent, par le toucher, qu'une partie du corps de l'animal a traversé le col, qui s'est resserré ensuite de manière à étrangler ce corps, et que la matrice est devenue insensible aux stimulations exercées avec la main, et ne fait que peu ou pas de mouvements.

Telle est la conduite à suivre pour éclairer son diagnostic; voyons maintenant les différentes circonstances qui peuvent rendre le part difficile.

Art. 1er. — Dystocie par obstacles dépendant de la mère.

L'obstacle apporté au part peut tenir ou à l'état général de la mère, ou à l'état local de ses organes génitaux ou des parties voisines.

Etat général.

Il se présente trois cas :

1° Faiblesse directe de la mère, épuisement réel des forces; 2° état apparent de faiblesse que nous pouvons qualifier du nom d'oppression des forces; et enfin

3° quelquefois un excès de force ou d'irritabilité. Je commencerai par ce dernier état.

1° **Obstacle au part par excès de force.** — Ce cas s'observe chez les bêtes fortement constituées, dans la vigueur de l'âge, d'un tempérament sanguin, pléthorique, et par cela même disposées aux congestions. Le repos prolongé des derniers temps de la grossesse a contribué aussi au développement de cet état pléthorique, qui est caractérisé par la plénitude et la force du pouls, l'injection des capillaires sanguins, des veines sous-cutanées; la coloration en rouge des muqueuses apparentes, la chaleur de la peau, des orifices des muqueuses, la chaleur et la sécheresse de la bouche, la soif et la perte de l'appétit.

Pendant le travail, la bête montre de l'anxiété, éprouve sur la fin des étourdissements, une grande pesanteur de tête, et quelquefois une paralysie incomplète, qui peut persister après le part, si on n'est pas parvenu, par un traitement convenable, à faire cesser la congestion cérébro-spinale qui la produit.

Le col de l'utérus est tendu, dur; son orifice peu dilaté, laissant à peine passer la poche des eaux sous la forme d'un boudin étroit.

La saignée à la jugulaire est le premier moyen à employer contre cet état; elle suffit quelquefois pour faire cesser tous les désordres, et rendre le reste du travail facile. On évitera toute espèce d'excitants, tels que la rôtie au vin, qu'on a l'habitude de donner dans les campagnes ; on la remplacera par des boissons émollientes nitrées, des lavements de même nature, qui agissent en débarrassant le rectum et en calmant l'irritabilité de la matrice. Comme moyens locaux, pour diminuer la rigidité du col, on peut employer les injections tièdes d'huile, d'eau de pavot, les onctions d'onguent populeum, etc.

Les violentes douleurs de lombes se combattent par les embrocations huileuses, narcotiques ou camphrées ; mais surtout par des fomentations et des cataplasmes narcotiques, composés de morelles, de mauves, de têtes de pavot. Mêmes moyens pour la tension douloureuse du ventre, auxquels on joindra des bains émollients tièdes pour les petites femelles. On préservera la tête de toute congestion en la mouillant fréquemment avec un linge ou avec une éponge imbibée d'eau fraîche ou vinaigrée. En même temps, on renouvellera avec soin l'air de l'écurie que l'on tiendra frais, en évitant d'y établir des courants d'air.

Appliqués à temps, ces moyens réussissent généralement. Si le vétérinaire a trop attendu ou a été appelé trop tard, il peut survenir de graves accidents : des convulsions des yeux, des muscles de la face, des grincements de dents, des étourdissements, la chute du corps, l'impossibilité de se lever, et enfin la paralysie plus ou moins complète. La femelle étant ainsi dans un état de stupeur, la matrice, qui y participe, cesse de se contracter ; l'indication alors est donc de terminer rapidement le part en tirant de force le fœtus par les moyens mécaniques que j'indiquerai. En même temps, on aura recours à la saignée, qu'on répétera, si cela est nécessaire, et on se conduira comme quand il s'agit d'une congestion cérébrale qui menace la vie.

2° OBSTACLE PAR DÉBILITÉ DE LA MÈRE. — Bourgelat distingue une débilité primitive, dépendant de l'état de la mère, et une débilité en quelque sorte secondaire, dépendant de l'excès de volume du petit, qui, ne pouvant passer, a épuisé les forces de l'utérus par des contractions trop prolongées.

Brugnone attribue la débilité à différentes causes : à la maigreur, à l'excès d'embonpoint, ou à la jeunesse de la cavale.

Chabert, s'occupant de cet état dans la vache, fait une part plus large aux causes d'affaiblissement : l'extrême jeunesse ou l'âge avancé, l'excès de travail, une alimentation insuffisante, la mauvaise qualité ou l'insuffisance des aliments, l'engouement des estomacs par des matières alimentaires mal digérées ou durcies; cette dernière cause est commune à toutes les femelles herbivores.

Nous avons vu aussi la débilité produite par le séjour dans des écuries mal aérées, humides, dans des localités humides; par les temps de pluie et de brouillard ; par les longs hivers passés dans l'inaction, pour les femelles qui ont l'habitude de passer la belle saison au grand air, dans les pâturages; lorsque les végétaux ont subi cette altération qui cause les fièvres gastriques, comme les regains mal récoltés, les balles d'avoine.

On reconnaît la débilité aux signes suivants, d'après Bourgelat : la vulve de la jument est entr'ouverte, il s'en écoule de la sérosité; la bête n'éprouve que des épreintes légères qui prouvent évidemment la faiblesse des contractions de l'utérus. Brugnone ajoute que la cavale se couche, se plaint, gémit, sans que les muscles de l'abdomen se contractent; et je dirai après eux qu'à ces signes on joindra la connaissance des causes qui produisent ordinairement la débilité.

Chabert est plus explicite en ce qui concerne la vache : la femelle dont le part est languissant par faiblesse, montre l'épuisement de ses forces, par l'abaissement de la température de son corps, par le relâchement des muscles; les conjonctives sont pâles; le dessous de la ganache souvent engorgé; la chaleur de la bouche, du rectum, du vagin, est au-dessous de l'état normal; enfin le pouls est petit et faible.

Si on palpe la panse chez ces femelles, on s'assure fort souvent qu'elle est pleine; le rectum est rempli de matières fécales dures; les portions du colon accessibles au toucher en contiennent aussi.

Le toucher du col utérin apprend qu'il est mou, relâché; que son orifice est quelquefois béant et donne passage à quelques-unes des parties du fœtus; qu'il ne se contracte pas ou très peu, et que l'irritation mécanique du col par le doigt (titillation) ne provoque pas de contractions, ou qu'elles sont très faibles et de courte durée.

Vitet fait remarquer que l'indication principale est de relever, dans le traitement de cet état morbide, l'action contractile du cœur et du système musculaire en général; l'utérus, qui est musculeux, participera de cette influence générale. Mais on peut préciser plus nettement l'indication en disant qu'il faut relever les forces générales, et celles de la matrice en particulier. Pour les premières, les anciens vétérinaires faisaient prendre avec la corne des breuvages composés de cannelle et de myrrhe en poudre, dans du vin rouge généreux; la confection d'hyacinthe, la thériaque, la rôtie de pain trempé dans le vin (Fromage), du pain rôti émietté dans de la bière, ou du cidre, à la dose d'un litre pour les grandes femelles, et d'un quart pour les petites.

La chaleur est elle-même un bon tonique qu'il ne faut pas négliger; on la procure par des couvertures chaudes sur la peau, par l'action de l'étrille, du bouchon, de la carde promenés sur le corps et les lombes, surtout lorsque la faiblesse des muscles de cette région est bien prononcée; par l'exercice, si la femelle peut s'y livrer; des infusions chaudes de plantes excitantes, le tilleul, le sureau, la camomille, dans le vin, la bière, le cidre, suivant les localités.

Si ces moyens sont insuffisants pour exciter les forces, il faut s'adresser directement à l'utérus à l'aide de ses excitants directs, la rhue, la sabine. Vitet recommande en injections dans le rectum l'infusion de sauge, de rhue, qu'on répète deux ou trois fois s'il y a lieu.

Ces moyens peuvent être et sont remplacés par le seigle ergoté qui jouit de la propriété de faire contracter puissamment la matrice. L'ergot de seigle ne peut pas être donné indistinctement dans tous les cas; je préciserai ailleurs ceux dans lesquels il convient.

L'engouement des estomacs et de l'intestin doit être combattu par les moyens que j'ai indiqués ailleurs. Fromage veut qu'on fasse disparaître avant le part cette complication par un mélange de deux à trois litres de son farineux avec six ou dix décagrammes de graine de lin, dont on fait une bouillie que l'on sale convenablement; tout étant délayé avec une suffisante quantité d'eau, on le donne à manger, ou bien on le fait prendre de force à la femelle, si elle s'y refuse. Pendant le travail du part, on emploiera seulement les purgatifs, et surtout en lavement, comme trente grammes d'aloès, etc.

A mesure que les moyens toniques généraux ou locaux produisent leur effet, le praticien surveille le travail ; les contractions de la matrice se réveillant, le vétérinaire peut aider avec la main à la dilatation du col ; il s'assure de la position du petit ; si elle est bonne, il saisit les parties qui sont engagées et tire sur elles pour aider à la matrice. On aide encore à la matrice en excitant les mouvements des muscles de l'abdomen , qui en se resserrant énergiquement compriment le ventre et concourent bien certainement aussi à l'expulsion. Les anciens vétérinaires avaient recours, dans ce but , à la compression des ailes des naseaux, et à l'emploi de poudres sternutatoires. Le premier de ces moyens surtout peut être employé avec avantage.

Ces considérations s'appliquent au cas de débilité primitive ; car lorsque la débilité est survenue consécutivement , qu'elle a été produite par des efforts trop longtemps prolongés pour surmonter des obtacles mécaniques dans le part , comme l'excès de volume du petit, l'engouement des intestins par des matières alimentaires ; tous les moyens propres à relever les forces seront évidemment inutiles , insuffisants ; il faudra avoir recours en même temps à d'autres moyens. Ainsi on extraira les matières, ou on les fera évacuer dans le second cas ; et dans le premier on fera l'accouchement de force en tirant sur le fœtus ou en le mutilant, si cela est nécessaire , comme on le verra dans l'article consacré à la dystocie par excès de volume du fœtus.

On comprend que l'ergot de seigle en particulier , en produisant de violentes contractions utérines, exposerait la femelle à des ruptures de l'utérus , s'il y avait un obstacle mécanique trop considérable qui rendît le part tout-à-fait impossible par les seules contractions de la matrice.

3° OBSTACLE PAR OPPRESSION DES FORCES. — Les femelles primipares, très irritables, celles qui sont sanguines, vives et robustes, éprouvent souvent, après les premières douleurs, un état de spasme du côté de l'utérus et de son col, et un état de pléthore générale qui engourdit les différents organes absolument comme à la suite de courses sous un ciel ardent, et comme dans les fièvres très inflammatoires. On voit survenir un état d'engourdissement par suite de congestion sanguine des organes, de gêne de la circulation capillaire. Les forces ne manquent pas d'une manière absolue comme dans le cas précédent, mais elles sont momentanément suspendues, c'est ce qu'on appelle la faiblesse indirecte ou oppression des forces.

Chabert qui a signalé le premier cet état, recommande de ne pas le confondre avec le précédent, la faiblesse directe dont les symptômes et le traitement surtout sont fort différents. Son idée est vraie en partie mais non complètement ; car un part de cette espèce, qui dure depuis quelque temps sans succès, se terminera assez rapidement après que l'on aura pratiqué la saignée et donné des calmants. Il y a donc quelque chose du côté de la circulation, de plus que ne le dit Chabert.

Ces femelles dans un état de faiblesse indirecte offrent une bonne apparence générale ; elles sont dans un état de chairs satisfaisant ; leur régime a été bon, suivi ; elles n'ont pas souffert pendant longtemps et n'ont pas été affaiblies antérieurement par le travail ou les maladies. Au lieu de s'abaisser , la température s'est élevée pendant le travail du part , le pouls est fort , l'artère pleine et tendue , les muqueuses colorées , et si on y remarque de temps en temps quelques frissons , de l'horripilation , cet état est suivi d'une réaction qui va jusqu'à la sueur. La sensibilité est développée à la peau , et cependant les forces sont brisées, les plaintes expriment des douleurs vivement ressenties , mais passagères ; les contractions utérines sont peu vigoureuses, quoique répétées ; la bête semble redouter la douleur et résister aux efforts expulsifs.

La main portée jusqu'au col le trouve resserré sur lui-même , tendu , dur , douloureux , souvent sans aucune dilatation. Les tentatives que l'on fait pour le dilater artificiellement sont infructueuses , il résiste énergiquement. Quelques vétérinaires peu expérimentés prennent cet état de tension et de rigidité du col pour une induration pathologique qu'ils qualifient du nom de squirrhe ; les guérisseurs disent qu'il est cordonné, que la vache a la torche.

Favre de Genéve avec lequel , comme on a pu le voir, je suis souvent en conformité d'opinion , ne voit dans cet état général et local , pour les vaches surtout, qu'un accouchement qui se prépare lentement ; et les douleurs vives mais de courte durée qui l'accompa-

gnent , que comme de fausses douleurs ; en un mot ,
comme un part qu'il faut savoir attendre en donnant
à la femelle le temps de s'habituer à ses douleurs en
même tems qu'on s'occupe de les soulager. Le point
de départ de cet état général semble exister dans une
impressionnabilité générale vive , et dans une sensibilité trop développée du côté de l'utérus. Ce sont les
douleurs qui partent de cet organe qu jettent la bête
dans cet état de spasme. Quelques vétérinaires lui
donnent le nom de part tumultueux.

Les premières indications sont de calmer les douleurs par les moyens suivants : Une température douce
de l'écurie , le calme , le repos , des boissons tièdes
antispasmodiques ou narcotiques , l'eau blanchie par
la farine à laquelle on ajoute des infusions de tilleul ,
de moldavique , de feuille d'oranger , ou de la décoction de tête de pavot que l'on aura soin de mieller
pour en faire disparaître l'amertume ; quelques demi-
lavements avec les décoctions de racine de guimauve ,
les émulsions d'amandes douces et de semences de
courge , le lait coupé avec l'eau d'orge ; le bain émol-
lient pour la chienne ; les embrocations calmantes sur
les lombes avec les huiles de morphine, de jusquiame ;
les fomentations , les fumigations narcotiques sur le
ventre et les lombes ; sur le col on portera de l'huile
d'amandes douces, du beurre, de l'onguent populéum,
surtout un peu d'extrait de belladone , gros comme
une noisette, enfin on promènera la bête si elle s'agite
et se tourmente.

Lorsque le resserrement du col persiste malgré cela, le pouls conservant sa plénitude et sa dureté, on doit avoir recours à la saignée, après laquelle le col se relâche en général, et pour peu que l'accoucheur aide mécaniquement à la dilatation, les contractions de l'utérus achèvent bientôt d'y engager le fœtus et de le chasser hors de la vulve.

Malheureusement les guérisseurs ont intérêt à exagérer les difficultés du part que nous décrivons, afin de trouver le moyen d'exercer leur coupable industrie. Ils incisent le col, opération qui, outre l'inconvénient d'être parfaitement inutile, expose à des déchirures profondes suivies d'hémorragies lors du passage du petit. D'autres s'en prennent à la torsion du col, déclarent le cas incurable et conseillent de sacrifier une bête qui aurait vêlé quelques jours plus tard. Jamais un vétérinaire instruit ne commettra une aussi grossière erreur.

Etat local. —Obstacles tenant au bassin ou aux organes génitaux de la mère.

Vices de conformation du bassin. — Je dirai d'une manière générale qu'ils sont fort rares, et qu'il n'y a sous ce rapport aucune espèce d'analogie même fort éloignée à établir entre nos femelles et la femme :

1° Les maladies du système osseux, le rachitisme en particulier, qui sont la principale cause des rétrécissements généraux ou partiels du bassin, sont tellement rares chez nos animaux , qu'il est à peu prés inutile de s'en occuper à un point de vue pratique ; il n'y a même pas d'observations sur ce sujet.

De même les cas de tumeurs osseuses dans le bassin, à la formation desquelles des causes externes accidentelles n'ont pas contribué sont fort peu communes.

On raconte cependant qu'il n'est pas rare d'observer des exostoses dans les vaches de certaines parties du midi de la France , chez lesquelles on a la singulière habitude d'aplatir la croupe à coups de maillets en bois, pour donner de l'ampleur à l'extérieur de cette région. Cette cause externe serait-elle la véritable ? Il n'y a que l'introduction de la main qui puisse faire constater ce fait, dont je n'entends pas me porter garant.

Une autre cause de dystocie dans le bassin tient à l'ankylose et à l'ossification des ligaments et des symphyses qui unissent les os coxaux. J'ai expliqué ailleurs le mécanisme du part et le rôle qu'y joue la mobilité des os. On comprend qu'en devenant immobiles, ils gênent le part, mais ne deviennent pas un obstacle invincible.

2° Les lésions par cause externe sont moins rares.

Sacrum. — Il est formé, comme on sait, dans les jeunes sujets, de quatre petites vertèbres qui finissent par se souder ensemble. Dans un âge plus avancé, le premier des os coccygiens se réunit à lui et concourt aussi à le former. Chez la vache, cet os est généralement plus grand et il présente une concavité inférieure plus prononcée que chez la jument. Par contre, il ne s'articule pas avec la dernière vertèbre lombaire par les apophyses latérales, comme dans le cheval. Cette disposition de l'articulation sacro-vertébrale la rend moins résistante, l'expose à des distensions, et par suite à des exostoses du côté de l'excavation pelvienne, à l'endroit que les gens de campagne appellent la croisette des reins. En outre, il s'en forme en arrière, à la base de la queue, qui se luxe quelquefois et peut se trouver plus ou moins abaissée et rapprochée de l'anus.

On reconnaît ces vices de conformation à l'extérieur par la dépression de la partie antérieure et postérieure de la croupe; à l'intérieur, par la saillie qui existe le long de la paroi supérieure de l'excavation. Il n'y a pas de traitement qui puisse les combattre, et ils gêneront l'accouchement en proportion du rétrécissement du bassin. — On essaie les moyens mécaniques d'extraction, et, s'ils sont insuffisants, les diverses opérations de la dystocie sur lesquelles j'ai insisté.

La difformité du bassin consistant dans un abaissement de l'extrémité caudale du sacrum, commençant à peu près au tiers postérieur de la croupe, cette difformité tiendrait, dit-on, aussi au poids des taureaux âgés et lourds, et aux coups qu'ils donnent avec leurs pieds de devant, lorsqu'ils montent de jeunes vaches, dont ils luxent cet os. M. Schaak rapporte avoir eu à accoucher une vache qui avait cette difformité du sacrum. Le veau, n'ayant

que le volume ordinaire, et se trouvant en présentation, resta tout-à-fait enclavé au niveau de l'exostose.
Ce ne fut qu'après une demi-heure et par les efforts
réunis de quatre hommes qui tiraient sur le jeune
animal, qu'on parvint à l'extraire. Au moment où la
partie la plus volumineuse de son corps s'engagea sous
le point abaissé du sacrum, on entendit un bruit semblable à celui que l'on produit en cassant un mor-
ceau de bois bien sec. Le veau passa, et l'on s'aperçut
de la mobilité du bout du sacrum et de la queue de
la vache, ce qui indiquait une fracture du sacrum.

Cette femelle se rétablit promptement, ayant conservé quelque temps cette mobilité de la queue; elle
fut conduite au taureau à l'époque ordinaire, et
M. Schaak l'a aidée une seconde fois à vêler. Le part
fut pénible, mais on obtint aussi un veau vivant. Il a
vu le même cas sur une autre vache; le veau périt
pendant la parturition, et on vendit la mère au boucher.

Premières vertèbres de la queue. — La luxation en
bas des premières vertèbres de la queue et l'ankylose
qui s'ensuit, produisent un rétrécissement de l'excavation pelvienne, et en rendant ces vertèbres immobiles, en les empêchant de s'élever, elles s'opposent
en outre à cet agrandissement naturel qui facilite
beaucoup le part.

A la suite de ces luxations, il se fait quelquefois,
surtout chez les vieilles juments, des exostoses près de

l'origine de la queue (Favre, *Vétérin. Camp.*, p. 289).
Elles augmentent encore la difficulté du part. Ces cas
ne sont pas très-rares d'après lui, et peut-être serait-
il bien de fouiller par le rectum les juments qui ne
sont plus jeunes, avant de les destiner à la reproduction, afin de s'assurer si de pareils obstacles au part
existent chez elles, et si l'accouchement en sera rendu
trop périlleux pour le petit.

Plan inférieur du bassin. — Il est beaucoup moins
exposé aux accidents à cause de sa situation entre les
membres postérieurs de la femelle. On a cité pourtant
des cas d'exostoses développées sur le bord antérieur
du pubis, une entre autres qui avait fini par produire
une perforation de la vessie.

J'ai trouvé en général que le rebord de cette symphyse était un peu plus saillant après qu'elle s'était
ossifiée, et qu'il l'était devenu encore plus lorsqu'il
y avait eu quelque maladie de cette articulation. J'ai
trouvé aussi plusieurs fois des exostoses sur la face interne de cette articulation à la suite de fractures, les
bêtes étant tombées, les membres de derrière écartés.

Os des îles. — Il n'est pas très rare, sur toutes les
femelles, de rencontrer ces os déviés en dedans et
offrant des cals et des exostoses volumineuses qui
peuvent devenir des obstacles insurmontables au
part.

Cette question ne me paraît pas avoir été suffisamment élucidée par les auteurs. Une femelle *épointée*,

on appelle ainsi celle qui a la pointe de l’une des hanches plus courte, la tubérosité de l’angle externe de l’ilion cassée et abaissée, n’a pas pour cela l’accouchement plus difficile ; le fragment d’os brisé est seulement entraîné en bas par les muscles ilio-abdominal (petit oblique) et ilio-aponévrotique (tenseur du fascia lata). Le bassin n’a éprouvé aucun rétrécissement. Mais si la hanche en totalité est plus basse d’un côté que de l’autre, l’accouchement est rendu difficile et la bête doit être réformée.

On reconnaît ce vice de conformation aux signes suivants :

1° *A l’extérieur*. La hanche est plus basse du côté déformé, ce dont on s’assure en mesurant avec une ficelle l’espace qui sépare les apophyses épineuses du sacrum de l’angle inférieur de l’iléon, du côté malade, et en comparant cette distance avec celle qu’on obtient du côté sain ; elle est aussi plus avancée du côté de la tête ; on le reconnaît en abaissant, au moyen d’une ficelle, une ligne perpendiculaire à la base du sacrum, et on voit que cette ligne est dépassée par la pointe de la hanche plus du côté malade que du côté sain. La direction du pied est changée. Il est un peu plus avancé et sa pointe dirigée en dehors.

Le membre correspondant ne se meut plus avec la même facilité ; la cuisse, à son sommet, a moins de volume que du côté sain ; au lieu d’être uniformément arrondie, elle présente une saillie ou un enfoncement,

2° *A l'intérieur*. Par le rectum ou le vagin, on trouve au niveau de la cavité cotyloïde ou au dessus une tumeur osseuse, irrégulière, plus ou moins volumineuse et saillante en dedans. Il est évident qu'à la suite d'une fracture de cette surface, le poids du corps qui pèse sur la tête du fémur amènera le refoulement en dedans des fragments, de manière à diminuer le diamètre latéral ou bis iliaque de l'excavation. De plus la voûte du bassin s'est abaissée de ce côté, elle est devenue plus basse et plus plane, puisque les os des îles, après la fracture, se sont soudés en se portant en dedans, par conséquent en perdant de leur hauteur.

Entre autres observations relatives à ce cas de dystocie, j'en citerai deux, une de Gohier et une de M. Chrétien. Dans les deux cas il fallut recourir à l'opération césarienne pour extraire le petit. Il est évident que ce n'est point là une règle générale et qu'il faut suivre ici la méthode que j'indique en parlant des opérations relatives à la dystocie.

Gohier eut affaire à une brebis chez laquelle le diamètre qui s'étend de la cavité cotyloïde au sacrum avait un demi-pouce de moins du côté malade, ce qui donnait au demi-bassin du côté malade une obliquité fort remarquable. M. Chrétien accouchait une vache qui avait eu un an auparavant une fracture de l'iléon au niveau de l'articulation coxo-fémorale, à la suite de laquelle elle était restée boiteuse. Pendant les douleurs du part, la main introduite dans le vagin lui fit reconnaître une tumeur osseuse sur le côté droit du bassin, diminuant au moins d'un tiers cette cavité. Les seules parties qu'on put amener au dehors furent les membres de devant.

J'ai vu, il y a très peu de jours, une forte truie anglo-chinoise qui est morte chez son maître sans pouvoir faire ses petits parvenus à terme. Elle avait eu deux mois auparavant une fracture de la branche montante de l'iléon près de la cavité cotyloïde, fracture qui l'avait laissée boiteuse. Le cal n'était pas encore solide et formait en dedans du bassin une saillie considérable. Sur les six petits qu'elle portait, deux étaient morts depuis longtemps, ce dont on pouvait juger à leur peu de développement. Je possède plusieurs bassins appartenant à diverses espèces de femelles et plus ou moins déformés par suite de pareilles fractures.

OBSTACLES AU PART DÉPENDANT DES PARTIES MOLLES DE LA FEMELLE.

DE LA VULVE. — La vulve des femelles n'offre généralement quelques difficultés pour la sortie des petits que chez les primipares et à raison de son étroitesse, rarement par d'autres causes.

L'étroitesse de cet orifice est un obstacle, dans tous

les cas où le part se faisant avec rapidité, le vagin n'a pas eu le temps de se préparer à la dilatation: les avortements près du terme, les parts très rapides, ceux où la poche des eaux se rompt de très bonne heure, ceux où le petit arrive par les fesses. L'entrée du vagin a été préparée par la poche des eaux, par le passage de la tête et des membres de devant, cet obstacle est rare, à moins que le fœtus n'ait un volume trop considérable.

Le traitement consiste à rendre la vulve plus souple par des lotions émollientes chaudes, des applications de corps gras, d'huile, de graisse; à modérer les efforts de la mère en lui serrant le nez et en lui tenant la bouche ouverte, en lui tirant la langue, en lui pressant les lombes pour les empêcher de se vousser; en même temps on dilatera la vulve avec les deux mains, on engagera les parties du fœtus et on appuiera sur le périnée et les deux côtés de l'ouverture. Il m'est même arrivé, les efforts d'expulsion étant très violents, de débrider avec le bistouri la commissure supérieure de la vulve, préférant une incision régulière à une déchirure toujours plus ou moins inégale. Du reste, on sait que ces débridements font cesser l'état de contraction spasmodique des muscles. Toutefois, il est rare d'être obligé d'en venir à ce moyen, et la déchirure du périnée est peu commune.

Il est rare que les productions morbides développées dans les lèvres de la vulve gênent le part. Il est du reste facile de se débarrasser, à l'aide du bistouri, des verrues, des végétations, des mélanoses et des tumeurs de toute espèce qui peuvent se trouver dans cette région.

Du vagin. — Les cas de dystocie ont rarement leur cause dans le vagin. On a parlé de rétrécissements congéniaux de ce canal (M. Morin, du Cantal, et autres) tels qu'il a fallu faire des débridements multiples sur son pourtour. Brugnone assure avoir vu une membrane analogue à l'hymen de la femme; ce n'est pas là un obstacle, puisque le pénis du mâle a dû la déchirer.

A la suite des manœuvres laborieuses des parts difficiles, l'entrée du vagin (le bulbe de Girard) a pu être contuse et irritée au point d'offrir de la rougeur, des engorgements plus ou moins considérables. On les diminue par des pressions modérées.

Rupture du vagin. — Elle a lieu quelquefois pendant le travail du part sur un point plus ou moins étendu de ses parois. Ce sont surtout les pieds qui la produisent dans des efforts d'expulsion violents. Quoi qu'en aient pu dire quelques vétérinaires qui pensent que la corne molle et spongieuse qui entoure les pieds des jeunes animaux ne peut produire une déchirure; cela a lieu surtout quand les fœtus arrivent en position dorso-pubienne, si le travail se fait rapidement et que l'accoucheur n'ait pas soin de diriger les pieds dans le milieu de l'excavation; ou bien quand on tire sans précaution sur le fœtus, un de ses pieds étant appuyé sur un des points de la surface du vagin.

Le tome IV de la *Correspondance de Fromage* (p. 156)
mentionne un fait de cette nature rapporté par M. Di-
guet, alors vétérinaire au dépôt impérial d'étalons de
St-Lô : « Une jument, âgée de huit ans, éprouva les
douleurs du part en l'absence du maître de la ferme ;
les domestiques, pour abréger ses souffrances, s'effor-
cèrent de tirer sur le petit, bien qu'il ne présentât
qu'un seul pied. Le pied qui était resté en arrière per-
fora les parois du vagin et du rectum et sortit par l'a-
nus. Effrayés de cet accident qui fut suivi d'une forte
hémorragie, les domestiques laissèrent la jument en
cet état jusqu'à l'arrivée du maître, qui se mit à repousser le poulain dans l'utérus, dégagea le pied et
termina l'accouchement. Cette jument, abandonnée à
elle-même, parut guérir ; mais l'année suivante, ayant
voulu la faire saillir, le maître s'aperçut qu'elle rendait les crottins par la vulve, et que le membre de l'é-
talon faisait fausse route. Il n'a pas été possible de
faire produire cette jument. »

La déchirure du vagin peut se faire en bas, soit par
la tête ou les épaules du petit, lorsqu'on exerce des
tractions trop violentes, soit par les crochets qui s'y
implantent après s'être séparés des os sur lesquels on
les avait fixés, soit par les divers instruments dont on
se sert pour manœuvrer dans le bassin. J'ai vu les intestins s'échapper par de pareilles ouvertures. Une
ânesse me fut amenée, présentant une déchirure de ce
genre, vers le tiers antérieur du vagin ; deux grandes

anses d'intestin grêle étaient sortis. La bête en mourut.

Tumeurs dans le vagin. — *Polypes, végétations appelées condylômes.*—On ne les a observés, jusqu'à ce jour, que dans la chienne. Elles sont le résultat d'un coït impur, mais ce sont des maladies toutes locales qui ne laissent aucune trace dans l'état général, soit de la mère, soit des petits. C'est sur les parois supérieures et latérales qu'on les rencontre surtout, offrant le volume d'une noix, et par leur réunion celui d'une petite pomme.

On peut calculer le temps que de pareilles productions mettent à se former. C'est souvent en six à huit mois; car les femelles ne souffrent les approches du mâle qu'à des époques à peu près fixes; c'est deux fois par an; d'une copulation à l'autre il s'écoule six mois, plus deux mois pour la deuxième gestation; cela fait bien en tout de six à huit mois. Lorsque ces végétations remontent à une précédente copulation, elles sont assez volumineuses pour faire saillie entre les lèvres de la vulve, ou même pour apparaître au-dehors; lorsqu'elles datent seulement du dernier coït, rien n'apparaît au-dehors qu'à l'époque du part. Les difficultés qui en résultent pour le part ne sont jamais bien sérieuses. Celles qui sont peu consistantes et peu volumineuses se réduisent considérablement de volume par suite de la compression; celles qui sont plus résistantes sont repoussées au dehors de la vulve; on ne doit en faire l'ablation qu'après le part, lorsque les petits sont assez forts pour se passer de la mère et pour être élevés artificiellement. Le vagin, qui avait éprouvé un peu de recul, rentre de lui-même, ou par l'emploi de quelques lotions astringentes.

OBSTACLES AU PART DÉPENDANT DU COL UTÉRIN.

Ils tiennent à cinq espèces de causes : 1° L'oblitération congéniale ou accidentelle ; 2° la contraction spasmodique du col ; 3° son induration morbide ; 4° ses déviations ; 5° sa torsion.

OBLITÉRATION CONGÉNIALE DU COL. — C'est un cas si rare que je me demande si on n'aurait pas pris pour l'état dont il s'agit, une simple agglutination des bords de l'orifice ou un fort resserrement spasmodique. Car enfin comment la fécondation aurait-elle pu se faire, s'il y avait oblitération du col ? Il me paraît donc qu'il n'y a pas même lieu à discuter. L'agglutination de cet orifice a été considérée par les vétérinaires allemands comme une cause d'infécondité chez des vaches qui avaient déjà porté.

La gazette publiée par les professeurs vétérinaires du grand duché de Bade mentionne ces faits, et prescrit les moyens d'y remédier.

C'est à M. Fischer qu'est due la traduction en français de cette note que l'on trouve dans le premier n° du *Journal de médecine vétérinaire de Belgique*, 1845, page 17, et dont j'ai rendu compte dans le *Journal vétérinaire de Lyon*, mai 1845.

Contraction spasmodique. — C'est chez les primi-pares qu'elle se montre le plus souvent. J'en ai déjà parlé à propos des troubles généraux morbides des femelles.

Le col est chaud et douloureux; il forme un bour-relet dur, tendu, résistant; il conserve toute son épais-seur, et forme un entonnoir ouvert du côté du vagin, dans lequel on peut quelquefois enfoncer le doigt. Quelquefois l'orifice est resserré au point de ne pas même admettre un stylet; ou bien il est un peu dilaté, et laisse passer la poche des eaux qui forme un boyau étroit et court.

L'état général se présente sous deux formes: ou bien avec une vive excitation générale, la bête s'agite, éprouve des épreintes, des coliques, regarde son ven-tre, se couche, se relève peu de temps après; le pouls est plein, fort et fréquent; les yeux s'injectent; la peau est brûlante; les urines et les fécès sont rendues de temps en temps; il y a soif et anorexie; ou bien les douleurs sont modérées, la femelle tord par moment son corps, fait quelques efforts, secoue la tête, la porte basse, et recherche les aliments, qu'elle prend en petite quantité. Cet état peut durer de deux ou trois jours, jusqu'à six ou huit.

Les moyens locaux qui conviennent, je les ai indi-qués ailleurs; ce sont l'opium, la belladone, l'onguent populéum portés sur le col; les cataplasmes et fomen-tations sur les lombes. Saignée, s'il y a pléthore, con-gestion cérébrale, ou douleurs vives; tisanes de tilleul ou de feuilles d'oranger nitrées. Je proscris l'application des sangsues au col, à cause de sa difficulté et de son inutilité, quoi qu'en dise Hurthrel.

Si ce traitement, après un ou deux jours, ne produit pas de dilatation du col, il faut la produire de force avec la main. On introduit d'abord un doigt, puis deux, puis successivement la main toute entière ; ensuite, écartant les doigts, on agrandit ainsi peu à peu le col.

Les guérisseurs confondent habituellement cette contraction spasmodique du col avec la torsion de ce même col, et si elle est longue à céder, ils font vendre les femelles au boucher. On ne confondra pas non plus les douleurs du part avec les coliques par irritation intestinale ou par indigestion : dans les coliques, il y a ballonnement de la panse ou de l'intestin, rots, reddition de vents par l'anus.

Dans le deuxième cas, lorsque les douleurs sont modérées, le resserrement du col peut persister pendant plusieurs jours, et la femelle tomber dans un état d'inertie utérine et générale. Le resserrement du col réclame la dilatation forcée ; l'inertie a été traitée ailleurs.

Si la dilatation forcée ne suffisait pas, on pratiquerait plusieurs petits débridements sur la circonférence du col.

Induration morbide du col utérin. — Cet état a été mal à propos désigné sous le nom de squirrhe, nom qui, du reste, est généralement synonime de toute espèce d'induration, dans le langage habituel des praticiens.

Ce cas de dystocie ne s'est présenté jusqu'à ce jour que chez la vache, soit chez les primipares, soit chez celles qui avaient fait plusieurs petits. On l'observe dans toutes les localités de la France, quoiqu'elle semble un peu plus commune en certains lieux. M. Rancou m'a assuré qu'elle se montrait fréquemment dans l'ancien Briançonnais, où il exerce depuis 36 ans : on l'observe surtout chez les primipares petites et maigres. Mais je crains qu'on ait confondu quelquefois l'induration morbide avec la contraction spasmodique qui survient habituellement chez les primipares. Je le crains d'autant plus que je vois des vétérinaires assurer que cette induration morbide avait disparu après l'incision, et qu'un nouveau part avait pu s'opérer sans difficulté. Comment admettre une pareille circonstance si le col est devenu squirrheux ou seulement fibreux ?

Les symptômes de cet état sont les uns rationnels, les autres locaux ; les premiers sont ceux que j'ai déjà plusieurs fois indiqués à propos des parts difficiles, lorsque rien ne paraît à l'extérieur. Après avoir eu des douleurs pendant un temps plus ou moins long, la femelle s'affaisse, se couche sans force et refuse les aliments.

C'est à cette époque que le vétérinaire est appelé en général. La position de la femelle a favorisé le recul de l'utérus, dont le col vient en général faire saillie à

la vulve. Si le col n'est pas apparent, on introduit la
main dans l'utérus pour reconnaître son état. Il a
toute sa longueur, est gonflé, irrégulier, bosselé même,
d'une couleur rouge terne ou brunâtre. Son orifice
resserré est en forme d'entonnoir, ayant son sommet
du côté de l'utérus. Quelquefois la poche des eaux a
pu s'y engager légèrement ; quelquefois l'ouverture
étant plus considérable, on a pu y passer le doigt et
reconnaître la position du fœtus ; ou même être assez
forte pour que le bout du nez du veau et ses pieds s'y
engagent sans pouvoir aller au-delà, ainsi que l'a vu
Lecoq de Bayeux (*Mémoires de la Société du Calvados*,
n° 6, p. 86).

Anatomie pathologique. — Quelle est l'altération
que le col a subie ? Il n'y a pas eu que je sache de dissection faite. On se contente de dire que le col était
squirrheux, parce qu'il crie sous le bistouri qui le
coupe ; mais cela arrive à tous les tissus fibreux ; or,
le col a la consistance du tissu fibreux. Cependant
Lecoq de Bayeux (*Journal pratique*, 1828, p. 90),
a autopsié une vache dont le col était cancéreux.
En effet, dit-il, le tissu était jaunâtre et criait sous
le scalpel ; épais de trois à cinq centimètres, il renfermait quelques petits noyaux purulents du volume
d'un noyau de cerise. Il est à regretter que Lecoq
n'ait pas noté l'état des poumons pour savoir s'ils contenaient des tubercules. D'autres vétérinaires ont pu,
par le palper et pendant la vie de la vache, s'assurer

que cette induration s'étend plus ou moins sur le fond
du vagin et à son pourtour , et y forme des bosselures
disposées en manière de rayons.

En l'absence d'autres autopsies , on doit rester très
circonspect sur la question de savoir si ces indurations
sont en général des squirrhes. Je persiste à croire qu'il
n'en est rien dans le plus grand nombre des cas. Ceci
n'est point pour nier le fait de Lecoq, que j'admets
pleinement.

Traitement. — On conseille d'essayer d'abord les
moyens recommandés contre la contraction spasmodique du col, puis la dilatation forcée, et si ces moyens
échouent, d'en venir à l'opération. Cette opération ,
qui consiste à diviser les fibres du col , peut se faire
de plusieurs façons :

Première méthode. — M. Françou m'a assuré que
dans les nombreux cas qu'il a rencontrés, il a toujours
réussi, sans se servir du bistouri et sans produire la
moindre effusion de sang. Il se sert des ongles de la
main droite pour le côté gauche du col et réciproquement. Il déchire les fibres une à une, diminue ainsi
peu à peu son épaisseur jusqu'à ce qu'il soit assez
aminci pour aider à la dilatation forcée que la main
de l'accoucheur tente de lui imprimer , et ensuite ,
pour engager les parties du jeune animal qui est chassé
par la matrice , ou tiré par des moyens mécaniques.

Cette méthode a des avantages, mais elle est longue , exige des doigts très forts et expose peut-être
ensuite à l'inflammation du col.

Deuxième méthode. — Hystérotomie ou incision du col.
— Etudions d'abord les instruments dont on se sert,
la manière de les introduire, le point où l'on incisera,
le nombre et l'étendue des incisions, les suites de ces
incisions.

Des praticiens conseillent le bistouri en serpette,
d'autres le bistouri droit boutonné, qui a l'avantage
d'être introduit sans danger dans le vagin et l'utérus,
et de ne pas exposer le veau à être blessé. La plupart
se servent du bistouri ordinaire, devant la pointe duquel ils placent une boulette de cire assez ferme qui
empêche cette pointe d'être dangereuse. M. Bordonnat
se sert d'un lithotome caché, dont le tranchant n'a
que cinq à six pouces de long. On introduit cet instrument fermé, on donne ensuite à sa lame le degré d'écartement que l'on juge convenable : le tranchant, du reste,
est concave au lieu d'être convexe.

Lorsqu'on se sert du bistouri droit ordinaire, il
faut, après l'avoir ouvert, bien l'assujettir, pour qu'il
ne puisse pas se plier une fois qu'il est introduit et couper les doigts de l'opérateur. On l'entoure pour cela d'é-
toupe ou de linge usé ; et si la lame est longue, il est
bien d'en couvrir une partie avec les mêmes tissus pour
ne pas s'exposer à couper les parties autres que le col.

L'introduction se fait en couchant le bistouri à plat
sur l'index et le médius et en le fixant avec le pouce,
le manche étant dans la paume de la main. Les doigts
médius et annulaire, le petit doigt et l'index légère-

ment soulevés de chaque côté de manière à ce que les quatre doigts forment une espèce de gouttière. Lorsqu'on est parvenu au col, on tient le bistouri entre le médius et le pouce, l'index étant appuyé sur le dos de l'instrument, ou bien si l'on est obligé à quelques efforts, on prend le bistouri à pleine main. La main qu'on introduira sera huilée ou graissée sur le dos seulement; au contraire, on mettra du son dans la paume pour que l'instrument ne glisse pas.

Si la femelle est couchée et que le col se présente à la vulve, toutes ces difficultés sont évitées; on a sous les yeux la partie qu'il s'agit d'inciser.

C'est sur les côtés du col qu'il est le plus commode de pratiquer les incisions; c'est là aussi qu'on a le moins à craindre. En incisant sans précaution sur la paroi supérieure ou inférieure, on s'expose à blesser le rectum ou la vessie. Cependant M. Delwart conseille de faire l'incision supérieurement; M. Favre dit de même; parce que, dit-il, on n'a pas à craindre d'épanchement dans le ventre. Ce danger qu'il signale est à redouter en effet lorsqu'on fait des incisions trop profondes et qu'on atteint le péritoine, ou que par suite du passage du petit l'incision est déchirée au-delà du tissu du col. Mais il est facilement évité lorsqu'au lieu d'une incision unique et profonde on en fait plusieurs moins étendues.

Quant au nombre, on en fait en général deux, une de chaque côté, quelquefois une troisième en bas :

d'autres fois on en fait plusieurs petites sur toute la circonférence du col, quatre ou six. C'est ainsi qu'agissent les guérisseurs qui se servent pour instrument d'une pièce de monnaie de billon, dont ils ont rendu tranchante une partie de la circonférence. Ce procédé des incisions multiples, quoique suivi par les guérisseurs, me paraît le meilleur, celui qui expose le moins au danger des déchirures par suite du passage du fœtus et le moins aussi à blesser les parties voisines.

La profondeur des incisions varie suivant les praticiens et suivant aussi l'épaisseur du col induré, depuis sept ou dix centimètres jusqu'à douze ou quinze. M. Mignot (*Recueil pratique*, t. 33) en fit deux de trente centimètres chacune de profondeur, mais le renversement de l'utérus suivit immédiatement la sortie du veau.

Il suffit qu'on puisse introduire facilement la main et le bras à travers le col, puis qu'on y engage la tête et les membres de devant du fœtus. Si, après avoir fait quelques incisions, on s'apercevait que les trois parties ne peuvent s'engager quoique la main eut passé, on serait toujours à temps de réintroduire le bistouri et de faire de nouveaux débridements.

Pour pratiquer ces incisions, on fera agir lentement le bistouri, à la manière de la scie, et non en pressant fortement, de crainte de faire des incisions trop profondes.

Une fois l'opération pratiquée, et le fœtus étant en bonne position, il faut attendre que la matrice l'expulse, ou, si la mère est trop épuisée, l'extraire mécaniquement. On se rappellera que dans les deux cas il faut modérer les efforts, de peur que s'ils étaient trop rapides et trop brusques, il ne se fît des déchirures étendues.

Les suites immédiates de l'opération offrent deux accidents possibles, le renversement de l'utérus et l'hémorragie. On comprend le renversement de l'utérus lorsque le col a été trop largement ouvert, il n'offre pas de résistance et l'utérus tout entier s'échappe par son ouverture avec le fœtus. Dans ce cas on détachera d'abord le placenta, puis on réduira.

L'hémorragie est rarement fâcheuse, la vache n'y succombe qu'autant qu'elle est très faible. On emploie contre elle des injections d'eau fraîche, salée ou vinaigrée; ou bien on porte sur le lieu de l'hémorragie une grosse éponge imbibée d'eau vinaigrée. Quelques praticiens conseillent d'exprimer fortement le liquide de l'éponge, puis de la porter dans le col, de l'y enfoncer de façon à ce qu'en s'impreignant de sang elle se dilate et comprime les déchirures.

Cette hémorragie cesse quelquefois au bout de cinq à six heures, mais peut durer aussi un ou deux jours; cela dépend de la profondeur des incisions. Elle est ensuite remplacée par un écoulement mucoso-purulent et brunâtre. La métrite est l'accident qu'on doit redouter; on se conduira en conséquence.

Torsion du col sur lui-même.— J'ai déjà exposé le mécanisme anatomique de ce déplacement de l'utérus et du col qui mériterait peut-être mieux d'être étudié à propos des maladies de la matrice qu'à propos de celles du col, puisque le col n'a fait que suivre l'utérus qui a fait un demi-tour ou un tour entier sur lui-même.

J'ai dit que Boutrolle a le premier observé cet accident ; voici ses expressions : « Si au contraire on ne peut y passer qu'un doigt (il parle de l'orifice du col), et que le trou soit en tournant, c'est une marque que la vélière est renversée, c'est-à-dire qu'elle a fait un demi-tour et qu'il est impossible d'y entrer. » (*Parfait Bouvier*, p. 92, édition in-12. 1766.)

Ce fait, que j'avais signalé aux élèves qui suivaient mes cours, fut presque en même temps observé par M. Maurin, du Cantal, et M. Vieillard jeune, de Brioude. Voici l'observation du premier : «Le 13 janvier 1823, je fus appelé pour donner des soins à une vache âgée de 8 ans, en travail de part. Cette vache, qui avait un ventre énorme, restait depuis quatre ou cinq jours toujours couchée, sans appétit, avec un pouls élevé ; elle aurait dû véler vers la fin de décembre, et en effet le 26 et le 27 de ce même mois, elle avait éprouvé des douleurs semblables à celle de l'accouchement sans cependant rendre ses eaux. Les douleurs ayant cessé et le calme s'étant rétabli, le propriétaire crut s'être trompé sur l'époque précise du vélage de sa vache, considérant les douleurs qu'elle venait d'éprouver comme des coliques accidentelles, étrangères au part. — Je cherchai à m'assurer de l'état de vie ou de mort du fœtus, par de fortes pressions exercées sur le ventre, pour exciter ses mouvements; et n'ayant pu en obtenir je demeurai convaincu qu'il était mort. Ayant voulu introduire la main, j'éprouvai une première difficulté à traverser le bulbe du vagin qui était rétréci et que je fus forcé de débrider. Parvenu au fond du canal je m'assurai que le col offrait des plis saillants; l'index que je m'efforçai de faire pénétrer dans son intérieur le trouva resserré et plissé. Le cas me paraissant devoir entraîner la mort de la vache, je conseillai au propriétaire de la vendre au boucher. A l'ouverture du corps je trouvai de la rougeur dans une étendue assez considérable des intestins grêles qui avoisinent l'utérus. Celui-ci était tourné de droite à gauche, les ligaments suspenseurs des cornes se trouvaient entrelacés l'un dans l'autre; la matrice ayant été ouverte on trouva le veau, le dos tourné vers le flanc droit de la mère, et les membres vers le flanc gauche; le col formait deux plis en spirale fort saillants, qui en avaient sans contredit empêché la dilatation. Le corps du veau ne présentait aucune trace de putréfaction bien que les eaux eussent une odeur fétide.»

Vieillard jeune put constater ce fait d'une manière plus évidente pendant la vie, sur deux vaches chez lesquelles l'utérus ayant été repoussé en arrière , le col se présentait à découvert au dehors de la vulve. Ce vétérinaire compare la partie postérieure de l'utérus et du col à un sac de femme à ouvrage ; il put constater trois plis en spirale bien saillants.

Lecoq , de Bayeux, ne put constater ces mêmes faits qu'en 1837. Il ne signale rien de plus que ce que je viens de rapporter.

Ces trois vétérinaires n'ont constaté que des cas de torsion dans lesquels la matrice avait fait d'après eux un demi-tour sur son axe. M. Mazure a observé une rotation entière, complète. Appelé en consultation , par un confrère , pour une vache dont le col tordu ne laissait pas pénétrer le doigt, ils pronostiquèrent la mort de la bête. Le propriétaire les laissant libres d'agir comme bon leur semblerait, ils crurent devoir ouvrir le flanc droit pour essayer de remettre la matrice en place. Mais ce fut inutilement. Ils constatèrent seulement par cette tentative : 1° qu'il existait dans le péritoine un épanchement de sérosité fétide et des flocons albumineux ; 2° à l'utérus , une rupture dans son bord gauche postérieur , de forme arrondie , ayant un diamètre de vingt à vingt-quatre centimètres ; 3° ils s'assurèrent que le fœtus était mort , comme ils l'avaient présumé. Toute opération ultérieure devenant dès-lors inutile, on tua la vache et on trouva que l'utérus avait fait une révolution complète sur son axe. Vers la partie de cet organe qui touche au col, on trou-

va cinq plis, deux plus volumineux inférieurs, écar
tés l'un de l'autre de treize centimètres et ayant quarante-cinq centimètres de long, durs, résistants et de
couleur grisâtre. Dans toute l'étendue des plis que formait l'utérus, le tissu cellulaire infiltré de sérosité
formait une tuméfaction qui rendait difficiles la dilatation de la partie postérieure et la sortie du veau. Ce
dernier était complètement développé, intact, et ne
paraissait avoir perdu la vie que depuis le dernier
travail, c'est-à-dire depuis deux ou trois jours au plus.

La torsion de l'utérus et du col, en rendant le part
impossible, amène nécessairement la mort du fœtus;
mais non celle de la mère, ainsi qu'ont paru le croire
les vétérinaires dont je viens de citer les observations.
Il y a longtemps que Boutrolle s'était expliqué for-
mellement sur ce point. Je cite ses expressions (ouvrage cité). « Il y a des vaches qui ne sont point ouvertes, c'est-à-dire qu'il n'y a point assez de passage
pour aller chercher le veau qui, restant dans le corps
de la vache, se racornit comme une boule. La vache
ne périt point pour cela en en ayant grand soin; mais
il y en a beaucoup qui périssent quand, au lieu de se
racornir, le veau se tourne en corruption. La vache
qui porte son veau racorni dans la vélière ou portiére
ne demande plus le taureau. Il est facile d'y être
trompé dans un marché et de l'acheter encore pour une
amouillante; car l'on trouve le veau au tact et du lait
d'amouille dans les mamelles, pendant plus de deux

et même trois mois. Mais au tact vous devez sentir qu'il est immobile et mort. Il faut garder ces sortes de vaches près de dix mois à un an à les bien nourrir, surtout quant le veau se racornit, car elles mangent bien peu et deviennent extrêmement maigres pendant quinze jours de temps. Au bout de dix mois, ou avant si l'herbe est revenue, on mettra ces sortes de vaches à l'herbe pour engraisser, et elles engraisseront comme les autres; les bouchers trouveront encore le veau racorni dans la vélière. »

Les remarques de Boutrolle avaient, à ce qu'il paraît, échappé aux vétérinaires. Quatre faits de ce genre ont été signalés à la société du Calvados par le vétérinaire Ponchy (t. 9, p. 240). Il s'est contenté de saigner les vaches qui, après avoir souffert et manqué d'appétit pendant six ou huit semaines, se trouvèrent mieux après ce temps, et mises en pâturage ont pu prendre assez d'embonpoint pour être livrées au boucher.

M. Ponchy diffère d'avis avec Boutrolle, sur la sécrétion du lait; il la trouve suspendue, les mamelles et les trayons flasques et vides; Boutrolle au contraire dit qu'on trouve du lait d'amouille dans les mamelles pendant plus de deux et même trois mois.

Cette divergence s'explique très bien, à mon avis, par l'état différent dans lequel se trouvaient les femelles. Celles de Boutrolle avaient le veau racorni, c'est-à-dire non putréfié au milieu des eaux et des enveloppes intactes. Il n'y avait donc là aucune cause d'irritation vive pour l'utérus, et par conséquent la sécrétion des mamelles devait continuer à se faire. Celles de **M.** Ponchy avaient eu une inflammation de l'utérus sans doute par suite de la putréfaction de quelque partie renfermée dans son intérieur, écoulement vaginal, fétide et sanguinolent, le ventre volumineux et tendu, les poils ternes, hérissés ; il avait fallu saigner pour calmer l'inflammation de l'utérus. Cela explique suffisamment l'absence du lait.

Causes. — De violents mouvements, de fortes secousses du corps des femelles, causes qui produisent souvent la mort du fœtus en même temps, des coups reçus d'autres animaux. **M.** Ponchy l'a vu survenir après un part subséquent à un renversement de matrice.

M. Denoc l'attribue aux chutes de la vache, sur la croupe ou sur les jarrets, lorsque surtout elles sont suivies d'un renversement dorsal et latéral. Il n'en cite à la vérité qu'un exemple, l'accident aurait eu lieu un mois avant le velage. Comme **M.** Ponchy, il croit à la possibilité de cette torsion à la suite du renversement et de la réduction de l'utérus. (*Recueil de médecine vétérinaire*, 1845, p. 16 et 17.)

Traitement. — Il varie suivant que le petit est vivant ou mort : — *Premier cas.* Il faut chercher à sauver le petit et la mère en pratiquant l'hystérotomie vaginale. C'est la méthode que Vieillard jeune a suivie le premier et avec raison. Il eut beaucoup de peine à pratiquer les débridements convenables ; les incisions étendues qu'il fut obligé de faire furent suivies de déchirures, d'hémorragie inquiétante et de renversement de la matrice. Il triompha de tous ces accidents.

Deuxième cas. Le petit est mort ; c'est la mère seule qu'il faut sauver, ou du moins dont il faut obtenir tout le prix possible. S'il y a eu écoulement des eaux, commencement de décomposition du fœtus, etc., il survient une entéro ou une métro-péritonite qui enlève la mère. Il vaut mieux la sacrifier tout de suite. Si les eaux sont intactes avec les enveloppes, et pas de putréfaction, on imitera M. Ponchy, et on saignera dans le cas où il se serait développé quelque inflammation de l'utérus ; puis des boissons abondantes et le pâturage. On vendra la bête dès qu'elle sera engraissée.

Il arrive quelquefois qu'avant le terme de leur parfait engraissement, quelques-unes de ces vaches offrent des symptômes d'un part tardif. M. Ponchy, au bout d'un an, put retirer les uns après les autres les os d'un fœtus qui n'était âgé que de sept mois. Trois semaines après, la vache était remise et fut vendue au bout de quelques mois. Quelques vétérinaires éléveront peut-être des doutes sur le véritable état du col de cette femelle, et se demanderont si elle avait réellement une torsion du col ou bien tout simplement une induration.

Rétablissement de la position de l'utérus et accouchement. — On trouve dans le *Recueil de médecine vétéri-*

naire, 1845, page 69, une observation de **M.** Denoc (de Châtillon-sur-Marne) au sujet d'un cas qu'il appelle torsion de l'utérus, et dans lequel le col suffisamment dilaté permit d'y introduire la main et de reconnaître, en bonne position, les pieds de devant et la tête du fœtus, qu'un grand repli membraneux étendu de l'entrée de la matrice à son fond, empêchait de sortir. Ce cas de torsion du col qui permet l'introduction de la main est en opposition avec tout ce qu'on connaît jusqu'à ce jour sur cet accident. Les symptômes donnés par tous les vétérinaires qui ont observé la torsion sont très précis. Col rétréci, au point qu'on ne peut y passer qu'un seul doigt, tordu avec des replis en spirale dans son intérieur, ne pouvant point être dilaté. Ils sont tous du même avis, sauf Lecoq de Bayeux, qui put introduire la main après de grandes difficultés. Mais ce qu'ils appellent demi-tour de l'utérus sur son axe, est en réalité un quart de tour seulement ; les face supérieure et inférieure deviennent latérales ; ce qu'ils nomment tour complet, est un demi-tour seulement ; la face supérieure devient inférieure, et l'inférieure supérieure. L'anatomie pathologique n'a pas encore nettement précisé ce qui se passait dans ces déplacements : quels sont les ligaments qui sont déchirés ? quels sont ceux qui étranglent le col ? quelle position prend la matrice dans l'abdomen ? M. Denoc a donné, dans une note ajoutée à ses observations, des détails dont on ne retrouve pas la moindre trace dans les deux observations qu'il a publiées. Sans doute ces détails lui ont été fournis par d'autres faits qu'il aura observés et qu'il faut espérer qu'il publiera ; car, il n'est rien au monde de moins concluant que les deux qu'il a consignés dans le *Journal d'Alfort*.

M. Denoc fit suspendre par les pieds la vache, au moyen de cordes et de poulies, le dos étant alors en bas, et fit repousser le ventre de cette femelle en sens inverse de celui de la torsion. Cette opération, après laquelle on donna seize grammes d'ergot de seigle pour réveiller les contractions de l'utérus, se termina par l'accouchement de deux veaux.

La méthode de réduction qu'il propose est à peu près celle qu'on emploie dans l'inclinaison en bas avec déviation à gauche de l'utérus.

Un cas de torsion, sans analogues jusqu'à présent, est dû à M. Fabry, vétérinaire belge. La rotation de l'utérus était d'un quart de tour ; le col n'était pas tordu, c'était le vagin qui avait éprouvé la torsion. On ne put ni introduire la main ni accoucher.

Dans une note insérée dans le même volume du recueil, page 26 et suivantes, M. Dieterichs, professeur à l'école royale et centrale militaire de Berlin, réclame contre l'expression employée par M. le rédacteur du recueil qui a qualifié de fait nouveau le fait de M. Denoc. Suivant lui, plusieurs auteurs allemands, tels que MM. Schmidt, Vix, Irminger, Schenker et Frike, auraient fait mention de la torsion de l'utérus, et attribué sa production à une chute en arrière sur un plan incliné. Mais M. Dieterichs n'ayant indiqué aucun des symptômes qui caractérisent cette torsion, il ne nous met pas à même d'en juger. Et, avant tous les Allemands possibles, je réclamerai à plus forte raison en faveur de nos compatriotes Boutrolle, Maurin du Cantal, Vieillard jeune, Lecoq de Bayeux, Demazure, Ponchy, etc.

CAS DE DYSTOCIE TENANT A LA MATRICE PROPREMENT DITE.

Je placerai ici : 1° l'inertie utérine ; 2° les déviations ; 3° les hernies ou déplacements ; 4° les ruptures ; 5° les adhérences morbides.

1° INERTIE UTÉRINE. — On désigne ainsi l'affaiblissement de la contractilité de l'utérus, quelle que soit la cause qui l'a produite. Aussi en distingue-t-on une primitive, celle qui se voit chez les femelles épuisées, faibles et grêles ; et une consécutive, qui survient lorsque quelque obstacle ayant empêché le part de s'achever, la matrice s'est épuisée en efforts de contraction.

Causes. — Elles sont, dans le premier cas, la faiblesse de la constitution, l'épuisement par une mauvaise alimentation ou par des maladies antérieures ; la distension excessive de l'utérus, par suite de parturitions nombreuses, de l'hydropisie des enveloppes ou de celle de la matrice, d'une tumeur développée dans le viscère.

L'inertie primitive se reconnaît dès le début du travail, à la lenteur des contractions, au peu de vivacité des douleurs, à l'affaissement des forces de la femelle, et le plus souvent à ce qu'elle est hors d'état de rester debout. Si l'utérus est assez repoussé en arrière pour que la poche des eaux apparaisse, on la trouve volumineuse et peu tendue; s'il est situé plus profondément, on s'assure de ce fait par le toucher. On sent le col dilaté ou facilement dilatable avec la main, mou et flasque; et les titillations pratiquées sur lui avec la main déterminent à peine quelques mouvements de la matrice. Si l'on ouvre la poche pour faire écouler les eaux et pour que l'utérus moins distendu revienne sur lui-même, son action reste toujours peu énergique. Cependant dans le cas d'hydropisie, lorsqu'on fait écouler les eaux de bonne heure, le viscère reprend au bout de quelque temps de la force et de la contractilité.

L'inertie consécutive est produite par toutes les causes de dystocie qui rendent l'accouchement long et pénible et brisent les forces de la mère ; on s'attachera donc à en faire un bon diagnostic.

L'inertie qui persiste après le part achevé n'a pas chez nos femelles les mêmes conséquences graves que chez la femme. L'hémorragie qui en est le principal danger et qui provient chez la dernière de ce que l'utérus ne se resserre pas sur lui-même pour fermer les orifices béants des vaisseaux, n'est point à redouter dans notre médecine. La seule chose à craindre est le renversement du viscère, accident toujours grave et quelquefois funeste, et qui survient lorsque les contractions se réveillent et que le col reste dilaté.

Traitement. — Comme moyens hygiéniques, on s'efforcera de rendre, pendant la gestation, des forces aux femelles épuisées, en cessant de les faire travailler, de leur faire faire de longues marches, de les traire, en les empêchant de nourrir longtemps leur petit, en leur donnant une bonne alimentation, en activant les fonctions de la peau par le bouchonnement, le pansage fait avec soin, etc....

Pendant le travail du part, une fois que l'on s'est assuré de la cause qui a produit l'inertie, si elle n'est pas primitive, on la combat par les différents moyens qui ont été indiqués à propos de chaque article. En fait de causes, je ne citerai ici en particulier que la métrite qui survient dans les derniers temps de la gestation. Cette affection, qui est annoncée par les symptômes ordinaire de l'inflammation de l'utérus, se guérit où du moins, après avoir rendu le part plus long et plus douloureux, cède avec le temps à un traitement bien dirigé. Elle est exaspérée et devient funeste pour le petit et surtout pour la mère si, la méconnaissant, on se hâte de donner des excitants et en particulier du seigle ergoté pour hâter les contractions, dans la persuasion où l'on est que l'on a affaire à une simple inertie. Chez les petites femelles surtout la métrite es souvent mortelle pour la mère et les petits.

Il y a des moyens propres à exciter la contractilité de l'utérus; mais à leur occasion je ferai remarquer qu'on devra bien distinguer l'inertie primitive de la consécutive. Ils conviennent de prime abord dans l'inertie primitive et on peut les donner en plus grande quantité. Dans la consécutive il faut avant tout faire cesser la cause qui empêche la sortie du petit; cela fait, on peut attendre quelque temps, laisser reposer la femelle, lui laisser reprendre quelques forces; après quoi la matrice reprend quelquefois peu à peu son énergie de contraction, sinon on a recours aussi aux moyens excitants et aux irritants mécaniques.

Les boissons excitantes qu'on emploie sont faites avec la matricaire, la rhue, la sabine. Les praticiens actuels préfèrent cependant le vin, la bière, le cidre, suivant les localités, auxquels ils ajoutent aussi du poivre et du sel et surtout le seigle ergoté en poudre donné dans une boisson excitante. Les moyens mécaniques sont les titillations, les irritations du col et de la surface interne de l'utérus pratiquées avec la main.

La règle générale pour le seigle est de ne commencer à l'employer qu'alors que le col a acquis une assez grande dilatation pour que la tête et les membres de devant puissent s'y engager, ou du moins lorsqu'il est assez flasque et assez mou pour qu'on puisse le dilater avec la main.

On en prescrit la dose, pour la vache et la jument, depuis seize jusqu'à trente-deux grammes (demi-once à une once), et de six à huit grammes (un à deux gros) pour la brebis et la chienne de forte taille.

Mais ces doses me paraissent trop fortes, si au lieu de donner le médicament en infusion dans l'eau c'est dans une infusion de plantes excitantes et surtout si on en donne plusieurs doses par jour. Pour n'avoir pas trop d'excitation à produire, il est prudent de réduire ces doses de moitié ou d'un tiers, suivant l'état des femelles.

Le propre de l'ergot de seigle est de produire des contractions utérines qui se succèdent sans interruption, sont fort douloureuses et fort énergiques. On dit qu'elles commencent d'une demi-heure à une heure après l'ingestion du médicament qu'on doit donner en poudre, divisé en deux ou trois doses, administrées de quart d'heure en quart d'heure. J'ai vu quelquefois que cette action ne s'est fait sentir qu'après un temps plus long et lorsqu'on commençait déjà à ne plus y compter et à croire que l'ergot était altéré.

Dans tous les cas, la règle fondamentale est de ne donner le seigle que lorsque : 1° le col est dilaté assez pour que la poitrine puisse le franchir ; 2° ou au moins qu'il soit assez mou, assez dilatable pour se laisser agrandir rapidement sous l'influence des contractions précipitées que cause le seigle ergoté ; 3° qu'il n'y ait aucun obstacle matériel au part ; autrement les violentes contractions utérines amèneraient des ruptures de l'utérus, du col du vagin.

A propos de l'inertie il est bon d'insister sur la nécessité d'être patient et temporisateur. Je reprocherai
aux jeunes vétérinaires de trop se presser, de trop se hâter d'employer les moyens énergiques. Ils ne comptent
pas assez sur les ressources de la nature, ils ne savent
pas attendre, S'il est important en toute chose d'avoir
du calme et de la patience, nulle part cela ne l'est plus
que dans la pratique des accouchements.

Lorsque par les moyens précédents on a hâté le retour et activé l'énergie des contractions utérines, il
convient d'aider au part en tirant sur les membres du
fœtus d'une manière plus ou moins forte en proportion du plus ou moins de faiblesse de la matrice. Là
aussi on se rappellera qu'il faut des ménagements, de
la patience et de la modération ; à moins que quelque
accident grave n'oblige à terminer très rapidement le
part, comme dans le cas où le petit cessse de faire des
mouvements et qu'on peut redouter sa mort, dans
celui où le cordon est enroulé autour de son cou, etc.

Déviations de la matrice.—Elles peuvent se faire
en bas ou sur les côtés ; de là deux espèces. La matrice, au lieu de correspondre, comme dans l'état normal, à peu près à la ligne médiane du corps, se trouve
déviée. On comprend que cela ne doit guère s'observer que chez les femelles unipares, chez lesquelles
l'utérus présente un corps ou renflement principal dans
lequel le petit se développe. Dans les autres, la matrice étant en quelque sorte double, consiste en deux

branches plus ou moins longues, peu susceptibles de changer de position. Cependant dans quelques cas rares, probablement à l'occasion de violences extérieures, les cornes se déplacent et se croisent, ou même se hernient à travers les ligaments larges.

Déviation latérale droite.—La matrice est dans le flanc droit, et le col regarde à gauche. Cette déviation coïncide quelquefois avec une hernie du flanc correspondant, avec un relâchement des muscles de ce côté, avec une accumulation de fécès dans le fond du colon et le rectum. Le diagnostic se tire de l'aspect extérieur et du toucher. A l'extérieur, le flanc droit paraît plus saillant, plus volumineux que le gauche; on y sent superficiellement le fœtus et ses mouvements; à gauche on ne les aperçoit pas, remplacés qu'ils sont par la panse et par les intestins engorgés. Au toucher, au lieu de trouver le col situé horizontalement, il est dirigé à gauche, contre la paroi gauche de l'excavation; au contraire, on sent la matrice inclinée à droite; le doigt enfoncé dans l'orifice au lieu de le parcourir horizontalement, est obligé de se glisser obliquement de gauche à droite.

Déviation latérale gauche. — Elle est fort rare; le corps de l'utérus vient chez la vache se loger sous la panse. Le col regarde à droite. On ne l'a observée qu'à l'occasion de la torsion du col et de l'utérus. Elle offre du reste les mêmes signes, mais en sens inverse.

Ces déviations opposent des obstacles au part, en ce

sens qu'elles ralentissent la dilatation du col. En effet,
quand la matrice se contracte, elle pousse le fœtus
dans le sens du col lorsque celui-ci est à sa place ; mais
s'il est dévié, le fœtus viendra presser sur un autre
point de l'utérus, plus ou moins voisin du col qui, ne
subissant qu'une pression faible, se dilatera peu ou pas
du tout. Quelquefois même il pourra en résulter une
déchirure de la surface de l'utérus sur laquelle se fera
la pression. Ce que je dis des déviations latérales s'applique plus justement à la déviation en bas lorsqu'elle est très prononcée ; car, les premières se réduisent fréquemment par les seuls efforts de contraction
qui, en chassant le petit, rendent au col et à l'utérus
leur position normale.

On peut suivre trois procédés pour réduire ces déviations : 1° faire appuyer les mains d'un aide sur le
côté du ventre où la matrice est déviée; introduire une
main dans le vagin, pénétrer dans le col, le ramener
en sens inverse, accrocher les membres du petit et les
engager. Ce procédé est le plus simple. On doit l'essayer d'abord, mais il ne réussit pas toujours. 2° Des-
palens, vétérinaire suisse, conseille le même procédé,
mais après avoir fait coucher la femelle sur le dos, ce
qui a pour avantage de rendre l'utérus plus horizontal.
Seulement il a tort de ne pas faire appuyer par un
aide sur le flanc droit. 3° Le troisième procédé est le
plus sûr. Il consiste à faire coucher la femelle sur le
côté opposé à la déviation, en lui faisant un lit de

paille qui présentera un enfoncement, une dépression très marquée dans la place que doit occuper le flanc gauche, afin que, l'abdomen n'étant pas comprimé de ce côté, l'utérus puisse y tomber et abandonner ainsi le flanc droit. Ceci s'applique à la déviation droite.

L'observation de M. Denoc offre beaucoup de ressemblance avec la déviation latérale droite, compliquée de déviation en bas. Du reste, le traitement est le même.

Déviation en bas. — J'en ai traité ailleurs; le ventre est affaissé, pendant, fort bas; la main sent le col profondément situé et regardant en haut; le vagin est allongé et plus étroit (Voir mon livre à la page 188-190). Le traitement est simple, il consiste à relever le ventre. La vache le fait quelquefois instinctivement en se couchant sur le ventre. Mais si la mère persiste à rester debout, on fait élever le ventre à l'aide d'un fort drap plié en huit et soulevé de chaque côté par deux aides; à mesure que le corps de la matrice se relève, le col s'abaisse, et l'organe entier reprend son horizontalité. Des douleurs fortes s'établissent, le fœtus s'engage; sinon on va à la recherche de ses membres qu'on engage dans le passage et sur lesquels on tire. Si on ne peut atteindre le veau, l'utérus étant situé trop profondément, on fait coucher avec précaution la femelle, et on la renverse sur le dos après lui avoir lié les pieds. C'est la manière la plus certaine de rendre l'utérus horizontal, et de le rapprocher assez pour que la main puisse arriver jusqu'au fœtus.

Les vaches qui présentent cette déviation étant en général âgées, lourdes, souffrant de l'éloignement des pâturages, et leurs accouchements étant laborieux et quelquefois funestes quand ils ne sont pas convenablement dirigés, il faut conseiller de les réformer et de les engraisser pour la boucherie.

Lorsque l'utérus est ainsi dévié en bas, il forme une sorte de poche plus ou moins profondément placée au-dessous du bord du pubis, qui établit ainsi un obstacle à la progression du fœtus, lequel vient s'arrêter contre ce bord. C'est ce qu'on verra dans les observations de M. Schaack, que je donne telles qu'il me les a transmises. Le pli transversal dont il est question, c'est la portion de l'utérus qui recouvre le pubis; en avant de cette bride se trouve la poche formée par le viscère dévié en bas.

M. Schaack a vu trois fois le part rendu difficile par une sorte de bride formant à la face inférieure de l'utérus et en avant du col un pli transversal qui rétrécissait considérablement la cavité du viscère. Ce rétrécissement établissait en poche dans laquelle les parties antérieures du fœtus étaient contenues et l'empêchaient de pénétrer dans l'excavation. Sur deux de ces vaches le veau était renversé, c'est-à-dire en position dorso-pubienne. On obtient les membres et la tête du premier qu'on lie, et par des tractions fortes et soutenues le part s'opère; mais un quart-d'heure après la femelle se couche, éprouve des tremblements nerveux, des convulsions des muscles du globe et des membres et meurt. On l'autopsie six heures après sa mort; on trouve du sang épanché dans l'abdomen, et formant un gros caillot; il s'en est infiltré dans les tissus qui entourent le pubis. La forme de la matrice est rétablie, la muqueuse intacte, mais en dessous se montre une déchirure de forme triangulaire, comprenant l'enveloppe séreuse et le plan fibreux; le lambeau est libre du côté du vagin. Elle a quinze centimètres de long sur dix de large. Dans cette solution de continuité, on trouve béantes deux grosses branches artérielles qui avaient été rupturées. Nulle autre lésion ne se fait apercevoir. Deux cas semblables de déviation de l'utérus s'étant présentés, M. Schaack plaça les vaches sur le dos; le part s'accomplit avec quelques difficultés, mais sans accident. On doit tirer de ces faits l'indication de soulever le ventre le plus possible en avant du pubis, au moyen d'un drap de lit replié plusieurs fois sur lui-même, pour porter le fœtus à la hauteur de l'excavation, si l'on craint de coucher la femelle et de la renverser sur le dos.

DES HERNIES DE LA MATRICE.—Les hernies ventrales, quelles qu'elles soient, sont des causes de dystocie, puisque toutes témoignent du relâchement des ouvertures naturelles de l'abdomen, de l'éraillement ou de l'affaiblissement des fibres des parois musculaires. Par conséquent, ces parois auront moins d'énergie pour se contracter pendant ce travail; les hernies pourront augmenter de volume, et les douleurs qu'elles causeront seront une nouvelle cause qui empêchera la contraction des muscles et même celle de la matrice. De plus, il s'établit souvent des adhérences morbides entre les viscères herniés et la matrice ou ses annexes; nouvelle source de difficultés.

En conséquence, il est bien de réformer et de ne pas livrer à la reproduction les femelles atteintes de hernies des viscères abdominaux : si ce conseil n'a pas été suivi ou que la hernie se soit produite pendant la gestation, ménager les efforts de la femelle pendant le travail; appliquer un bandage contentif sur les hernies ou les faire maintenir réduites par les mains d'un aide.

Les hernies de l'utérus ont bien plus de gravité que les précédentes; elles présentent quelques différences, suivant qu'on les observe chez les femelles unipares ou chez les multipares.

1° *Hernies utérines des femelles unipares.* — L'utérus sort à travers les parois inférieures de l'abdomen, en avant des pubis, sur les bords de l'attache des muscles sterno-pubiens ou droits de l'abdomen, à droite plutôt qu'à gauche; c'est à tort que quelques praticiens ont pensé que ces hernies se faisaient par l'arcade crurale.

Elles reconnaissent pour cause prédisposante un affaiblissement des parois abdominales, et pour cause déterminante un effort violent, une contusion, un coup, une violence extérieure.

Le péritoine leur forme une enveloppe dans la plupart des cas ; quelquefois cependant il est déchiré, et l'utérus est directement en rapport avec le tissu cellulaire de la région. C'est sans doute à la suite de coups, de violences, qui ont déchiré les muscles et produit des efforts très violents, qu'il y a eu ainsi rupture du péritoine.

Après s'être échappé de l'abdomen, l'utérus, chez la vache, vient se loger au-dessus des mamelles qui, étant volumineuses, rapprochées par leur base, ne forment qu'une seule masse et un plancher solide sur lequel le viscère hernié repose.

Diagnostic. — Une tumeur apparaît assez brusquement au dessus ou sur les côtés des mamelles sans maladie de ces glandes ; elle s'accroît considérablement au point d'abaisser les mamelles jusqu'à peu de distance du sol : la tumeur gêne la marche, la vache tient les membres de derrière écartés et surtout le membre vers lequel elle est plus particulièrement dirigée. Cette tumeur ne s'accompagne pas de rougeur de la peau et de douleurs, on peut la faire remonter dans l'abdomen et la réduire en partie. Le toucher permet de reconnaître le fœtus qui y est contenu et dont on sent la tête, les pieds ou le corps ; s'il est vivant on distingue ses mouvements que l'on provoque par la pression ou par l'application de corps mouillés et froids.

Je vais présenter en extrait les principales observations que nous possédons sur ce sujet. La première est celle de **M. Maurin**, du Cantal, dont j'ai parlé (page 190). A l'époque du part, les eaux s'étant écoulées et le veau ne se présentant pas, le vétérinaire introduisit la main et s'assura de sa position qu'il compare à celle d'un chien assis sur ses fesses, la tête seule étant accessible à la main ; il fit soulever la région hypogastrique à l'aide d'un drap plié en forme de sangle et soulevé par par deux aides ; ayant saisi fortement la tête il eut beaucoup de peine à la faire sortir à travers l'écartement des muscles de l'abdomen ; le train postérieur y restait engagé. Néanmoins l'accouchement fut terminé une demi-heure après ; le veau fut élevé artificiellement et la mère sacrifiée le lendemain comme hors d'état d'être portière. L'autopsie apprit qu'il existait aux muscles abdominaux une large ouverture au travers de laquelle l'utérus était engagé presque en entier.

Lecoq de Bayeux (*Mémoires de la société du Calvados*, n° 6, p. 61) en a observé aussi un cas. Appelé pour aider une jument en travail de part, l'introduction de la main lui apprit que le poulain était assis sur les mamelles, ayant le corps plié en arc, le dos et les lombes en rapport avec la région sacro-lombaire de la mère, et la tête dirigée en avant. Sa main put à peine atteindre au grasset du poulain sans le saisir. Il se servit en vain de la queue pour le relever au niveau de l'orifice. N'ayant en sa possession ni crochet-mousse ni repoussoir, il eut recours à un fort garçon de ferme qui put saisir un des jarrets pendant qu'à travers les parois de l'abdomen il repoussait l'autre membre du poulain. Il parvint à fixer un lacet autour du premier jarret, en tirant sur lui il amena l'autre et le lia, l'accouchement se fit donc par le derrière dans la position dorso-lombaire. Lecoq ne dit pas si le poulain était vivant, et ce qui étonne de la part de ce praticien, pour l'ordinaire exact dans ses descriptions, c'est son silence au sujet de la tumeur de la mamelle et des suites de ce part.

Il assista comme consultant à un deuxième part de ce genre, dans lequel le veau et la mère succombèrent tous deux.

M. Favre en cite trois que j'ai déjà mentionnés ailleurs.

Comme on le voit les hernies de ce genre sont bien constatées. Une seule fois le petit et la mère furent sauvés; c'est à M. Maurin qu'en revient l'honneur. Trois fois ils succombèrent tous les deux; dans les deux autres cas nous manquons de renseignements précis.

Les cas de M. Maurin et de Lecoq prouvent que le part n'est pas impossible, et par conséquent il faut toujours tenter de l'obtenir. Quelle est la meilleure position à donner à la bête? A mon avis c'est le décubitus sur le dos, après avoir mis des entraves aux quatre membres, la tête et l'encolure étant fortement relevées à l'aide de bottes de paille, la croupe étant aussi élevée de la même façon, de manière à mettre les parois de l'abdomen dans un relâchement complet et en même temps à rapprocher l'utérus de l'excavation pelvienne. On peut encore augmenter ce rapprochement en faisant presser d'avant en arrière sur le ventre par les mains d'un aide. Dans cette position on abordera facilement le fœtus et on devra trouver moins d'obstacles à le faire passer à travers l'ouverture des muscles de l'abdomen. Le reste du mécanisme n'offre rien de bien particulier. Et même ne pourrait-on pas, si les muscles de l'abdomen apportaient trop d'obstacles au dégagement des membres, faire une incision de la peau, mettre ces muscles à découvert, les inciser couche par couche et avec précaution, en évitant de blesser le péritoine. On aurait ainsi une large ouverture qu'on réunirait ensuite par première intention au moyen de la suture.

Si l'on ne pouvait pas terminer l'accouchement par la position sur le dos que j'ai indiquée, la seule ressource serait l'opération césarienne. Elle serait ici plus facile puisque l'utérus est presque tout entier à l'extérieur; on n'aurait à couper que la peau et le tissu cellulaire sous-cutané qui entoure les glandes mammaires pour arriver sur l'utérus hernié. Il ne faut pas attendre trop longtemps pour s'y décider, si l'on veut obtenir le fœtus vivant.

Si le petit est mort il n'y a pas à hésiter; il faut saigner la femelle pour tirer parti de la viande. Les mêmes considérations s'appliquent à la chèvre et à la brebis.

Si c'est une jument, même conduite à tenir dans le cas où le petit est vivant. S'il est mort, comme la chair de la femelle n'a aucun prix, il faut tenter l'extraction du fœtus par l'incision de la tumeur herniaire, dans l'espérance, peu probable, il est vrai, de sauver la mère.

2° HERNIES DE LA MATRICE CHEZ LES FEMELLES MULTIPARES. — Ici ce n'est plus l'utérus lui-même, ce sont les cornes qui se hernient. Ces cornes sont appendues aux lombes par une duplicature du péritoine, de la même manière que les intestins grêles le sont par le mésentère, et comme ces derniers elles sont libres, flottantes et susceptibles de déplacements. Une ou quelquefois toutes les deux se hernient à la fois ou successivement. Elles sortent aussi entre les fibres des muscles droits de l'abdomen, près de leur insertion au pubis et non à travers l'arcade crurale.

On rencontre là les causes ordinaires des éventrations, des pressions fréquemment renouvelées du ventre sur un corps dur et saillant, des chutes de lieux élevés, des contusions, des coups de pied, le poids des cornes. On comprend que cette dernière cause pour être efficace suppose que les parois de l'abdomen ont été amincies, rendues plus faibles au point de se laisser écarter. Ce que je dis là s'applique, au reste, davantage aux éventrations des grandes femelles unipares.

Dans ces dernières, la hernie s'opère presque toujours pendant la gestation ; dans les multipares, c'est plus souvent pendant la vacuité, hors de la grossesse. Elle ne s'oppose pas à la fécondation de l'ovaire de ce côté, jusqu'auquel le sperme continue à parvenir; je dois dire cependant que j'ai vu des chiennes et des chattes qui étaient devenues stériles à partir de l'époque où cette infirmité s'était établie chez elles.

Une fois sortie de l'abdomen, la corne peut se fixer dans deux siéges différents, sur les mamelles ou dans une des lèvres de la vulve, ce qui est plus rare. Elle est logée là dans le tissu cellulaire sous-cutané lâche et abondant, sous la peau qui est souple, extensible et mobile.

Voici les symptômes : une tumeur apparaît et se développe en un des points indiqués; elle s'y accroît successivement; elle est molle, pâteuse, offre des saillies et des renflements; la peau n'offre ni rougeur, ni chaleur; la pression y développe un peu de douleur; il n'y a ni fièvre, ni aucun des dérangements qui accompagnent la fièvre. A mesure que la tumeur se développe, la peau s'amincit et prend la teinte rose pâle; de la fluctuation s'y fait sentir; les mouvements du fœtus deviennent sensibles à la main.

On distinguera cette tumeur du squirrhe des mamelles. Ce dernier forme une tumeur dure, bosselée; la hernie est molle et pâteuse, et les bosselures qu'elle offre sont aussi molles et pâteuses. Ces bosselures sont produites par du tissu adipeux, développé dans le ligament péritonéal de la corne herniaire et surtout par les fœtus. Du reste, on suit la corde formée par ce ligament, dans l'intervalle d'une mamelle à l'autre, et jusqu'au point où elle s'enfonce dans l'abdomen. Le squirrhe se développe lentement, la hernie utérine se développe rapidement, lorsqu'il y a eu conception. Dans le premier cas, les ganglions lymphatiques de l'aine s'engorgent, ce qui n'a pas lieu dans le deuxième cas.

Le *Journal d'Alfort* (mai 1844) donne une observation de fœtus développé dans une corne qui était herniée et placée sur la dernière mamelle gauche. Il s'agit d'une chienne de race anglaise, âgée de sept à huit ans, qui portait depuis plusieurs années une tumeur du volume d'une noix, dure et résistante au toucher, indolente. Après une copulation, la tumeur commença à prendre du développement; trois mois et demi plus tard, elle devint douloureuse, gêna la marche; la bête était souffrante, triste, avait peu d'appétit et maigrissait. La faiblesse augmenta; la marche était chancelante, il y avait fièvre, respiration tremblottante et plaintive; la tumeur est douloureuse à la pression. On diagnostique un squirrhe marchant au ramollissement ou une hernie ventrale.

La chienne mourut. A l'ouverture, on trouva la partie gauche de l'utérus herniée et contenant un fœtus mort parfaitement développé, mais en putréfaction. L'ouverture qui donnait passage à la hernie avait trois centimètres d'étendue, était circonscrite par un bourrelet fibreux résistant et une bride aponévrotique qui étranglait l'utérus.

Quant au traitement, je dirai qu'il ne faut pas compter sur la réduction de ces hernies; je l'ai tentée quatre fois sans succès dans la chienne. Le viscère hernié adhère de toutes parts au tissu cellulaire et au contour de l'ouverture qui lui a donné passage.

Lorsqu'on a, par erreur ou autrement, ouvert la corne, la femelle succombe en général, non pas à l'étranglement comme on l'a dit, mais à une inflammation souvent suivie de gangrène, causée par le contact de l'air extérieur.

La conduite la plus sage me paraît être de faire l'excision de la partie de l'utérus hernié. On met la corne à découvert par une incision de la peau, on la lie près de son entrée dans l'abdomen et on fait l'excision de la partie située à l'extérieur.

On la distinguera bien aussi d'un abcès ancien. Mais la tumeur s'accroît rapidement, et cependant il n'y a aucun symptôme local d'inflammation et pas de fièvre; au milieu de la fluctuation on sent des bosselures et des parties saillantes, ce qui n'a pas lieu dans les abcès; cependant l'erreur est quelquefois possible. Une chienne de Brie, encore jeune, portait à la vulve une tumeur que son maître avait ouverte avec un canif, croyant avoir affaire à un abcès. Il s'était établi une plaie fistuleuse, d'où s'écoulait une humeur visqueuse. J'en fis le débridement; je trouvai au-dessous de la peau un second tissu ayant quelque analogie avec elle, et à la face interne duquel adhérait un réseau vasculaire rouge brunâtre, qui se détachait en partie avec le bout du doigt, et ensuite une espèce de vessie déjà légèrement perforée et transparente, semblable à l'enveloppe d'un kyste. L'ayant ouverte, il s'en écoula des eaux et un fœtus qui pouvait être âgé de trois ou quatre semaines.

J'essayai de réduire la corne herniée, mais ce fut inutilement; elle avait contracté des adhérences solides avec le tissu cellulaire. La bête périt le lendemain, et l'autopsie m'apprit que cette hystérocèle s'était formée à la suite d'un éraillement des fibres du muscle sterno-pubien du côté droit, à environ trois centimètres en avant de son insertion au bord du pubis.

C'est le seul cas que je connaisse d'hystérocèle, développée dans la vulve.

DES SOLUTIONS DE CONTINUITÉ DE LA MATRICE QUI FONT NAÎTRE DES DIFFICULTÉS POUR LE PART.

Celles-ci peuvent consister en de simples ruptures ou déchirures, en des plaies directes et des ulcérations suivies de perforation.

1° RUPTURE OU DÉCHIRURE. — Lorsque cet accident a lieu, il peut porter sur divers points des parois de l'utérus; le plus souvent dans son fond ou dans celle des cornes qui contient un des fœtus quand le part est double; ou enfin, en avant, près de son orifice, vers le fond du vagin. Cet accident arrive pendant la gestation, avant l'époque du part, pendant le travail du part, ou bien très peu de temps après, et est suivi du renversement du viscère.

RUPTURE DE L'UTÉRUS PENDANT LA GESTATION, AVANT L'ÉPOQUE DU PART. — Pendant son état de vacuité, cachée en quelque sorte dans le bassin quant à son corps, et abritée par les autres viscères de l'abdomen en ce qui concerne ses appendices, la matrice est rarement atteinte par les agents extérieurs; elle échappe à l'action des corps contondants et à celle des autres causes externes. Il n'en est pas de même pendant la gestation : le volume qu'elle acquiert à proportion du développement du fœtus; la position qu'elle prend près du flanc droit et des parois inférieures du ventre la rendent accessible à l'action des causes vulnérantes. La plupart de ces causes se bornent à la vérité à produire le trouble de ses fonctions, à faire périr le fœtus, à déterminer l'avortement. Dans quelques cas cependant ces causes produisent sa rupture d'une manière directe et immédiate, ou après avoir fait naître l'inflammation d'un ou quelques points de son tissu, lui avoir fait perdre la force de cohésion de ses fibres. Le fait suivant, qui nous fut communiqué en 1813 par le vétérinaire Morier, en fournit la preuve. Demandé pour une vache qui était parvenue au huitième mois de sa portée, on lui apprit qu'elle avait fait une forte chute quelques jours auparavant, et que depuis quelque temps elle éprouvait de fortes coliques, qui l'avaient plusieurs fois forcée de se jeter sur sa litière et s'y rouler avec violence. Son ventre était énormément volumineux; le flanc gauche s'élevait et s'abaissait alternativement, tandis que le flanc droit, aussi fort élevé, restait immobile. La percussion du ventre ne rendait pas le son clair de la tympanite, mais, dit ce vétérinaire, celui que l'on obtient quand on frappe une vessie pleine de liquide. On percevait facilement le flot en percutant et pressant la matrice à travers les parois du rectum dans lequel le bras était introduit. Le veau ne fait aucun mouvement; on soupçonne qu'il est mort, et on diagnostique une hydropisie de l'amnios avec complication d'un embarras gastrique. (Indigestion chronique.)

La vache a perdu l'appétit, ne rumine pas; ses matières fécales sont sèches, recouvertes de mucus; les urines, d'abord rares, ont cessé de couler depuis trois jours; on parvient à les évacuer au moyen de l'algalie et en repoussant en avant l'utérus; elles sont chaudes et foncées en couleur. La respiration se presse ainsi que le pouls; la malade semble vouloir se poser sur sa litière, et n'ose le faire. M. Morier propose de provoquer l'avortement pour le salut de la mère; son avis n'est pas goûté. On appelle un guérisseur, qui ordonne un purgatif. La vache meurt environ vingt-quatre heures après.

A l'ouverture, à laquelle M. Morier assiste, il s'écoule du ventre près de quarante litres d'un liquide jaunâtre, onctueux, albumineux. Le veau est dans le sac péritonéal; il s'est échappé de l'utérus à la faveur d'une rupture de la corne droite. Le vétérinaire juge la rupture récente sans en décliner les motifs. Il est à regretter qu'il ne se soit pas expliqué sur l'état pathologique des parois du viscère, des enveloppes du veau et sur l'état du veau lui-même.

Une observation sur le même sujet a été publiée par M. Vatel, alors professeur à l'école d'Alfort. Il y est fait mention d'une vache, âgée de huit ans, maigre et souffrante, achetée depuis cinq ans, et dont les antécédents sont inconnus, qui rendait par la vulve des matières glaireuses, sanguinolentes, sans mauvaise odeur, et qui avait de la diarrhée. En lui palpant le ventre, on reconnut du côté gauche un corps dur et résistant, qui parut être le veau. Du reste, cette vache ne faisait aucun effort semblable à ceux du part. Elle mourut le lendemain. Le ventre contenait environ quinze litres de sérosité sanguinolente; l'utérus avait contracté des adhérences avec l'épiploon. Le veau, encore dans ses enveloppes intactes, repose sur les parois inférieures de l'abdomen. La matrice, qui a conservé sa position normale, est retirée sur elle-même et déchirée depuis son col jusqu'au milieu de sa corne gauche. Les bords de cette déchirure sont rouges et tuméfiés; les parois du viscère ne montrent pourtant aucune trace d'inflammation. Des caillots de sang sont trouvés dans l'abdomen.

Quoique ce fait, observé avec soin par M. Vatel, établisse que la rupture de l'utérus puisse exister sans l'inflammation de ses parois, l'analogie porte à croire que cette inflammation existe généralement, et que c'est elle qui fait perdre aux fibres du viscère leur force contracteil, et par conséquent leur résistance; qu'en un mot, elle est le plus souvent une cause prédisposante de la rupture.

RUPTURE PENDANT LE PART. — Les observations qui ont été publiées sur ce sujet commencent à devenir nombreuses. La première à ma connaissance se trouve dans le troisième volume de la *Correspondance de Fromage* (p. 179), et appartient à M. Aufre de Cormeilles (Eure) : Une vache faisait depuis deux jours des efforts pour mettre bas; l'appétit était nul, le pouls faible, le mufle sec, le ventre un peu distendu. En faisant flotter le flanc droit, on entendait un gargouillement considérable. En touchant le ventre, on reconnut que le veau avait changé de position, et s'était porté vers le diaphragme. La vulve est flétrie, le col de l'utérus resserré ne permet pas l'introduction de la main; aucun effort d'expulsion ne se montre, bien que la vache soit à terme. Les forces s'affaissent, le pouls s'efface et la mort survient du troisième au quatrième jour. A l'autopsie, on trouva les eaux de l'amnios épanchées dans le ventre; le veau s'était échappé de la matrice par une solution de continuité qui existait vers son fond. La corne gauche était aussi rupturée presque jusqu'à moitié de sa longueur. On apprit pour tout commémoratif que deux jours avant l'arrivée du vétérinaire, la bête avait fait de violents efforts pour véler, et qu'un guérisseur avait été appelé pour lui aider. L'intervention de ce personnage avait sans doute aidé à la rupture.

Lecoq de Bayeux rapporte trois faits de rupture suivis de mort (*loco citato*, n° 6, pag. 98). Dans deux cas, la déchirure était survenue spontanément; dans le troisième, elle avait été produite par un des crochets dont on s'était servi pour extraire le veau. Elle avait lieu à la paroi supérieure du viscère; dans un autre cas, elle était sur le côté gauche, et assez grande pour permettre l'introduction du bras; et dans le dernier, à la paroi inférieure; cette dernière offrait une particularité qui mérite d'être signalée. Au moment où les épaules du veau franchissaient le détroit antérieur du bassin, la vache fit entendre deux ou trois beuglements plaintifs, que l'on attribua à la douleur que causait le passage du fœtus. Le part semblait heureusement terminé. Cependant le lendemain on fit appeler le vétérinaire, qui trouva la vache debout, triste, ayant la respiration fréquente et plaintive, le pouls petit, vite et dur, les pupilles dilatées, les conjonctives injectées, le mufle sec, les mamelles affaissées, le ventre douloureux, avec quelques coliques. On diagnostiqua une phlegmasie de l'utérus, du péritoine et des intestins. Saignée qui donne un sang noir et filant, tisanes émollientes, *injections de même nature dans le vagin*, sachet de son cuit sur les lombes. La vache meurt vingt heures après, et on trouve une déchirure d'environ douze centimètres de diamètre à la face inférieure de l'utérus.

La rupture de la matrice pendant le part ne constitue pas toujours un accident mortel. On a pu, le veau étant même engagé à travers l'ouverture accidentelle et contenu en partie dans la cavité du péritoine, le retirer par les voies naturelles et sauver la mère. On lit dans le *Journal philosoph.* (novembre 1802) le fait suivant, observé par Chapmann : « Pendant qu'une vache était en travail, on entendit un bruit semblable à celui d'un déchirement, et l'on s'aperçut bientôt que le veau avait été poussé dans la cavité de l'abdomen ; on enfonça le bras jusqu'à l'épaule, et l'on retira bientôt les pieds dans la matrice. Après quelques efforts de la part de la vache, elle mit bas, mais la matrice sortit avec le veau. Cet organe était entièrement renversé et avait une grande déchirure oblique vers son fond. On en fit la réduction facilement. Au bout de deux jours, la bête fut renvoyée au pâturage ; six semaines après, elle était tout-à-fait rétablie. Elle donnait tous les jours un gallon de lait. »

Mais il arrive que ce n'est qu'après que le part a eu lieu qu'on s'aperçoit de la rupture de l'utérus, qui est chassé au dehors et renversé. Le vétérinaire Saussol aidait au part d'une vache ; le délivre sort peu de temps après, le travail paraît achevé. Une demi-heure s'est à peine écoulée que la femelle éprouve de fortes coliques, se couche, se roule, se relève pour se coucher de nouveau, frappe le râtelier avec les cornes, mugit, regarde souvent son ventre, trépigne, rapproche ses membres, vousse son dos, et se livre à des efforts expulsifs incessants. Elle est furieuse, il y a danger à l'approcher; enfin, la matrice est chassée audehors, renversée sur elle-même, et on s'assure qu'elle offre dans sa paroi inférieure une déchirure d'environ trente centimètres. On réduit, bien qu'avec quelques difficultés; un bandage contentif est appliqué, qu'on retire trois jours après; la femelle est calme. Dix-huit mois s'écoulent et elle vêle de nouveau sans accident.

Résumons l'histoire de ces ruptures. Les unes se font immédiatement, sans que la matrice ait besoin d'y être préparée; c'est par l'action des crochets ou des divers instruments dont on se sert dans la dystocie. Peut-être lorsque l'utérus est très volumineux par suite du développement de plusieurs fœtus, ou pour toute autre cause, lorsque le part est rendu laborieux par quelque obstacle qui s'oppose à la sortie du petit, que les efforts expulsifs sont très violents; à la suite d'indigestions, de coliques violentes; peut-être, dis-je, que la rupture peut s'opérer aussi sans qu'il y ait eu de maladie antécédente de l'utérus: de même lorsque des violences extérieures énergiques, des coups, des chutes agissent sur lui. En général, la rupture a été précédée d'une inflammation de l'utérus, qui a ramolli ses parois, qui les a rendues plus minces, plus friables, soit à la suite de coups, de contusions de tout genre, soit par une phlegmasie utérine de cause interne, et alors la rupture s'opére pendant un part ordinaire.

Symptômes. — La rupture s'opérant pendant le part, le commémoratif donne des renseignements sur les causes qui ont précédé. Ce travail a été plus ou moins précipité, violent; puis il s'est arrêté brusquement, et la femelle est tombée dans un état d'abattement. Quelquefois on a pu entendre un bruit particulier avant que le travail ne cessât. La poche des eaux a pu se former avant la rupture, et les eaux s'écouler à l'extérieur, ce qui est avantageux en prévenant l'épanchement dans le péritoine, ou du moins en le rendant moins considérable. Le col est aussi plus ou moins dilaté, suivant que le travail du part a duré plus ou moins longtemps; il est dur, résistant, et son orifice étroit, si le part ne faisait que commencer. Il y a nécessairement épanchement de sang dans le péritoine; ce sang ne tarde pas à se coaguler; et si les enveloppes sont rompues en même temps, il se fait en outre un épanchement de sérosité; dès lors le ventre, qui s'était déjà abaissé, se forme en boule, en même temps que le flanc droit, qui n'est plus soutenu, se creuse. La percussion donne un son mat vers la partie renflée du ventre, ou pour l'ordinaire on obtient de la sonorité, parce que c'est là que sont refoulés les intestins;

la pression de bas en haut fait sentir une plus grande résistance à cause de l'épanchement.

On explore ensuite le flanc droit qui est la région qu'occupe plus particulièrement le fœtus. Si on l'y sent distinctement, on est sûr qu'il est encore contenu dans l'utérus ; on s'assure s'il est vivant, et comme dans ces cas-là il a peu de vigueur, il faut chercher à provoquer ses mouvements par l'application du froid et surtout par des pressions réitérées exercées sur la partie même par l'intermédiaire de la peau, et plus immédiatement par l'introduction de la main dans le rectum. Si le petit est sorti de l'utérus, c'est vers la partie la plus déclive du ventre, vers le diaphragme qu'on le trouve. On le reconnaît à sa forme, à sa dureté plus considérable, à son absence dans le flanc droit qui est profondément affaissé et creusé.

L'introduction de la main dans la cavité utérine, après dilatation préalable et forcée du col, s'il est encore fermé, permet aussi de vérifier la présence du fœtus et son état de vie ou de mort, l'état des membranes et des eaux et l'absence des contractions utérines qui cessent complètement après la rupture. En même temps on a les symptômes généraux de l'abattement de la femelle, de chute des forces, de tristesse.

Si la rupture de la matrice date de quelques temps, une journée par exemple, l'inflammation du péritoine s'est développée. La péritonite se forme très rapidement à la suite des épanchements, ainsi qu'on le sait, et les coliques qui se montrent naissent de cette cause. La vulve est ridée, flétrie; le vagin est rouge, irrité; le ventre est tombé, tendu, très douloureux et difficile à soulever; il y a matité générale à la percussion; brisement des forces à un degré considérable; fièvre avec pouls très petit, serré, dur et de plus en plus filiforme; la respiration est très accélérée, et anxieuse à un haut point.

Ces derniers symptômes peuvent être ceux d'une métro-péritonite qui se serait développée spontanément pendant le part sans être accompagnée de rupture de l'utérus. On distinguera cependant ces deux maladies : la métro-péritonite est rare à cette époque, elle ne se forme pas ainsi subitement pendant le travail du part, elle ne marche pas aussi rapidement, elle ne s'accompagne pas du déplacement du fœtus. La femelle reste généralement debout dans la rupture de l'utérus; elle est couchée dans la métro-péritonite; ce dernier symptôme se retrouve évidemment lorsque la péritonite s'est déclarée à la suite de l'épanchement.

Lorsque la péritonite s'est déclarée à la suite de la rupture, la femelle offre les symptômes suivants : de vives coliques, une agitation extrême, la prostration des forces, l'affaissement des formes, la dilatation des pupilles, le refroidissement du corps, l'état misérable du pouls. La mort survient en deux ou trois jours au plus tard.

La rupture de l'utérus peut n'être aperçue qu'après

le part, à la suite d'un renversement; l'accouchement s'étant terminé spontanément ou par les efforts de l'art. Ce cas est plus facile à constater, les symptômes sont évidents, on a la déchirure sous les yeux. La suite en paraît aussi moins grave, on le comprend; il ne se fait pas d'épanchement dans le péritoine, ou s'il s'en fait, il est peu considérable; les femelles n'étant pas sujettes comme la femme à ces écoulements de sang, à ces lochies qui persistent pendant plusieurs jours après les couches.

Le vétérinaire Saussol a eu une guérison complète, telle même que la vache a pu véler sans danger dix-huit mois après. Cette observation est importante en ce qu'elle prouve la possibilité d'une guérison sans danger pour un nouveau part.

Traitement. — Il faut s'attacher à prévenir l'inflammation qui se fait dans le tissu de l'utérus, après que quelque cause extérieure l'a meurtri, irrité. Les évacuations sanguines, les émollients en topiques, les fomentations, la diète et les boissons émollientes ou narcotiques sont ici indiqués.

Lorsque le part se déclare, il faut l'abréger autant que possible, dilater le col avec la main pour peu qu'il y ait du retard, mettre le petit en bonne position s'il ne l'était pas, et l'extraire en tirant sur lui, pour aider à la matrice.

Si le col se laissait dilater difficilement par la main, on l'inciserait, tant il est important, lorsque la rupture est faite, de terminer rapidement le part. Il est bien évident aussi que dans ce cas, plus que dans tous les autres de la dystocie, il faut très rapidement remplir toutes les indications que les parts laborieux peuvent présenter,

Lorsque le fœtus est tombé dans l'abdomen pendant le part, et qu'on ne peut l'extraire par les voies naturelles, s'il est encore vivant, on se hâtera de pratiquer l'opération césarienne qui donnera au moins la chance de le sauver.

Lorsque la rupture date de quelques temps; que la femelle, après avoir eu des douleurs, est tombée dans cet état d'affaissement caractéristique; que le fœtus est descendu dans le ventre et est mort, il n'y a rien autre à faire qu'à sacrifier la mère dont la mort naturelle arriverait en deux ou trois jours.

Lorsque le renversement de la matrice complique la rupture, on extrait le placenta avec soin et en faisant saigner le moins possible; après quoi on réduit et on contient par les bandages ordinaires. J'ai cité un cas de guérison.

DES ADHÉRENCES MORBIDES DE L'UTÉRUS.

Je commencerai par en donner deux observations, une de moi, une de M. Gellé, de Toulouse : Une vache de sept à huit ans, d'une maigreur extrême, portait une hernie au flanc droit. Quand je la vis, le travail durait

depuis la veille, et les eaux avaient été rendues après
des tentatives opérées par un guérisseur. Couchée sur
sa litière, elle se livrait continuellement à de violents
efforts. Je parvins à la faire lever pour l'explorer. Le
col resserré sur lui-même permettait à peine l'introduction des doigts, et il fallut le débrider pour y faire
passer la main. Le veau était vivant, très faible, un
des membres de devant se présentait, l'autre restant,
fléchi en arrière, et la tête courbée au-devant des
pubis. Ces parties furent successivement dégagées; le
petit était en position dorso-lombaire. Des lacets, appliqués aux mâchoires et aux membres permirent de tirer
sur le petit pendant que la mère se livrait à des efforts
expulsifs: je recommençai plusieurs fois sans pouvoir
faire avancer la tête; enfin la mère poussa des mugissements plaintifs, eut des grincements de dents, la
respiration prit de plus en plus de fréquence, le corps
se couvrit d'une sueur froide, l'œil devint terne, les
efforts du part s'arrêtèrent brusquement et la femelle
mourut au bout de quelques instants.

A l'autopsie nous trouvâmes que la tumeur herniaire située au flanc droit et constitué par l'épiploon
adhérent dans ce point, envoyait un cordon fibreux;
épais et peu extensible, qui passait sur la face supérieure de l'utérus, le comprimait et l'empêchait de se
dilater.

Je possède une observation analogue, qui fut recueillie dans le temps par deux élèves de cette école,

sur une vache d'un habitant de la campagne. Un cordon, une espèce de bride, ceignait l'utérus un peu en avant de son col, il était gros et très résistant, et formé aux dépens des ligaments latéraux de la matrice. Le petit ne put jamais être extrait et la mère mourut.

M. Gellé a rapporté un cas différent. C'était la hernie d'une corne à travers une déchirure du mésentère, dans une vache. Le veau était logé dans la corne. J'ai vu plusieurs fois des hernies de ce genre chez la chienne, et la mort arrive constamment lorsqu'on s'obstine à accoucher par les voies naturelles, pour n'avoir pas reconnu l'accident.

Voici l'observation de M. Gellé (*Journal de médecine vétérinaire*. 1830, p. 72). Il s'agit d'une vache de petite taille, âgée de quatre ans, pleine de huit mois, qui fut battue dans la nuit par une autre vache ; depuis lors elle parut triste et mangea peu. Un mois après elle éprouva des douleurs de ventre suivies d'efforts expulsifs qui annonçaient le commencement du travail. Ces symptômes persistèrent pendant quelques jours, s'amendèrent, puis reprirent.

L'introduction de la main apprend que l'orifice utérin est resserré ; on s'assure que le veau est mort. Comme il y avait fièvre, ventre ballonné, excréments secs et recouverts de mucosités, on crut à la phlegmasie de l'utérus, on prescrivit la diète, une saignée de deux kilogrammes à la jugulaire, une le lendemain de même force aux veines mammaires. Ce jour là la bête mourut à midi.

Autopsie. — Épanchement séro-sanguinolent dans l'abdomen, évalué à sept ou huit litres; coloration rouge du péritoine; déchirure au mésentère, de vingt-deux à vingt-quatre centimètres, à bords arrondis, épais et d'aspect fibreux. En arrière de l'étranglement le corps de l'utérus est épaissi et tuméfié; en avant il est ecchymosé dans une étendue d'environ onze centi-mètres, sur une largeur de trois.

Les adhérences dont je viens de fournir quelques exemples sont constituées par des brides, des cordons fibreux, très solides, qui, passant au-dessus de l'utérus en le comprimant d'une façon quelconque vers son extrémité vaginale, l'empêchent de se dilater pour permettre le passage du fœtus. Le col qui ne reçoit pas l'impulsion du fœtus reste sans se dilater. En même temps on a les symptômes généraux du part, la vivacité des douleurs, les épreintes incessantes, la fièvre, l'agitation, le malaise anxieux. Ils persistent sans que le col se dilate, ou du moins sans que le travail avance; le ventre devient dur et douloureux. Après qu'on a dilaté le col on a de la peine à introduire la main dans l'utérus, et lorsqu'on a saisi et lié les membres du fœtus, on ne peut venir à bout de l'attirer à l'extérieur.

Ces parts laborieux, ou peuvent finir par se terminer si l'étranglement n'est pas trop considérable, ou bien sont impossibles. Dans le premier cas les efforts violents qu'on a été obligé de faire, exposent ensuite à la métrite; dans le deuxième la métrite survient presque toujours, acquiert rapidement une grande intensité et fait périr en peu de temps les femelles déjà brisées par la vivacité des douleurs du part. Les symptômes sont ceux de la métro-péritonite grave. Chez les petites femelles, chiennes ou chattes, qui périssent de ces étranglements utérins, la mort est précédée, pendant douze ou vingt-quatre heures, par un état adynamique. L'autopsie montre la portion de la corne située en avant de l'étranglement, tuméfiée, d'une couleur brunâtre; la muqueuse fortement injectée, se séparant facilement du plan charnu, le fœtus ou les fœtus ayant éprouvé un commencement de décomposition ainsi que leurs enveloppes; épanchement séreux fétide dans le péritoine, et quelques concrétions albumineuses, aplaties dans ses duplicatures. Cette inflammation avec étranglement de la portion de l'utérus placée en avant de l'obstacle, présente donc à l'autopsie les caractères des hernies étranglées; elle peut comme elles se terminer par la gangrène.

Les causes de ces adhérences sont celles des inflammations localisées, c'est-à-dire par cause externe : on les trouve dans tous les accidents à la suite desquels se forment les hernies, les contusions, les plaies, les déchirures, les déplacements violents des viscères; ainsi la vache qui fait le sujet de l'observation de M. Gellé, fut battue par plusieurs autres. J'ai constaté plusieurs fois que les chiennes et les chattes qui offrent ces étranglements de l'utérus, avaient fait des sauts violents, des chutes de lieux élevés.

On comprend que les moyens que l'art oppose à de semblables difficultés, sont d'autant plus impuissants que le plus souvent on soupçonne à peine leur existence. S'il était possible de le diagnostiquer, il faudrait pratiquer l'opération césarienne, après avoir détruit les brides qui entourent l'utérus. Malheureusement dans ces sortes de cas, le petit succombe presque toujours pendant le travail, ou bien il est très faible par suite des souffrances que la mère a éprouvées, de la compression qu'il a subie, et des tractions de tout genre qu'on a exercées pour l'extraire. Quant à la mère elle est encore plus faible que son petit et elle succombera constamment à l'opération.

Adhérences intérieures. — Nous venons de voir des brides et des adhérences à l'extérieur de l'utérus, en existe-t-il à l'intérieur de l'organe? Je possède deux observations qui le prouvent.

Deux élèves de notre école, MM. *Patusset* et *Chabral*, furent appelés, en 1840, dans une ferme des environs de Lyon, pour une vache âgée de sept à huit ans, ayant, d'après le calcul du maître, dépassé de dix jours le terme ordinaire de la gestation. Elle est d'un embonpoint passable et a joui jusqu'à présent d'une bonne santé. A l'époque normale du part, elle avait donné des signes de parturition qui se dissipèrent en peu de temps pour se remontrer huit jours après, la veille du jour où les élèves furent appelés. Depuis plus de vingt-quatre heures la vache était sur sa litière, se livrant à des efforts expulsifs qui avaient presque épuisé ses forces.—Anorexie, les mamelles auparavant distendues par le lait, actuellement flétries et vides; pouls petit, sans être fréquent; à la faiblesse près il n'y avait aucun symptôme particulier autre que ceux de l'accouchement.

La pression exercée sur le fœtus par le flanc droit, comme aussi par le dedans du rectum, ne provoquant point de mouvements, on soupçonna sa mort. Le toucher du col fait reconnaître que cette partie est resserrée sur elle-même, peu raccourcie, médiocrement tendue; la vache n'a pas rendu ses eaux. On prescrit une infusion vineuse de tilleul, on frictionne la peau, on fait marcher la femelle pour exciter les contractions utérines : au bout d'une demi-heure il s'en fait quelques-unes; néanmoins le travail n'avance pas. On se décide à dilater de force le col utérin et comme cette dilatation forcée ne peut être obtenue avec la main, on débride le col par quatre incisions en croix de six à huit centimètres chacune. La femelle les sentit à peine. Ensuite la main d'un des élèves ayant été introduite dans l'utérus, ouvrit les membranes pour atteindre le veau; les eaux qui s'écoulèrent avaient une odeur fétide. On mit le veau en position dorso-lombaire et tous les moyens d'extraction furent employés sans succès. La mère succomba. L'autopsie fit reconnaître qu'une partie du placenta était devenue fibreuse, résistante, insérée très près du col, et qu'elle s'opposait à sa dilatation et à la sortie des épaules du veau.

On comprend qu'un pareil cas, tout grave qu'il est, aurait pu se terminer différemment; un praticien exercé aurait pu reconnaître l'obstacle ; il fallait promener la main dans toute la surface interne de l'utérus; on aurait reconnu la partie indurée, on l'aurait arrachée avec la main ou incisée avec le bistouri, et le part serait devenu facile.

M. Vincent, vétérinaire dans le département de la Côte-d'Or, a été appelé en consultation, par un confrère, pour un part laborieux de ce genre, chez une jument. La peau qui recouvre les articulations des première et deuxième phalanges du membre antérieur droit, avait contracté une adhérence assez forte avec la muqueuse utérine, non loin de l'orifice du col. La peau du fœtus était fixée aux membranes, qui elles-mêmes adhéraient à l'utérus. Cette adhérence opposa des obstacles au part, qui ne put être achevé qu'après qu'on l'eut reconnue et détruite avec les doigts, sans instrument tranchant.

Les vétérinaires devront donc être prévenus de la possibilité de semblables adhérences, soit avec le placenta, soit avec les enveloppes et par leur intermédiaire avec la surface interne de l'utérus. Elles sont bien autrement faciles à reconnaître que celles qui siègent à l'extérieur. La main introduite parcourant toute la surface interne , et faisant en quelque sorte le tour du veau , permet le plus souvent de constater leur siége , leur étendue , leur résistance. Un seul cas pourrait offrir quelques difficultés, c'est celui où l'adhérence serait située tout-à fait au fond de la matrice , dans sa partie la plus reculée, et où la main ne pourrait arriver jusque là. On devrait alors employer tous les moyens que j'ai indiqués ailleurs pour élever l'utérus et le repousser en arrière.

Le plus souvent les doigts suffisent pour déchirer les adhérences ; si elles leur résistaient il faudrait introduire un bistouri pour les inciser. On le ferait avec les précautions que l'on suit pour le débridement du col ; on y ajouterait l'emploi du repoussoir, pour tenir le fœtus aussi écarté que possible du siége de la lésion afin d'éviter de le blesser. On inciserait lentement, ligne par ligne , en tenant la pointe de l'instrument à égale distance de la surface interne de l'utérus et du fœtus.

DYSTOCIE PAR LA PRÉSENCE DE PRODUITS DE SÉCRÉTION SOLIDES DANS L'UTÉRUS.

On est dans l'usage de signaler cette cause de dystocie , mais la science possède peu de choses positives sur ce sujet. Une observation a été insérée dans le *Recueil de médecine vétérinaire*, au sujet d'hydatides existant dans la cavité utérine d'une jument, et ayant produit tous les symptômes du part, bien que la femelle ne fût pas pleine. Je ne sache pas qu'on ait publié d'autres observations à propos du part.

Quant aux polypes, développés dans l'utérus et ayant causé des obstacles au part, je ne connais que l'observation suivante qui en fasse mention (même journal, 1828, p. 639). Elle est due à M. Jeanroy. C'était une vache qui portait une ascite, laquelle ponctionnée avait donné vingt litres de liquide. Comme le part ne se faisait pas, le vétérinaire explora l'intérieur de l'utérus, s'assura de l'existence d'un polype dont le volume pouvait correspondre à deux litres à peu près. Il était fixé à la paroi supérieure du viscère ; armant sa main d'un bistouri boutonné introduit entre les doigts, couché à plat, il incisa une partie de ce corps, arracha le reste par lambeaux avec les doigts. Ce ne fut qu'alors qu'il fut possible d'obtenir le veau. La mère revint à la santé, reçut le taureau trois mois après, et depuis a mis bas trois fois sans accidents.

Ici j'éprouve le besoin, tout en remerciant les rédacteurs des journaux vétérinaires du soin qu'ils mettent à enregistrer les faits, de réclamer en général des détails plus étendus au lieu des extraits tronqués qui y sont insérés et qui ne fournissent pas tous les éléments possibles d'une bonne discussion.

Le traitement de ce genre de tumeur est simple. Après avoir étudié avec soin son siége, sa forme, son volume ; si ce dernier est trop considérable pour que le petit puisse sortir, on cherchera à le repousser en arrière : pour cela, après avoir mis le fœtus en bonne position, avoir passé des lacets autour de la mâchoire et des membres, on les confie à des aides qui sont chargés de tirer; la main introduite dans l'utérus repousse la tumeur en avant, pendant que les aides tirant sur le petit cherchent à lui faire franchir le détroit antérieur. Il est évident que si on parvient à repousser la tumeur jusqu'au dessus du détroit supérieur, on ne devra pas trouver d'obstacle à engager le fœtus et le part se terminera comme à l'ordinaire. Mais si la tumeur est située près du col et qu'elle oppose un obstacle invincible au passage, il est évident qu'il faut la faire disparaître. Trois procédés peuvent être employés : 1° la malaxation; on cherchera à presser, à écraser la tumeur entre ses doigts; ce procédé convient dans le cas de polype mou, d'hydatide. Il échouera si le polype est fibreux et résistant; 2° l'arrachement; si la tumeur est pédiculée, si son pédicule n'est pas trop résistant, on essaie de le détruire en le tordant, et après l'avoir tordu fortement en le serrant entre les ongles. Si la tumeur n'est pas pédiculée, qu'elle s'insère à l'utérus par une large base, on peut essayer de l'arracher avec les doigts et les ongles, de l'enlever lambeaux par lambeaux. 3° Si les procédés précédents sont insuffisants, il ne restera que l'instrument tranchant qu'on appliquera comme je l'ai dit à propos des adhérences.

DE LA PARALYSIE DE LA FEMELLE, COMME CAUSE DE DYSTOCIE.

La paralysie se montre pendant la plénitude des femelles, quelque temps avant la mise bas, pendant le travail du part, ou après et comme une des suites. Elle n'occupe guère que les membres de derrière et quelquefois un seul. Je n'ai à parler ici que de celle qui survient pendant la gestation ou le part. Quant à celle qui le suit, comme elle n'est le plus souvent qu'un effet de la métrite, c'est à propos de cette maladie que j'en ferai mention.

La cause organique de cette paralysie peut siéger dans les cordons nerveux sacro-ischiatiques; ils ont pu être contus, déchirés, comprimés trop longtemps, enflammés, ramollis, indurés, absolument comme les nerfs de l'extérieur du corps et par les mêmes causes. Elle peut siéger aussi dans la moelle, être le résultat d'une méningite rachidienne, d'une myélite, et de toutes les autres causes qui troublent d'une manière permanente les fonctions de cette partie du système nerveux. Le plus souvent c'est l'impression de l'air froid et humide sur les lombes de la femelle qui la produit.

Bien qu'elle se montre aussi chez la brebis et la chèvre, c'est plus particulièrement chez les vaches qu'on l'observe et chez celles qui sont âgées, qui habitent des lieux élevés et découverts, exposés aux vents du nord

et de l'est. J'ai indiqué , en parlant des conditions générales de l'organisme dans les femelles qui ont mis
bas , la raison de la susceptibilité de la moelle épinière
à contracter des inflammations.

Nous ne sommes pas encore assez riches en observations sur ce point de science pour savoir s'il y a une
époque précise où la paraplégie se montre de préfé-
rence. On la voit se déclarer un mois , trois semaines,
huit jours avant le part. Dans quelques cas , elle dé-
bute tout-à-coup, la bête chancelle , tombe ensuite et
ne peut plus se relever. D'autres fois elle est précédée
de faiblesse du train de derrière , et la marche est
chancelante comme dans l'effort des reins.

La pression , le pincement de la peau des lombes
cause des douleurs, provoque des plaintes , et la bête
plie son dos pour lui échapper. La faiblesse de cette région s'accroît de plus en plus ; enfin , la bête tombe,
et reste appuyée sur le derrière de son corps avec les
membres fléchis sur le devant. Le train de devant conserve ses mouvements; les membres antérieurs se re-
muent , s'agitent ; la femelle s'appuie dessus et soulève
le devant de son corps comme si elle voulait se mettre
debout ; elle change de place en traînant le derrière de
son corps ; j'ai vu une vache en cet état faire quelques
pas en marchant sur les jarrets.

Arrivée à ce point, la maladie reste stationnaire et locale, la douleur a disparu; la peau des lombes et des membres conserve, à peu de choses près, sa température. On

dit avoir vu un emphysème occuper toute la région des lombes; c'est là un phénomène accidentel sans liaison aucune avec la paraplégie. Dans les premiers temps, la sensibilité persiste dans les membres paralysés; la vache témoigne de la douleur, si on les pique ou si on les pince fortement, par de légers mouvements des membres malades, par ceux des autres muscles du corps, des membres de devant et surtout de la tête et du regard qu'elle porte rapidement sur le lieu de la douleur. Plus tard la sensibilité s'affaiblit et s'anéantit tout à fait, en même temps que les parties paralysées s'amaigrissent. Dans le plus grand nombre des cas, le mal reste tout local, quoique l'action musculaire perde aussi son activité dans les autres parties du corps. On voit pourtant quelquefois la paralysie se généraliser, mais ce n'est qu'à la longue, qu'après le part surtout.

Les autres fonctions ne paraissent pas éprouver de trouble notable, l'appétit est bon, la rumination régulière, les digestions naturelles; les défécations seules éprouvent quelque retard, ce qui s'explique bien par l'état d'inaction de tout le corps; les fécès prennent de la consistance. Les urines sont rendues sans beaucoup de difficultés. La respiration et la circulation sont normales, et les sens n'ont rien perdu de leur impressionnabilité.

L'époque du part arrivant, l'utérus entre en jeu avec lenteur et avec peu d'énergie, faiblement secondé par les puissances musculaires qui entourent les lombes et le bassin. Le plus souvent on est obligé de dilater avec la main l'orifice de l'utérus, et après avoir rompu les membranes d'aller à la recherche du jeune sujet qu'on met en position convenable, et qu'on amène avec les moyens habituels d'extraction.

Au point de vue du pronostic, on peut dire que la paraplégie que nous venons d'indiquer, soit qu'elle dépende d'une compression avec altération des nerfs du bassin qui se distribuent aux organes pelviens et aux membres inférieurs, soit qu'elle tienne à une maladie de la moelle (méningite spinale ou myélite), ce qui a lieu incontestablement dans les cas où la paralysie fait des progrès en s'étendant à des parties du corps autres que celles qui reçoivent leurs nerfs des plexus pelviens; cette paraplégie, dis-je, est une maladie toujours extrêmement grave. Celle qui se montre pendant le travail est plus grave que celle qui a commencé auparavant; on a lieu de craindre une altération profonde des nerfs. On doit conserver l'espoir de la guérir lorsqu'elle n'occupe qu'un seul membre, parce que la maladie qui l'a causée a été plus locale, moins étendue et moins grave par conséquent : cependant, on comprend que les nerfs d'un seul côté du bassin peuvent être profondément altérés, et alors le cas est aussi incurable que si les deux côtés étaient pris à la fois. La paraplégie double doit être traitée avec espérance de guérison, tant que les membres et les lombes conservent de la sensibilité et de la chaleur. Leur insensibilité, leur refroidissement, leur amaigrissement annoncent en général un état incurable. La généralisation de la paralysie est un signe de mort prochaine.

Relativement au part, il faut aider à la femelle à se débarrasser du produit de la conception. Les moyens qu'on emploie sont de deux ordres : 1° On dilate forcément le col avec la main ; cela fait, on décolle les membranes, et on reconnaît la présentation du fœtus, qu'on rend régulière si elle ne l'était pas, et on le met dans la position la plus favorable à l'accomplissement régulier du part ; puis on rompt les membranes, on saisit les membres du fœtus, qu'on fixe avec des lacs, et on tire sur lui.

2° On excite les contractions de l'utérus par des breuvages excitants ; si elles sont trop lentes, j'ai indiqué ailleurs les divers stimulants employés par les praticiens. Quelques-uns emploient l'ergot de seigle, la noix vomique. Je ne me range qu'avec peine à leur opinion et je prie qu'on use d'une modération extrême dans l'usage de ces moyens, et cela par une raison toute économique. Si on a bourré la femelle d'ergot ou de noix vomique et qu'elle succombe, ou qu'il faille la tuer, sa chair devient impropre à l'alimentation et on a causé une perte grave au propriétaire. Aussi ces agents ne conviennent-ils que dans le cas où la position du fœtus, sa viabilité et une certaine force de la mère, font raisonnablement supposer que le part se terminera favorablement. Si le fœtus est mort, si la paralysie est avancée et la mère très faible, il vaut mieux la faire abattre pour tirer parti de la viande. C'est là un point de pratique délicat que les praticiens ont besoin de surveiller avec soin.

J'en dirai autant des moyens mécaniques d'extraction. Quand on les a employés sans succès pendant quelque temps, que la mère s'affaiblit et qu'on a lieu de craindre sa mort, si le fœtus est vivant il faut l'extraire par l'opération césarienne et faire saigner la mère après pour la faire servir à la consommation ; si le fœtus est bien évidemment mort, on la fera tuer immédiatement.

Si la paralysie ne paraît pas trop grave et surtout si la femelle ne s'affaiblit pas pendant le part au point de faire craindre pour sa vie, s'il avance et qu'on ait lieu d'attendre sa terminaison, on le surveillera avec un soin extrême pour l'achever convenablement. On a vu des femelles paralysées guérir après le part ; on en a vu qui restant paralysées ont pu nourrir leur petit.

Après le part se présente de nouveau la question de savoir si on conservera la femelle. Si la vache a perdu la sensibilité et le mouvement dans les membres de derrière, s'ils sont refroidis, si la mère a quelque infirmité, quelle soit âgée ou mauvaise laitière, il est inutile d'essayer un traitement pour la guérison de la maladie. Il faut la faire abattre. Si la femelle est jeune, sans infirmité, bonne laitière ; si les membres de derrière sont encore un peu mobiles, ou même sensibles et pourvus de leur chaleur normale, il convient de chercher à guérir la paralysie.

—

ARTICLE 2.

Dystocie par obstacles provenant du fœtus et de ses annexes.

Au nombre de ces obstacles nous rangerons : 1° les excès de volume; 2° les vices de conformation ou monstruosités; 3° certaines maladies; 4° la mort. Du côté des annexes : 1° des adhérences ou des dispositions particulières; 2° certains états du cordon.

Excès de volume du petit.—Le bassin ayant des dimensions normales, cet excès de volume peut tenir à trois causes : 1° l'augmentation de la totalité du corps du fœtus; 2° l'augmentation d'une de ses parties seulement; 3° enfin la soudure de deux fœtus par une surface plus ou moins étendue de leur corps.

Premier cas.—Le petit, quoique non affecté de maladie, est d'un volume trop considérable pour pouvoir franchir les passages. Ces cas, qui ne sont pas aussi rares qu'on pourrait le croire, se présentent dans toutes les espèces; chez les femelles qui reçoivent le mâle trop jeunes à cause de la disproportion de la taille et de la force du père; chez celles qu'on croise avec des mâles plus forts dans le but d'augmenter la taille et le volume du corps du fœtus; ou chez lesquelles enfin, les petits restant dans l'utérus un temps plus long que de coutume, continuent à s'accroître au-dessus de leurs proportions normales. Un de mes anciens élèves, M. Delorme, d'Arles, m'écrit que pendant ces dernières années on a vu mourir, sans pouvoir mettre bas, un certain nombre de brebis du pays, qui avaient été couvertes par des béliers de la race des Dishley, plus élevés et plus forts que ceux du pays, qu'avait fait venir un riche Anglais propriétaire de ce troupeau. M. Grognier, dans son Traité d'hygiène, a cité, d'aprés un auteur, un cas de la troisième espèce.

Il n'est pas rare de rencontrer cette cause de dystocie chez les vaches où, quoique bien conformées, le veau ne peut être extrait à cause de son volume. La chienne offre très fréquemment des cas de ce genre, à cause de la tendance naturelle qu'elle a à s'accoupler avec des mâles plus gros qu'elle, ou bien parce qu'au lieu de quatre ou de six petits qu'elle porte habituellement elle n'en a qu'un ou deux, qui par cela même ont acquis un plus grand développement. Les petits provenant de bull-dogues de race anglaise et de petites femelles de nos races nous ont fourni le plus d'observations de ce genre.

Traitement. — On a recours, dans les complications de ce genre, d'abord et avant tout, à l'emploi des moyens mécaniques d'extraction qui aident puissamment aux forces de la matrice, moyens mécaniques qui seront décrits dans un chapitre à part.

Si on ne peut avec eux extraire le fœtus, si celui-ci est mort avant le travail du part, ou a succombé aux manœuvres, ou bien si la longueur du travail du part menace de faire périr la femelle, on pratique l'embryotomie, c'est-à-dire, qu'on diminue le volume du jeune animal en l'extrayant par parties, par morceaux.

On n'a jamais lieu de pratiquer la symphyséotomie pour le cas dont il s'agit. Cette opération, presque abandonnée dans l'espèce humaine, est, comme on le verra ailleurs, tout-à-fait sans application aux femelles des animaux. J'en dirai autant de l'opération césarienne. Bien des vétérinaires ont eu occasion de la pratiquer depuis Bourgelat qui l'a proposée le premier, mais je ne sache pas qu'aucun d'eux l'ait jamais employée pour le cas actuel.

Excès de volume produit par une cause anormale. — L'augmentation de la totalité du corps du fœtus peut tenir à la mort où à quelque maladie.

Lorsqu'un fœtus, un poulain ou un veau par exemple, sont arrêtés au passage pendant le travail du part, la matrice se resserre après que les eaux se sont écoulées; elle s'applique sur toute la surface antérieure du fœtus, elle se moule sur lui. Si cet état dure quelque temps et se prolonge , le petit perd la vie et il faut se hâter de l'extraire. Dès que deux ou trois jours se sont passés, la peau s'infiltre et se ramollit, le tissu cellulaire devient le siége d'un emphysème ; le cadavre ainsi augmenté de volume distend les parois de l'utérus qui tombe dans l'inertie. A ce point-là, on ne doit plus compter sur ses contractions pour l'expulsion du produit de la conception.

En pareil cas l'accoucheur ne peut évidemment avoir recours ni à la version ni à la rétropulsion; mais, faisant pénétrer la main dans l'utérus, il reconnaît la position des parties, applique des crochets ou des lacs sur celles qui se présentent, ou qu'il peut mettre dans les passages, s'il est encore possible de faire exécuter au fœtus quelques changements de position, et cherche à le tirer au dehors par les moyens mécaniques d'extraction. — S'ils échouent, il aura recours à l'embryotomie.

2° Le fœtus étant encore vivant, il peut être affecté d'une anasarque générale, qui a précédé le terme ordinaire du part et déterminé ordinairement un accouchement prématuré. Noyés a rendu compte de cet état, qu'il a observé, pendant une année, sur un certain nombre de vaches, dans les environs de Mirepoix (Arriége). Il dit que les veaux qui venaient au monde, morts, et trois semaines au moins avant le terme normal, offraient une infiltration de sérosité dans le tissu cellulaire, depuis la tête jusqu'à la croupe , c'est-à-dire du corps entier. Ils avaient le double ou même le triple du volume et du poids ordinaire des veaux du pays. La tête surtout était énorme. Pendant la gestation, les vaches étaient énormément grosses; on aurait dit qu'elles portaient deux veaux.

Ni Noyès, ni Fromage, qui a rendu compte de ce fait dans le *Cours d'Agriculture*, en sept volumes (article *Accouchements*), ne mentionnent les difficultés que le part a présentées et les moyens qui furent employés pour en triompher. Il est évident que l'opération indiquée consiste à faire de profondes et de larges incisions sur toutes les parties que la main peut aborder pour donner issue à la sérosité, et ensuite avoir recours aux moyens mécaniques d'extraction; en dernière analyse, à l'embryotomie.

Une des parties du fœtus peut être seule cause de l'obstacle au part, soit la tête par suite d'une hydrocéphale, soit le ventre par une ascite.

1° L'accouchement présente quelques différences, suivant que la tête se présente la première, ou suivant que c'est la croupe qui s'offre d'abord.

Dans le premier cas, le toucher permet de constater l'état de la tête : elle est sphérique, beaucoup plus volumineuse; le front offre une élévation brusque et saillante, une et le plus souvent deux tumeurs placées de chaque côté, molles et dépressibles; la mâchoire supérieure semble plus courte à cause du développement du front. Fromage rapporte même que Texier a vu dans un poulain hydrocéphale la mâchoire de dessous dépasser l'autre de dix à douze centimètres (quatre pouces). Elle jouit d'une certaine réductibilité. La quantité de liquide contenu dans le crâne des fœtus hydrocéphales est assez variable. Elle varie depuis un demi-litre jusqu'à deux litres et quart. C'est la plus forte qui ait été obtenue. Ce fut cette dernière quantité qui était contenue dans le crâne d'un veau envoyé à l'école par M. Sanville ; nous pûmes nous en assurer en injectant le crâne et les tumeurs et en mesurant exactement le liquide.

Dans douze têtes de poulains et de veaux appartenant à des sujets hydrocéphales, j'ai trouvé la suture médiane, soit des pariétaux dans les premiers, soit du frontal dans les deuxièmes, régner tout du long et conserver une certaine consistance ; le sinus veineux placé au-dessous était intact, tandis que les sutures latérales *temporo-pariétales*, ouvertes et fort amincies, fournissaient un passage aux tumeurs. Dans un seul cas, j'ai trouvé le frontal séparé en deux et laissant un écartement dont la circonférence était de sept centimètres. Au travers de cette ouverture apparaissait une ample poche formée en dehors par la peau, et en dedans par les membranes du cerveau, auxquelles adhérait une couche mince de substance cérébrale. Il ne restait de l'os frontal aminci sur ses bords que sa portion supérieure attenante au chignon, et les deux parties latérales fort étroites vers les orbites. La circonférence du crâne, la tumeur comprise, était de soixante-huit centimètres.

On peut conclure de ces faits que la ponction du crâne doit toujours être pratiquée sur les côtés, et que lorsqu'on jugera nécessaire de fendre le crâne, c'est également sur les côtés qu'il faudra le faire, de manière à séparer le frontal ou les pariétaux des parties latérales de la tête. Je repousse donc l'opération conseillée par M. Delwart, qui veut qu'on fasse l'incision sur la partie moyenne du crâne.

Quant au mécanisme de l'accouchement, l'hydrocéphale ayant donné à la tête une forme sphérique au lieu de celle en cône qu'elle présente, il en résulte que cette partie, poussée par les contractions de l'utérus, a perdu les avantages qu'elle possédait d'agir à la manière du coin pour dilater progressivement le col utérin. Dès lors, le travail est plus long, s'accompagne de plus d'efforts, de douleurs plus vives et plus durables.

Ce n'est pas que le bout de la tête n'ait commencé le travail de dilatation, mais c'est d'une manière très incomplète, et il arrive que quand les mâchoires, notamment celle de dessus, qui semble être raccourcie, comme je l'ai dit, en raison du développement du front, ont franchi l'orifice, le travail s'arrête lorsque la partie plus volumineuse de la tête se présente. Si on introduit alors la main, on s'assure que l'orifice s'est resserré sur les mâchoires; il y a alors un temps d'arrêt d'autant plus long que le renflement de la tête est plus fort, que l'utérus est plus avancé dans l'excavation et que la matrice s'est lassée par suite de ses contractions réitérées.

La première chose à faire si les membres de devant sont au dehors, ce qui est le cas le plus ordinaire, c'est de les lier et de confier le bout du lacs à un aide pour fixer le fœtus dans la position qu'il occupe; ensuite d'introduire la main et de faire la dilatation forcée du col, de façon à y engager la tête. Si cet orifice présente trop de résistance, on fera sur lui une onction avec l'onguent populéum, ou mieux avec l'extrait de belladone. Si même il y avait des symptômes de pléthore et que la femelle ait toutes ses forces, on pourrait tenter une saignée pour combattre cet état du col.

Si on parvient à dilater le col, on y engage la tête. Pour cela on place une tresse ou l'instrument déjà décrit, autour de la mâchoire inférieure, pour tirer sur cette partie, en même temps que sur les membres. On peut d'autant mieux attacher la mâchoire inférieure, qu'elle a souvent plus de longueur. On a pu extraire ainsi des poulains et des veaux hydrocéphales; je pourrais citer les vétérinaires Lamy, Taiche, Chouard, Drouard, qui non-seulement en ont obtenu de morts, mais même de vivants.

Lorsqu'après avoir engagé la tête à travers le col et dans le commencement du canal osseux du bassin, tous les efforts d'extraction sont infructueux, et la mère s'affaiblissant de plus en plus, il faut d'abord ponctionner les tumeurs pleines de sérosité qu'on trouve quelquefois au sommet de la tête , le plus souvent sur les côtés; on évacue ainsi le liquide contenu dans le crâne; ses parois , qui sont assez flexibles , se rapprochent; la tête se réduit considérablement, et on peut terminer. Cette ponction peut être pratiquée avec un trocart courbe afin de donner une issue facile au liquide, au moyen de sa canule ; mais comme le praticien est souvent privé de cet instrument, il se sert en général du bistouri , qu'il a toujours à sa disposition.

Si après cette opération la tête ne pouvait se dégager, on pourrait se servir avec avantage d'un forceps pour briser, écraser les os. Ici il serait avantageux de se servir de l'instrument connu en médecine humaine sous le nom de forceps céphalotribe (*képhalé*, tête ; *tribô*, je brise). Si on n'a pas de forceps, on peut essayer de se servir des mains pour serrer fortement la tête; ce moyen , comme on pense, est peu énergique.

C'est ici le cas de rappeler la désarticulation des os de la tête, soit au moyen d'une incision sur la partie moyenne de la tête, comme le conseille M. Delwart; soit, ce qui me paraît mieux de faire , comme je l'ai conseillé, deux incisions de chaque côté des pariétaux. Cette dernière opération permettra aux os de se réduire davantage.

Il reste enfin à désarticuler les membres antérieurs, opération à laquelle on ne doit avoir recours qu'à la dernière extrémité, car on se prive de deux points d'appui solides pour tirer. Or, les os de la tête qui n'ont plus leur consistance ordinaire sont sujets à se briser ou à se laisser séparer par les crochets, notamment les orbites sur la solidité desquels il ne faut pas trop compter. Il vaudrait mieux appliquer les crochets sur la base du crâne en arrière de la selle turcique, à moins pourtant qu'on puisse, après avoir repoussé la tête, passer un lacs à nœud coulant autour du cou.

On conçoit, du reste, que les obstacles varient suivant le volume du petit. Ainsi, en 1826, le vétérinaire Lamy, exerçant à Chalamont (Ain), et le médecin du lieu, M. Dutech, parvinrent à extraire un veau hydrocéphale dont ils avaient ponctionné le crâne, mais qui avait encore un des membres de devant engagé sous le corps.

2° *Seconde présentation.* M. Drouard, vétérinaire à Montbard, est le premier qui, à notre connaissance, ait observé des faits de ce genre. C'était chez une jument dont le fœtus était mort, et en position dorso-lombaire. Il fallut arracher les membres de derrière; le toucher fit reconnaître une tête monstrueuse au milieu de laquelle M. Drouard assure qu'il était facile de sentir la fluctuation. Il se disposait à pratiquer la ponction, lorsque les efforts des aides, secondés de ceux de la mère, finirent par achever l'accouchement.

M. Conte, vétérinaire à Rivesaltes, rapporte (*Journal de Toulouse*, t. 4, p. 287) qu'ayant eu à aider à la parturition d'une jument chez laquelle le poulain se présentait par le derrière , il était parvenu à opérer le changement de présentation et à amener en face du détroit supérieur la tête qui, quoique rendue plus considérable par une hydrocéphale, fut chassée sans beaucoup de difficultés.

Il est évident que les têtes d'hydrocéphale varient beaucoup de volume , et que l'une peut sortir sans grande peine là où une autre est invinciblement arrêtée. Aussi est-il à regretter que les vétérinaires qui publient ces observations ne disent pas quelle était la quantité d'eau contenue dans le crâne, en suivant le procédé que j'ai indiqué à propos de l'hydrocéphale , qui me fut envoyé par M. Sanville. De la sorte les observations auraient un véritable intérêt pratique.

Quant au changement de présentation qu'opéra M. Conte , il me paraît très convenable et je conseille de l'imiter , attendu qu'il est bien autrement facile de ponctionner la tête par devant que lorsque c'est la nuque qui se présente au détroit supérieur ; parce qu'avec le forceps on peut la resserrer encore , et qu'enfin lorsqu'on tire sur le tronc, si la tête se sépare de l'encolure , il devient fort difficile d'aller à sa recherche et de l'extraire. Mais on comprend qu'une pareille méthode ne peut être suivie que lorsqu'on arrive de bonne heure , et que la croupe et les membres de derrière ne sont pas encore engagés dans l'excavation.

ASCITE.

Les observations sur cette cause de dystocie sont encore peu nombreuses ; les praticiens qui les ont recueillies ne mentionnent que la présentation antérieure et en première position, ou dorso-lombaire. Je rappellerai cependant que l'hydropisie du ventre existait conjointement avec l'anasarque dans tous les veaux que Noyès eut occasion de voir et d'extraire à Mirepoix.

En 1815, le vétérinaire Rouchon, élève de cette école, nous communiqua l'observation suivante : « Un propriétaire du pays me fit appeler pour aider à la parturition d'une vache, âgée de dix ans, qui avait jusque-là joui d'une bonne santé, vêlé quatre fois chez lui, et n'avait jamais eu le ventre aussi gros que pendant cette dernière portée. L'ayant trouvée dans un grand état de faiblesse, je lui fis prendre une bouteille de vin tiède, à laquelle j'ajoutai, à défaut d'autres excitants, du poivre et du sel. Aucune partie du veau n'apparaissant, j'introduisis la main dans l'utérus, et je reconnus d'abord les membres de devant et plus profondément la tête. Le veau était en position dorso-lombaire ; les doigts introduits dans la bouche m'apprirent qu'il était mort. Les membres et la mâchoire furent liés ; nous tirâmes sur les lacs, et après plusieurs tentatives pénibles, nous pûmes amener au dehors les pieds et la tête sans qu'il nous fût possible , malgré tous nos efforts , d'amener le reste du corps. La main que j'introduisis de nouveau avec les plus grandes difficultés me permit de constater que le ventre et le scrotum avaient un volume énorme ; je la retirai et l'introduisis de nouveau armée d'un bistouri , avec lequel je ponctionnai le ventre. J'évalue à sept ou huit litres la quantité de liquide évacué , jaune et filant comme de l'huile. L'extraction du veau eut lieu immédiatement après , et la mère rendit ensuite près des trois quarts d'un seau d'un liquide de même nature. » M. Courjon fils, vétérinaire à Meyzieux (Isère) , vit , il y a peu de temps , une vache , âgée de trois ans , dont le veau, dans la même position antérieure , avait, au moment de son arrivée , la tête et les membres de devant sortis. Les parois du ventre furent rupturées par les efforts que l'on fit pour l'extraire. Il évalue à vingt litres la quantité de liquide que le petit et la mère fournirent. Celle-ci resta près d'un mois en danger de mort.

Le même vétérinaire eut, peu de temps après, occasion d'accoucher une autre vache , pour l'extraction du veau de laquelle il fut obligé de ponctionner l'abdomen avec le bistouri , et d'aggrandir l'ouverture avec le doigt, puis avec la main pour faire écouler le liquide. Il évalue à vingt-cinq litres la quantité de liquide roussâtre qui fut évacué. Il y avait en outre un œdème des membres postérieurs. La quantité de ce liquide, obtenu dans ce part, me porterait à croire qu'il n'y avait pas seulement ascite, mais encore hydropisie de l'amnios ou de l'utérus.

Ces faits, et surtout le premier, de M. Courjon, prouvent la nécessité de pratiquer le toucher dans tous les accouchements, et pour peu qu'on rencontre de difficultés dans le part, de ne pas se contenter de constater la position, mais encore d'examiner le fœtus tout entier, si cela est possible.

DES VICES DE CONFORMATION, OU MONSTRUOSITÉS DU FOETUS, QUI RENDENT LE PART DIFFICILE.

Trois cas différents ont été observés par les praticiens : 1° le corps du fœtus est replié sur lui-même, sur le dos ; les côtes sont renversées, de manière à offrir la concavité de la poitrine sur le dos, et les viscères restés à leur place sont par conséquent en dehors de leur cavité ; 2° la présence de deux têtes ; 3° la réunion de deux corps en un seul.

1° **Corps ployé d'avant en arrière ; redressement difficile ou impossible.** — C'est sur la vache seulement qu'a été rencontré le vice de conformation dont je parle, et que j'ai décrit ailleurs. Le diaphragme peut manquer chez ces animaux, et les viscères de la poitrine et de l'abdomen ne sont alors recouverts que par le péritoine et les plèvres. On peut lire l'explication que donnent de ce phénomène le directeur de l'école vétérinaire d'Utrecht, M. Numan, et le professeur Hausmann, dans le numéro de mars 1844, p. 76, du *Journal de Médecine vétérinaire de Belgique*.

Ces veaux ont les membres très rapprochés, puisque le corps est contourné en arc du côté du dos; ils ont en quelque sorte leur extrémité antérieure au milieu du niveau de la colonne vertébrale, à la face correspondante au corps des vertèbres. Aussi se présentent-ils à l'ouverture du bassin, par le travers de leur corps, les trois ou les quatre pieds en avant, et la première chose que la main rencontre après les membres, ce sont les viscères thoraciques et abdominaux dépouillés de leurs parois osseuses et membraneuses, qui reposent, comme à l'ordinaire, sur la partie inférieure de la colonne épinière; seulement cette colonne présente ici une convexité très marquée. En comprenant bien ce genre de monstruosités, dans lequel, du reste, pour ajouter à l'embarras, les viscères s'échappent souvent les premiers et viennent apparaître à l'extérieur, on évitera des méprises fâcheuses et on terminera plus facilement des accouchements toujours plus ou moins laborieux.

Feu Maillet rapporte qu'une vache que son père fut chargé d'accoucher et qui souffrait depuis sept jours, avait déjà rendu une petite quantité de ses eaux et une assez grande longueur d'intestins, sans qu'aucune autre partie du corps se montrât à l'extérieur. La main introduite découvrit un corps mou que l'on mit sans difficulté au dehors (c'était sans doute le poumon). Une deuxième introduction permit de retirer le foie. Enfin, après avoir fait soulever le ventre de la vache et rapproché le fond de l'utérus de la main, on découvrit une masse presque informe, à laquelle on reconnut des côtes et un rachis. On parvint à passer avec peine une corde de la grosseur du doigt autour de ce torse, et après des tractions énergiques, aidées des efforts de la mère, il fut entraîné au dehors.

Ce fœtus n'avait que huit mois; il était sans peau à l'extérieur (sans doute du côté de la poitrine et du ventre qui lui parurent, à raison de la convexité, être le dos de l'animal, puisqu'il ajoute plus loin que la tête, le dos et les membres étaient recouverts par la peau), mais offrait une colonne vertébrale presque à nu, à laquelle étaient attachées des côtes renversées du côté des apophyses épineuses. La tête était recourbée dans le sens du dos; l'encolure inflexible au point de ne pouvoir être redressée; toutes les jointures courbées dans le sens de la flexion et inflexibles aussi. (*Recueil de médecine vétérinaire*, 1833, p. 239.)

Le fait rapporté par Maillet n'a pas, dans son observation, toute la lucidité désirable; mais je pense que les détails donnés plus haut l'éclairciront suffisamment, et on restera convaincu de leur parfaite ressemblance.

En octobre 1843, M. Courjon fils, de Meyzieu, fut appelé auprès d'une vache à terme, qui éprouvait des douleurs depuis la veille. Cette femelle, tombée sur sa litière, faisait des efforts continuels. Trois membres, dont un de devant, sortis jusqu'au genou, étaient à l'extérieur ainsi que la tête. La main est introduite quoique avec difficulté; après avoir repoussé le plus possible les parties dans l'utérus, elle apprend que le corps du veau est plié sur le côté et engagé dans cette position. Les eaux s'étant écoulées, on chercha à extraire par force. L'opérateur plaça un lacs au membre de devant, repoussa la tête pour introduire le bras, et amena le deuxième membre de devant, qu'il lia également. La mère étant épuisée, on était obligé de la faire soutenir par des aides, au moyen d'un drap de lit plié en huit. Pour agir avec plus de force, on plaça un crochet dans un des orbites. Les aides commencèrent à tirer pendant que l'accoucheur repoussait en avant le derrière du fœtus; et on parvint à extraire ce veau dont les viscères étaient en dehors de la poitrine et du ventre, tandis que les côtes, repliées vers le dos, formaient une sorte de thorax incomplet et sans diaphragme.

Je rappellerai le fait du même genre, cité dans l'article de l'opération césarienne, et enfin celui que le vétérinaire Mollard, de La Tour-du-Pin (Isère), a communiqué à notre école, et dont il a été rendu compte ailleurs. Ce veau était adhérent aux parois abdominales de la mère.

Ces observations prouvent donc : 1° que l'on peut

obtenir le veau en double, même s'il est à terme, pourvu qu'on ait l'attention de l'engager dans le détroit supérieur, dans le sens du diamètre supéro-inférieur, qui est le plus grand; 2° que quelquefois on peut en obtenir le redressement, ce qu'il convient par conséquent d'essayer.

2° PRÉSENCE DE DEUX TÊTES SUR UN MÊME TRONC. — Cette sorte de monstruosité a dû se présenter plusieurs fois puisqu'on voit de ces fœtus dans les cabinets d'histoire naturelle et en la possession de charlatans qui les montrent par curiosité. Mais jusqu'à ce jour on n'a rien écrit, que je sache, sur les difficultés que le part a présentées dans ce cas.

Un cas de cette espèce s'est présenté à moi il y a quelques années sur une chatte. Le petit vint par le train de derrière, en position dorso-sacrée. Tout le corps étant sorti, nous éprouvâmes de grandes difficultés pour avoir la tête; le doigt introduit m'apprit qu'elle était double. Je tirai sur un des membres, de manière à engager un des côtés du corps et avec lui la tête qui lui correspondait; lorsque je l'eus avancée un peu plus que l'autre, je la fis saisir avec des pinces pour la mettre au dehors et le part s'accomplit facilement ensuite. Le petit mourut pendant le travail.

On suivra des règles analogues à celles qui me guidèrent, c'est-à-dire qu'on cherchera à engager d'abord une des têtes, puis la seconde après. Si l'une d'elles, retenue sur le côté de l'encolure, empêchait le passage des épaules, je conseille la désarticulation d'un des membres de devant, ou celle de la tête elle-même qu'on séparerait de l'encolure, après quoi on la repousserait dans l'utérus pour aller à sa recherche après la sortie du fœtus.

3° RÉUNION DU CORPS DE DEUX FOETUS. — Dans le plus grand nombre des cas la sortie du monstre ne peut avoir lieu; sa mort et quelquefois celle de sa mère en sont la suite. Chez une brebis qui éprouvait les douleurs du part on voit tout-à-coup apparaître deux têtes, ce qui fait supposer la présence de deux corps séparés. On fait tout ce qu'il est possible pour repousser l'une de ces têtes et retenir l'autre; on ne peut y parvenir et on se décide à en séparer une du corps auquel elle tenait. On repousse l'autre avec son corps dans la matrice; quelque temps après, de nouvelles contractions ramènent la tête qui est cette fois accompagnée de trois membres (l'agneau donne des signes de vie une heure après la décapitation). On repousse de nouveau le devant, c'est pour obtenir le derrière; on y parvient après plusieurs tentatives et on voit apparaître quatre membres et deux queues. Tous les doutes sont alors dissipés, deux agneaux sont adhérents par le corps. On se décide à les extraire de force, on les obtient en effet, tous deux morts; la mère cesse de vivre onze heures après.

J'ai vu plusieurs fois des veaux adhérents obtenus morts, la mère continuant à vivre; il est possible qu'on soit même parvenu à en avoir de vivants, mais je ne connais aucun fait de ce genre. C'est du reste dans la vache et dans la brebis que ce genre de monstruosités se montre le plus souvent.

Je suis porté à croire que la plupart de ces monstres ont été retirés du ventre de la mère après sa mort, le part n'ayant pu s'effectuer.

Fromage pense que lorsque deux petits sont à terme et adhérents, le part est impossible et qu'il faut faire l'embryotomie ou la gastro-hystérotomie. Les faits que j'ai cités prouvent que cette opinion n'est pas vraie pour toutes les espèces d'adhérences.

DE LA DIFFICULTE DU PART DÉPENDANT DE L'ADHÉRENCE DU FOETUS AVEC SES ENVELOPPES.

L'obstétrique vétérinaire ne possède qu'une seule observation de ce genre, que l'on doit à **M. Millot**, vétérinaire à Vitteaux (Côte-d'Or). Elle fut recueillie sur une vache à terme, âgée de huit ans, qui souffrait depuis huit jours des douleurs du part, et qui avait reçu un mois auparavant un coup de pied de cheval sur le ventre. A cette époque cette vache montra tous les symptômes d'un avortement imminent. Après huit jours de souffrance elle eut du calme, l'appétit revint, mais l'amaigrissement persista jusqu'à l'époque du part.

Lorsqu'il commença, la bête fut accablée par les

douleurs, et M. Millot la trouva étendue sur le côté gauche, les yeux enfoncés, les muqueuses extérieures pâles; le pouls fréquent, petit et faible; la respiration accélérée et plaintive, les lèvres de la vulve tuméfiées, sa muqueuse laissait apercevoir des ecchymoses; un écoulement de matière séreuse, roussâtre et fétide avait lieu par cet orifice. Le veau présentait les pieds de devant et en écartant les lèvres on apercevait la tête. Les tentatives qu'on fit pour faire lever la vache ayant été inutiles, on se décida à l'accoucher dans cette position. La faiblesse était si grande qu'on crut devoir lui faire prendre trois bouteilles de vin chaud avant de commencer l'extraction du veau. La mère s'aidant très peu et les tractions n'ayant pas fait avancer le fœtus, il fallut introduire la main pour découvrir ce qui s'opposait à sa sortie. En parcourant la surface antérieure de la tête, on sentit une espèce de cordon aplati qui adhérait à cette partie et aux enveloppes à la fois. Il y avait indication de le couper; ce que l'on fit et l'on obtînt facilement le petit qui arriva mort.

L'autopsie de son cadavre apprit que la mort n'était pas récente, puisque le poil s'arrachait sans efforts, que le tissu cellulaire sous-cutané de la tête était infiltré de sérosité jaunâtre; de là une tuméfaction de cette région. Le corps du reste répandait une odeur fétide. Le frontal gauche (c'est la région dans la peau de laquelle était inséré le cordon) offrait un enfoncement qui s'étendait jusqu'au dessous de l'orbite; sur ce point l'os avait acquis de l'épaisseur, la portion correspondante du cerveau diminué de volume; le ventricule était presque effacé; la substance cérébrale avait la couleur de la cire jaune et la consistance du suif. Aucun changement ne se faisait remarquer du côté opposé de la tête. Nul doute que ces lésions ne fussent le résultat du coup de pied de cheval que cette vache avait reçu un mois auparavant.

Le cordon qui établissait l'adhérence entre la tête du fœtus et ses enveloppes offrait une particularité digne d'attention au point de vue de l'anatomie pathologique. Il avait l'aspect de la peau; dans l'étendue de trois centimètres, était couvert de poils; au delà de ce point il était constitué par les divers feuillets normaux des enveloppes. Dans le lieu de son insertion la peau était amincie notablement, de façon à ce que la partie amincie présentât la forme d'un fer à cheval. Il me semble probable que la peau avait été déchirée, qu'un lambeau avait contracté des adhérences avec les enveloppes et avait constitué ainsi le cordon couvert de poils dont il est parlé dans l'observation.

L'adhérence des enveloppes à la peau du fœtus constitue une difficulté qu'il est facile de surmonter; il suffit de la reconnaître pour la faire cesser. Elle serait même presque insignifiante chez les femelles telles que la jument et les carnivores chez lesquelles l'arrière-faix sort avec le fœtus ou le suit de très près. Dans la vache et les femelles dont le placenta adhère solidement à l'utérus au moyen de cotylédons, l'extraction forcée du fœtus entraînerait l'arrachement de quelques uns de ces cotylédons et une hémorragie d'autant plus inquiétante pour le praticien qu'il n'en reconnaîtrait pas la cause.

CAS DE DYSTOCIE FOURNIS PAR LE CORDON OMBILICAL. — Dans tous les ouvrages vétérinaires, où il est traité de la parturition, on fait mention de la difficulté que le cordon ombilical peut opposer à la sortie du fœtus. Cette unanimité d'opinions prouve au moins la possibilité du fait ; quoiqu'il soit exposé d'une manière si vague que l'on serait tenté de croire qu'on ne l'a mentionné que par analogie, ou que l'on a exprimé une crainte plutôt qu'une réalité.

J'en possède cependant un cas constaté par un ancien élève de cette école, M. Havoux, aujourd'hui professeur de maréchallerie à l'école de cavalerie de Saumur. Appelé avec son père pour donner des soins à une vache dont on ne pouvait obtenir le veau, il reconnut qu'il se présentait par le dos. La vache était couchée, affaiblie par les douleurs ; on lui lia les quatre pieds et on la plaça sur le dos. Dans cette situation on amena dans le bassin, et l'un après l'autre, les deux membres antérieurs du veau. La tête était retenue par le cordon ombilical qui entourait l'encolure, (par une anse simple sans doute). En tournant le veau de façon à rendre sa face supérieure inférieure, et réciproquement, on dégagea l'encolure du cordon, et la tête fut amenée dans les passages ; l'accouchement se termina en position dorso-pubienne. On comprend que pour exécuter de semblables manœuvres il ne faut pas attendre que les eaux soient entièrement écoulées.

Hurtrel d'Arboval pense que le cordon peut s'enrouler autour du cou du fœtus, sans dire sur quelle espèce il a observé ce fait ; car on sait que le cordon est plus long chez les solipèdes que chez les ruminants. Il conseille, après qu'on a reconnu l'obstacle, de le couper et de se hâter de terminer le part. Je dirai à cela qu'il faut d'abord chercher à dégager le cordon, comme l'a fait M. Havoux, ensuite qu'il est peu important de se hâter pour achever le part ; l'asphyxie par strangulation dont parle cet auteur, n'étant plus à craindre puisque le cordon ne tient plus au placenta, et si elle est à craindre, pourquoi ne conseille-t-il pas de dérouler le cordon ou de le couper de nouveau plutôt que de hâter l'accouchement?

M. Delwart admet que le cordon peut s'enrouler autour du cou du fœtus, de son corps, etc. L'et-cœtera qu'il ajoute s'applique sans doute aux membres. En effet, on l'a vu retenir un des membres de devant dans une présentation antérieure. Il conseille de le couper avec un bistouri en serpette. Ce professeur n'exprime pas les mêmes craintes que Hurtrel ; la parturition, dit-il, se termine bientôt.

M. Gaven, vétérinaire à Virieu, a vu, dans une jument dont la sortie du fœtus ne pouvait s'opérer, le cordon

extrêmement tendu passer sur les lombes et comprimer
la tête sur le flanc gauche. Malgré la répugnance du
maître de la jument à voir porter l'instrument tranchant dans l'utérus, il en fit la section et l'accouchement s'est fait peu après.

Ce vétérinaire prévient que quelque tendu que soit
le cordon on éprouve, à raison de la mollesse de son
tissu, quelque peine à le diviser. Un des sabots du
poulain placé dans le voisinage lui servit de point
d'appui. M. Gaven ne fait pas mention de l'hémorragie.

Lecoq, de Bayeux, n'entrevoit pas non plus le danger de l'asphyxie, c'est l'hémorragie qui appelle son
attention; mais il se hâte de dire que cette hémorragie
n'est pas dangereuse.

En somme, dans un cas de part laborieux, lorsqu'on
ne peut faire avancer le fœtus, que cependant on ne
trouve aucun obstacle dans le bassin, la position ou le
volume du petit; il faut s'assurer s'il y a adhérences
anormales ou enroulement du cordon autour de quelqu'une des parties du corps. L'obstacle qu'oppose l'enroulement du cordon est bien moindre chez la jument
et les femelles carnivores, à cause de la facilité avec
laquelle le placenta se détache chez elles. Les dangers
de strangulation sont bien moindres aussi quand le
petit se présente par le devant; il n'en est pas ainsi
lorsqu'il se présente par le derrière, attendu qu'il est
bien difficile de s'assurer de la position du cordon pour

le couper et que les contractions utérines comme les
tractions opérées sur le petit tendent à resserrer le cordon autour du cou.

Couper le cordon et aider à l'accouchement s'il tar-
dait à se faire et qu'il y eût une hémorragie inquiétante qui fît craindre pour la vie du jeune animal;
voilà les règles à suivre.

OBSTACLES VENANT DES ENVELOPPES.

La difficulté du part dans la vache peut tenir à une
disposition particulière des enveloppes, c'est lorsqu'étant déchirées en plusieurs points, le veau s'y est
embarrassé par les membres ou le cou et plus particulièrement dans les nombreuses attaches du placenta.
Fromage (art. cité., t. 1, p. 87) rapporte l'observation suivante qui lui fut transmise par M. Lacueille,
vétérinaire à Crespy (Aisne). Une génisse était aux
douleurs depuis cinq heures et fatiguée par les efforts
des assistants. Le veau présentait la tête avec un
membre de devant; au lieu d'agir avec précipitation, il laissa des intervalles de repos entre chacune de
ses tentatives et ce ne fut qu'après une heure d'essais
qu'il parvint à atteindre le coude de l'autre membre
entortillé dans le délivre déchiré. Bientôt le part s'a-
cheva et le délivre sortit avec le veau. On avait admi-
nistré seulement une bouteille de vin en deux fois,
pour activer les contractions utérines.

Introduire la main , après avoir repoussé dans l'utérus les parties qui en gênaient le passage , aller à la
recherche des parties engagées , les ramener en bonne
position en les dégageant, ou si on ne peut en venir à
bout, les lier et tirer sur elles; voilà les régles à
suivre.

DE LA MORT DU FOETUS.

Examinons d'abord le diagnostic, c'est-à-dire les
signes de la mort du fœtus , puis les conséquences qui
en peuvent résulter pour le mécanisme du part.

Des signes de la mort du fœtus. — Le petit des
femelles unipares peut perdre la vie avant l'époque
naturelle du part , ou à cette époque même. La mort
n'entraîne pas nécessairement les efforts d'expulsion
d'une manière soudaine. Elle a pu survenir à la suite
d'un accident, d'une chute, d'un coup, d'une course
violente, d'un travail forcé, ou bien pendant ou après
une maladie de la femelle.

Quand l'accident a été violent ou la maladie qui a
causé la mort grave, accompagnée de douleurs vives,
la femelle donne des signes de souffrance, regarde souvent son flanc, sa respiration se presse, elle perd l'appétit, paraît abattue , son regard indique la tristesse,
elle éprouve des douleurs semblables à celles que donnent les coliques, se couche et se relève fréquemment.
Pendant cette agitation les mouvements du fœtus qui

étaient d'abord plus prononcés, tumultueux même, deviennent de plus en plus faibles, cessent même. Si cet état continue, les eaux sont rendues et l'avortement s'opère.

Ce travail se fait quelquefois si rapidement et avec des symptômes quelquefois si peu sensibles, dans la jument, que l'on est étonné de trouver un petit mort derrière sa mère au moment où on y pensait le moins, le lendemain par exemple, lorsque le jour précédent rien n'avait indiqué même un simple malaise. En général la mort du veau semble s'opérer moins rapidement ; il en est de même des femelles multipares.

Lorsque la mort a lieu au terme de la gestation et que celle-ci n'est pas terminée, la femelle a presque toujours eu quelques-uns des symptômes du part, les eaux se sont en partie écoulées; ou bien elles sont restées dans la matrice, ce qui arrive lorsque par une des nombreuses causes de dystocie le fœtus a été retenu de force dans l'utérus.

Dans tous les cas les signes précédemment énumérés se montrent, il est vrai, mais lentement et obscurément; on remarque que le ventre s'avale ou descend peu à peu, que les flancs, et surtout le flanc droit, se creusent.

On n'aperçoit plus les mouvements du fœtus, et la mère est de plus en plus faible et abattue. Les mamelles, qui avaient de plus en plus acquis de la consistance et du volume, s'affaissent, deviennent flasques ; le lait est devenu séreux et gluant. Si l'orifice de l'utérus a été un peu dilaté par un commencement de travail, il se fait par la vulve un écoulement séreux et brunâtre qui prend une odeur de plus en plus fétide. De temps en temps la femelle piétine ; il y a de légers mouvements convulsifs des lèvres, parfois même faibles grincements des dents. La vache beugle, la chèvre et la brebis font entendre des bêlements plaintifs, la truie des grognements sourds ; chaque femelle pousse son cri de douleur habituel. Elles marchent lentement, la tête basse, le regard triste ; leur haleine contracte une mauvaise odeur ; elles se couchent et gardent longtemps cette position. Quelques-unes, la vache surtout, ne se lèvent que si on les y force. La température du corps s'abaisse, le ventre se ramollit, se ballonne plus ou moins ; la peau qui le recouvre, chez la chienne, prend une teinte brunâtre ; enfin, la mort survient, si cet état se prolonge, sans qu'on puisse extraire les petits, par suite d'une inflammation de l'utérus.

Les choses se passent de même chez les femelles multipares, si tous les petits ou la plupart d'entre eux ont péri. Mais la mort d'un ou deux seulement ne s'annonce en général par aucun symptôme apparent. Il m'est souvent arrivé, soit en aidant des parts laborieux, soit dans mes vivisections, de trouver un ou deux petits dont le développement était fort au-dessous de celui des autres, dont le corps était ramolli ou dé-

composé entièrement, le placenta détaché et dans un
état de décomposition, ainsi que le reste des enveloppes. Ce qui prouve, à mon avis, que, chez ces femelles, chaque renflement fœtal constitue à lui seul
une espèce d'utérus, jouissant en quelque sorte d'une
vie particulière, et ne faisant pas partager son désordre
à tout l'utérus, quoiqu'il ne se contracte cependant
qu'avec tout le reste de l'organe.

Tous les symptômes que nous venons d'énumérer ne
constatent pas cependant d'une manière irréfragable
la mort du fœtus ; ils établissent seulement de fortes
présomptions. Voyons s'il en est de plus positifs. Ils se
tirent de l'examen des mouvements musculaires, du
pouls, de la température du corps, de l'état de la peau
et des poils.

L'absence des mouvements musculaires peut exister
avec la vie du fœtus ; elle peut tenir à sa faiblesse, à
ce qu'il est comprimé fortement par l'utérus ou par les
parois de l'excavation pelvienne. Et la preuve, c'est
que des veaux ou des poulains que l'on arrache de
vive force parce qu'on les croyait morts, donnent ensuite des signes de vie. Cependant, la plupart des praticiens font une exception en faveur des mouvements
des mâchoires, et ils pensent que la mort est réelle
lorsque, plaçant les doigts dans la bouche, on n'obtient aucune espèce de mouvement. Je pense avec eux
que ce signe est en général juste, si ce n'est lorsque
la tête ou le cou sont violemment comprimés. Bou

trolle (*Parfait Bouvier*, p. 88) dit que pour savoir si le veau est mort ou vivant, il faut soulever peu à peu le ventre de la femelle avec un drap, et répéter cette opération jusqu'à trois fois. Si le veau ne se replace pas en s'élevant vers le flanc, c'est une preuve qu'il est bien faible ou mort. M. Gellé (*Pathologie bovine*, t. III, p. 505) emploie, assure-t-il, le même moyen, mais il a fait une autre remarque qu'il regarde comme infaillible; c'est que si le veau est mort, la vache se laisse porter sur le drap qui soulève le ventre; elle évite, au contraire, la pression s'il est vivant.

Rien de plus équivoque et de plus difficile à apprécier que les signes fournis par la température du corps. Ce sont de ces signes que pour se conformer à l'usage on a l'habitude d'indiquer quoiqu'ils soient rarement utiles au praticien. Les parties du fœtus qui sont à l'extérieur, s'il est mort, doivent se mettre en équilibre de température avec l'air ambiant, et par conséquent être plus ou moins froides, ainsi que lui. Mais lors même qu'il est vivant, les parties placées au dehors ne se refroidiront-elles pas, surtout s'il y a compression et gêne de la circulation? Est-il bien facile d'apprécier avec la main cette différence de température? Pour les parties restées à l'intérieur, M. Adelon, dans sa Physiologie, établit que le fœtus vivant est moins chaud que sa mère, et qu'une fois mort, n'ayant plus de circulation et par conséquent de moyens pour résister à l'introduction du calorique étranger, il doit se mettre en équilibre de température avec sa mère, et par conséquent devenir plus chaud qu'il ne l'est habituellement. Est-ce bien là un signe pratique? Qui pourra reconnaître cette différence de quelques degrés entre le fœtus mort et le fœtus vivant? A coup sûr ce n'est pas la main.

Le cœur et le pouls fournissent des signes plus certains, si on peut porter la main sur le cœur, ce qui est possible dans les grandes femelles. Il en est de même lorsqu'on peut atteindre le cordon, et qu'il est encore adhérent au placenta. Quant aux membres, je crois à la possibilité de constater les pulsations de leurs principales artères tant qu'ils sont à l'intérieur et pas trop fortement comprimés par l'utérus ou par l'excavation. Quant aux mouvements du cerveau qui s'élève et s'abaisse à chaque battement du cœur lorsqu'il y a une ouverture au crâne, on comprend bien que dans l'état normal on ne peut les sentir. Les sutures ont déjà de la solidité à l'époque de la naissance, excepté dans quelques cas rares d'hydrocéphale avec conservation du cerveau.

Pour la peau, c'est une preuve de vie, lorsque ce tissu conserve sa souplesse, sa fermeté et sa teinte habituelles, qu'il n'est pas infiltré ainsi que le tissu cellulaire sous-jacent, que les poils qui le couvrent y restent solidement implantés et ne s'arrachent pas facilement; seulement il y a des causes d'erreur qui peuvent en imposer, c'est lorsqu'on a appliqué des ligatures, fait des efforts violents. Dans ce cas, on trouve des infiltrations, des places sur lesquelles les poils manquent ou s'arrachent sans efforts, des rougeurs et des excoriations plus ou moins étendues, des ecchymoses, tous phénomènes plus ou moins analogues à ceux qui accompagnent la mort. Les signes fournis par la peau sont de bonne valeur, à part ce dernier cas, et encore peut-on dire que, si le derme est altéré par place, il conserve dans d'autres, à côté, toute son intégrité et ses caractéres ordinaires.

Cependant, on s'attachera à réunir autant que possible plusieurs des signes précédents, pour avoir une certitude plus complète.

Après l'extraction du fœtus, à quels signes peut-on reconnaître si sa mort est ancienne ou récente? Pour les grandes femelles et fréquemment même pour les petites, le maître de la bête connaît l'époque précise de l'accouplement; il a calculé d'avance celle du part. Si donc à une époque donnée de la gestation on trouve des symptômes de mort du fœtus et d'accouchement non suivi d'expulsion, on a déjà des raisons suffisantes pour préciser l'âge du fœtus et le moment de sa mort.

On reconnaitra d'ailleurs cet âge au plus ou moins de développement de son corps, à l'absence ou au peu de développement de ses poils, à l'agglutination des paupières, à l'état de mollesse des os et des articula-

tions ; à la couleur de la peau , l'état des chairs, etc.
(*Voir le chapitre relatif au fœtus* , p. 145.)

Anatomie pathologique. — Le fœtus mort dans l'u-
térus se présente sous deux états : 1° quand il y a eu
écoulement des eaux et contact de l'air extérieur ;
2° quand il y a eu conservation des enveloppes et des
eaux et absence d'air.

1° La putréfaction s'en empare et produit les phénomènes suivants : la rougeur et la lividité de la peau,
la facilité avec laquelle les poils s'arrachent, l'infiltration et l'emphysème du tissu cellulaire , qui donnent
à tout le corps un volume considérable, des congestions sanguines hypostatiques dans toutes les cavités ,
la macération , le ramollissement putride du placenta
et des membranes, la flaccidité du cordon ombilical
qui s'est le plus souvent détordu ; enfin , une odeur
très fétide. Dans les circonstances les plus heureuses ,
si le fœtus est petit, peu âgé, la mère rend petit à petit,
en détritus, ses parties molles et même ses os. Dans
des circonstances moins favorables , il se montre chez
elle des symptômes adynamiques qui annoncent une véritable infection suivie de la mort.

2° Il n'a pas l'odeur fétide du premier cas, et ressemble au cadavre de l'adulte qui a séjourné dans l'eau.
Sa peau est ridée , ses chairs sont flasques et molles,
le corps aplati et affaissé , laissant les parties osseuses
en saillie ; les os sont d'une couleur pâle, blâfarde ;

l'épiderme et les poils se détachent facilement et laissent apercevoir au dessous le derme gluant et muqueux; la moindre pression exercée avec les doigts sur le crâne met à nu les os pour l'ordinaire décolorés et ressemblant à de la cire qui a vieilli. On a trouvé des fœtus assez bien conservés pour avoir les chairs fraîches et blanches. Ils peuvent rester ainsi longtemps sans danger pour la mère, un an, un an et demi, deux ans même.

C'est dans les cas de ce genre qu'on comprend comment la mère a pu ne pas éprouver d'accidents, comment, si le part était double, l'autre petit a pu continuer à se développer, ou les autres si c'est chez les femelles multipares.

Mécanisme du part après la mort du fœtus. — Les praticiens semblent généralement s'accorder à dire que le part d'un fœtus mort est plus difficile que celui d'un fœtus vivant. J'avoue que je me range à leur opinion, qui me paraît fondée par les deux raisons suivantes : 1° le fœtus mort n'a plus de mouvements, il n'agit plus sur l'utérus, ne l'excite plus à se contracter; on est obligé d'employer des moyens artificiels pour exciter et entretenir les contractions utérines; 2° le fœtus étant sans résistance, se plie, se présente d'une manière irrégulière, ne presse plus comme un corps solide et ferme contre le col pour le dilater, et ses parties, ses membres, son tronc se recourbent et ne s'engagent plus aussi facilement dans l'excavation.

On est donc obligé souvent d'extraire le petit de force au moyen des lacs et des crochets ou de le morceler.

FIN DU TOME PREMIER.

TABLE

DES MATIÈRES CONTENUES DANS LE TOME PREMIER.

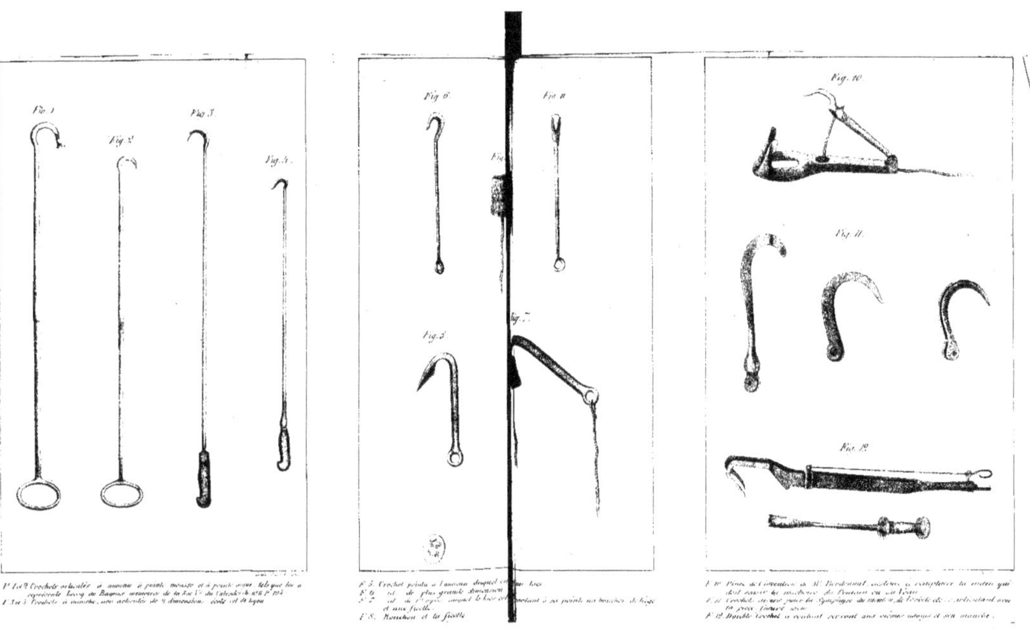

F. 1 et 2. Crochets articulés à anneau à pointe mousse et à pointe aiguë tels que les a expérimenté Bourg de Bayonne mémoire de la Soc. ... du Calendrier n° ... p. ...
F. 3 et 4. Crochets à manche, non articulés de 2 dimension, école et de Lyon

F. 5. Crochet pointu à l'anneau duquel ... un lacs
F. 6. id. de plus grande dimension
F. 7. id. de l'espèce ... le bas ... portant à sa pointe un trousseau de linge et une ficelle.
F. 8. Mouchoir et la ficelle

F. 10. Pince de l'invention de M. ... destinée à remplacer la main qui doit saisir les ... de l'anneau ou au linge
F. 11. Crochet ... pour les ... de mouche, de l'école de ... s'articulant avec la pièce formant ...
F. 12. Double crochet à ... servant aux ... de son manche.

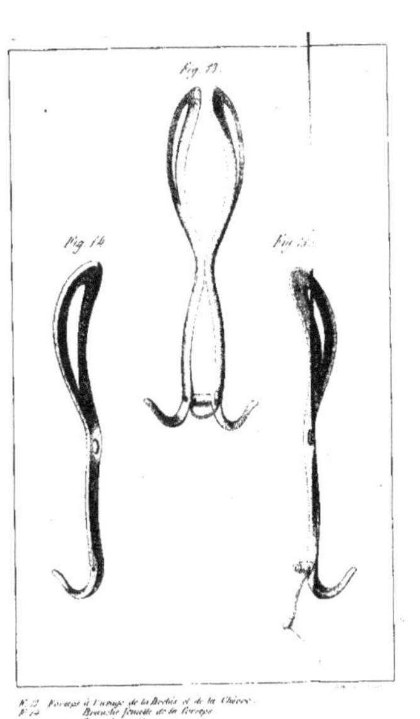

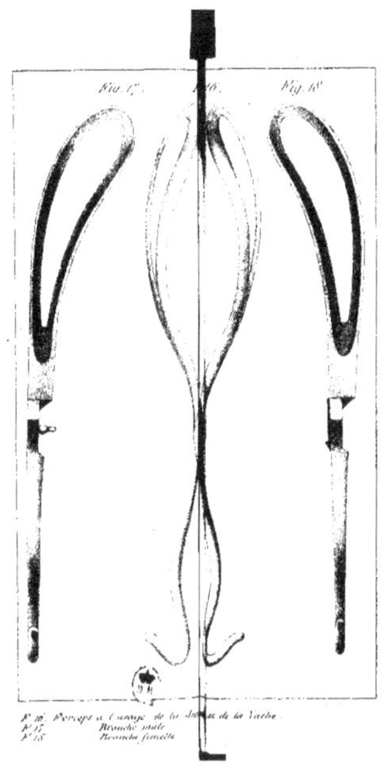

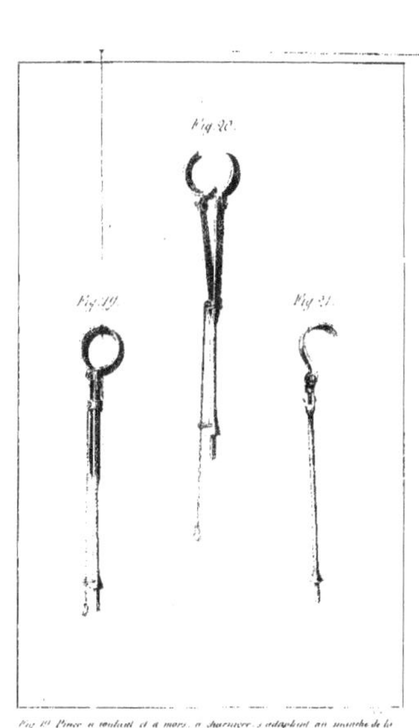

N° 13. Forceps à l'usage de la Brebis et de la Chèvre.
N° 14.   Branche femelle du forceps
N° 15.   Branche mâle

N° 16. Forceps à l'usage de la Jument et de la Vache.
N° 17.   Branche mâle
N° 18.   Branche femelle

Fig. 19. Pince à coulant et à mors, à charnière, s'adaptant au manche de la planche précédente (...) destinée à saisir le sac des jumeaux.
Fig. 20. Pince à coulant à mors mobiles pouvant saisir la tête comme le forceps.
Fig. 21. Crochet mousse mobile en deux sens pour redresser la tête recourbée et les

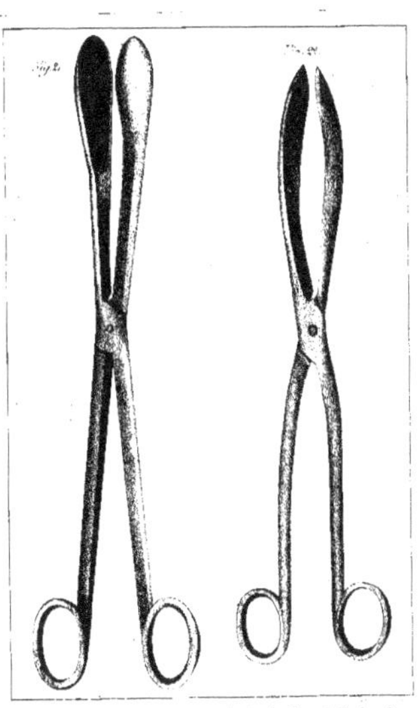

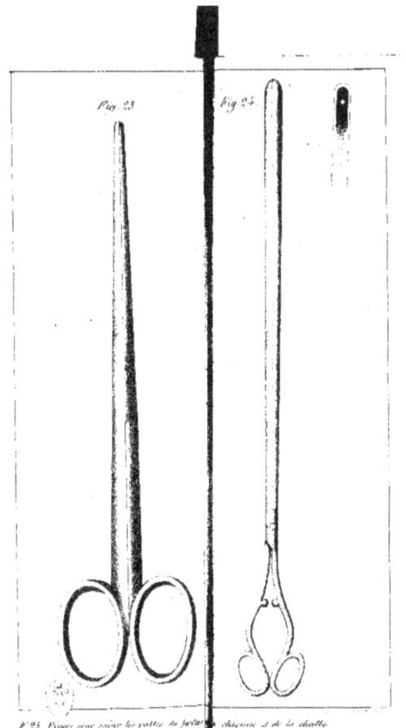

N°21. Pince à mors longs et recourbés servant à saisir la tête ou le derrière du corps du fœtus de la chienne et de la chatte.
N°22. Pince pour le même usage.

N°23. Pince pour saisir les pattes du fœtus de la chienne et de la chatte.
N°24. Pince à mors longs et recourbés pour le même usage.

N°25. Bistouri caché à manche à pivot tournant sur son axe servant à inciser le col de l'utérus.
N°26. Le même instrument ayant la lame sortie de sa gaine avec le maximum degré d'écartement.

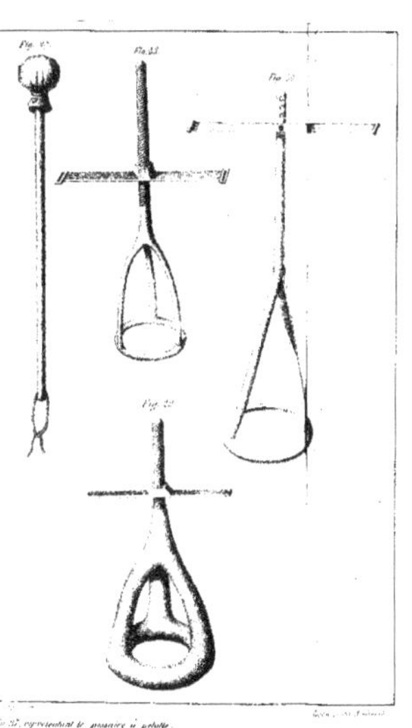

Fig. 20, représentant le pessaire à palette.
   2°   le pessaire à lithotyme formé de 3 branches
   3°   le même instrument construit de cire
   4°   pessaire à 2 branches en bois

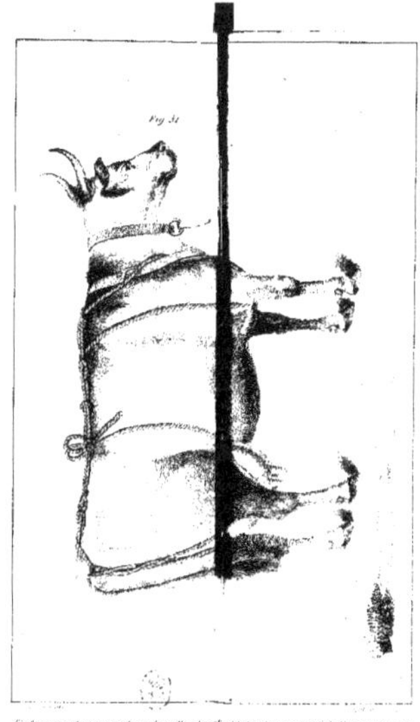

Fig. 31 représentant une vache sur laquelle est appliqué le bandage contentif de l'utérus, ou cordelet que l'on se sert dans les maisons rustiques [illegible], page 368

Fig. 32 représentant une jument avec le bandage contentif de l'utérus placé comme la vache de M. [illegible], auquel on a joint une pièce de pantalon
Fig. 33 représentant une vache telle que ce professeur l'a [illegible].

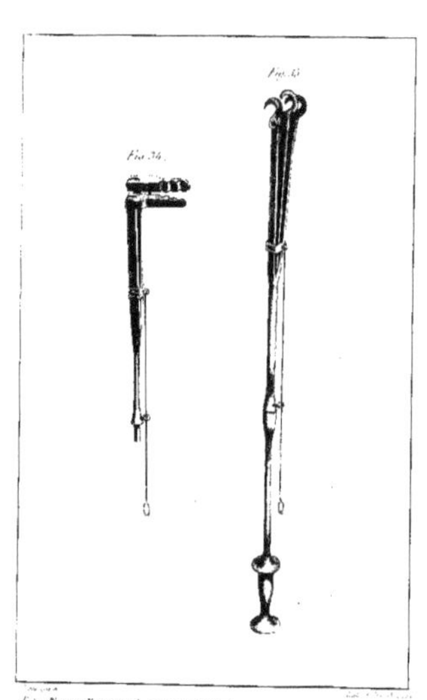

Fig. 34.
Fig. 35.

F. 34. Pince ou Extracteur à mors et à rouleau.
F. 35.   id.   à simple crochets pour le même usage.

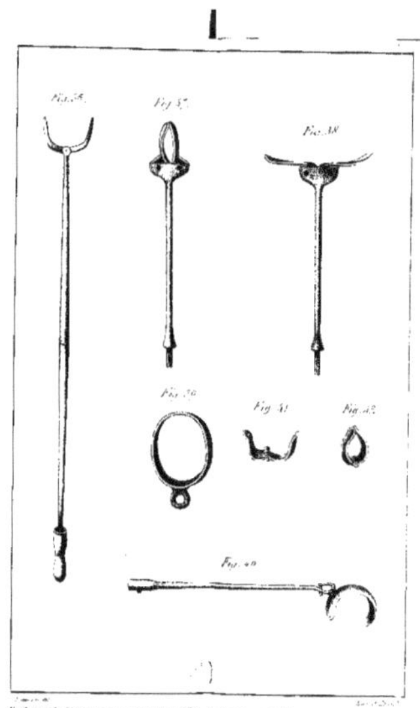

Fig. 36. Fig. 37. Fig. 38. Fig. 39. Fig. 40. Fig. 41. Fig. 42. Fig. 43.

N.º 36. 37. 38. Plusieurs à tiges ou mobiles et à tiges articulés.
N.º 39. 40. Collier entier donnant sa coupe et la tige du demi-collier de la fig. précédente.
N.º 41. 42. 43. Pour collier ou instrument servant d'embrasser le collier; les pivotants au moyen d'un levier qui reçoit le même usage.

Fig. 43.
Fig. 44.

N.º 43. Mode d'application du bandage en croix pour la contention de l'animal par moyen du collier.
N.º 44. Bandage en croix à collier et à compter pour le même usage chez le cheval.

9 782329 346540